高等职业教育产教融合特色系列教材

变频与伺服控制技术

主　编　谭亚红
副主编　雷　勇

北京理工大学出版社
BEIJING INSTITUTE OF TECHNOLOGY PRESS

内容提要

本书结合1+X证书制度，保证了知识更新的及时性与实用性。在内容上，本书共分为9个项目，涵盖了直流伺服系统及应用、交流伺服系统及应用、伺服控制系统、变频器基础知识、西门子G120变频器基本操作、电动机正反转控制、电动机速度控制、变频器的选用与维护、变频器的工程应用等重要内容。本书从项目引入开始，逐步深入，既注重理论知识的传授，也强调实际应用的总结与实施。每个项目都配有清晰的图示和表格，旨在帮助读者巩固所学知识，并能够熟练地运用于实际工程中。同时，为了使读者在学习完相关项目后有更直观的收获，在每个项目结尾均配置有项目评价，便于读者对学习效果做出相应的测试和反馈。

本书适用于高等院校相关专业，也可以作为机电工程技术人员的岗前培训教材，还可以作为机电管理人员的参考用书。

版权专有　侵权必究

图书在版编目（CIP）数据

变频与伺服控制技术 / 谭亚红主编. -- 北京：北京理工大学出版社，2023.12（2024.1重印）
ISBN 978-7-5763-3228-5

Ⅰ.①变… Ⅱ.①谭… Ⅲ.①变频器－高等职业教育－教材 ②伺服系统－高等职业教育－教材　Ⅳ.①TN773 ②TP275

中国国家版本馆CIP数据核字（2023）第244421号

责任编辑：高雪梅	**文案编辑**：孙富国
责任校对：周瑞红	**责任印制**：李志强

出版发行 /	北京理工大学出版社有限责任公司
社　　址 /	北京市丰台区四合庄路6号
邮　　编 /	100070
电　　话 /	（010）68914026（教材售后服务热线）
	（010）68944437（课件资源服务热线）
网　　址 /	http：//www.bitpress.com.cn
版 印 次 /	2024年1月第1版第2次印刷
印　　刷 /	河北鑫彩博图印刷有限公司
开　　本 /	787 mm×1092 mm　1/16
印　　张 /	16
字　　数 /	428千字
定　　价 /	49.80元

图书出现印装质量问题，请拨打售后服务热线，负责调换

前　言

随着工业自动化技术的发展，电动机控制技术在各个行业中的应用越来越广泛。变频器以其在调节速度、节能、保护设备等方面的优势，成为电动机控制领域的重要技术。变频控制的主要作用是通过改变驱动电动机的供电频率和电压，实现对电动机运行速度的精确控制，从而能够满足各种生产工艺对电动机转速和负载要求的变化。变频控制在节能降耗、精确控制、转矩增大、生产自动化、减少机械故障等方面发挥着越来越重要的作用。

伺服控制技术在精密运动控制领域表现出色，特别是在自动车床、天线位置控制、导弹和飞船的制导等方面尤为重要。随着自动化技术的广泛推广，人们对伺服电动机的需求越来越高，伺服电动机控制技术也在不断发展：一方面，控制算法的改进和优化使得伺服电动机的控制更加精确和稳定；另一方面，新型材料和新技术的应用使得伺服电动机的性能得到了提升，如功率密度增加、噪声降低等。随着无人驾驶技术的兴起，对于高性能伺服电动机的需求也将不断增加。伺服电动机控制技术在工业、消费电子和医疗设备等领域的应用已经非常广泛，而且随着自动化技术的不断发展，对于伺服电动机精确控制的需求将不断增加。伺服电动机控制技术的应用和发展前景非常广阔。

为贯彻落实党的二十大精神，助推中国制造高质量发展，本书在全面介绍变频器与伺服控制技术的原理、应用和实践的同时，帮助读者理解并掌握这些核心技术。编者在编写的过程中，力求内容的准确性和权威性，参考了国内外相关领域的最新研究成果和实践经验。同时，也结合自己的教学经验和学生反馈进行了适度的简化和概括，以使内容易于理解和消化。

本书由重庆工程职业技术学院谭亚红担任主编，雷勇担任副主编。潍柴动力股份有限公司重庆分公司何焱洲对本书的出版给予了大力帮助和支持，在此表示衷心的感谢！

最后，对参与本书编写和出版的所有人员表示衷心的感谢。感谢他们的辛勤工作和宝贵建议，使这本书能在学术和实用性上都具有较高水平。由于编者水平和时间有限，书中难免存在不足之处，诚挚希望广大读者在学习使用过程中及时将发现的问题告知编者，以便进一步修订和补充。

编　者

目　录

项目1　直流伺服系统及应用 ……………… 001
1.1　机电伺服系统的概念及分类 …………… 002
1.1.1　伺服系统的概念 …………………… 002
1.1.2　伺服系统的分类 …………………… 002
1.2　伺服系统基本组成结构 ………………… 005
1.2.1　伺服系统的结构组成 ……………… 005
1.2.2　伺服系统的基本要求和特点 ……… 006
1.3　伺服系统发展状况 ……………………… 007
1.3.1　全球伺服系统行业发展状况 ……… 008
1.3.2　我国伺服系统行业发展状况 ……… 008
1.3.3　伺服系统行业未来发展趋势 ……… 009
1.4　直流伺服系统 …………………………… 010
1.4.1　直流伺服电动机的结构和工作原理 … 010
1.4.2　直流伺服电动机的调速原理和常用的调速方法 …………………………… 010
1.4.3　晶体管脉宽调制器式速度控制单元 … 012
1.4.4　直流伺服系统的位置控制 ………… 014
1.4.5　直流伺服系统的应用 ……………… 016

项目2　交流伺服系统及应用 ……………… 019
2.1　交流伺服系统概述 ……………………… 020
2.1.1　交流伺服系统组成及工作原理 …… 020
2.1.2　步进电动机和交流伺服电动机性能比较 ……………………………… 021
2.1.3　交流伺服系统的分类 ……………… 022
2.1.4　交流伺服系统的发展与数字化控制的优点 …………………………… 023
2.1.5　高性能交流伺服系统的发展现状和展望 …………………………… 024
2.2　交流伺服电动机 ………………………… 024
2.2.1　交流伺服电动机结构 ……………… 024
2.2.2　发展历史 …………………………… 025
2.2.3　工作原理 …………………………… 026
2.3　伺服电动机编码器 ……………………… 028
2.3.1　伺服电动机编码器分类 …………… 029
2.3.2　伺服电动机编码器使用注意事项 … 031
2.4　交流伺服系统应用 ……………………… 032
2.4.1　交流伺服的应用领域 ……………… 032
2.4.2　伺服系统的发展趋势 ……………… 032

项目3　伺服控制系统 ……………………… 035
3.1　伺服控制系统概述 ……………………… 035
3.1.1　伺服控制系统的结构组成 ………… 036
3.1.2　伺服控制系统的分类 ……………… 036
3.1.3　伺服系统的技术要求 ……………… 037
3.2　执行元件 ………………………………… 038
3.2.1　执行元件的分类及其特点 ………… 038
3.2.2　直流伺服电动机 …………………… 039
3.2.3　步进电动机 ………………………… 044
3.2.4　交流伺服电动机 …………………… 049
3.3　电力电子变流技术 ……………………… 054
3.3.1　开关器件特性 ……………………… 054
3.3.2　变流技术 …………………………… 057
3.4　PWM型变频电路 ……………………… 061
3.4.1　SPWM波形原理 …………………… 062
3.4.2　单相SPWM控制原理 ……………… 063
3.4.3　三相SPWM控制原理 ……………… 065
3.4.4　SPWM逆变电路的调制方式 ……… 066
3.4.5　SPWM型逆变器的主电路 ………… 067

项目4　变频器基础知识 …………………… 070
4.1　变频器 …………………………………… 070
4.1.1　变频器的概念 ……………………… 070
4.1.2　变频器的分类与特点 ……………… 071
4.1.3　变频器的电路结构 ………………… 075
4.2　变频控制技术 …………………………… 080
4.2.1　交—直—交变频技术 ……………… 080
4.2.2　交—交变频技术 …………………… 085
4.3　变频器的控制方式 ……………………… 088
4.3.1　U/f控制 …………………………… 088
4.3.2　转差频率控制 ……………………… 090
4.3.3　矢量控制 …………………………… 090
4.3.4　直接转矩控制 ……………………… 091

项目5　西门子G120变频器基本操作 …… 094
5.1　G120变频器安装与接线 ……………… 094
5.1.1　机械安装 …………………………… 094
5.1.2　电气连接 …………………………… 097
5.2　G120变频器的基本调试 ……………… 110
5.2.1　操作面板简介 ……………………… 110
5.2.2　变频器参数 ………………………… 118
5.2.3　调试前的准备工作及调试步骤 …… 120
5.2.4　使用STARTER软件进行快速调试 … 127
5.3　变频器操作与设置 ……………………… 134

    5.3.1 变频器的功能 …………………… 134
    5.3.2 设置 I/O 端子 …………………… 135
    5.3.3 变频器控制 …………………… 151
    5.3.4 设定值 …………………………… 158
  5.4 G120 变频器的故障检测与维护 …… 172
    5.4.1 报警与故障 …………………… 172
    5.4.2 维护 …………………………… 175

项目 6　电动机正反转控制 ………………… 183
  6.1 参数控制方式 ……………………… 184
    6.1.1 G120 变频器常用参数 ………… 184
    6.1.2 用 BOP-2 修改参数 …………… 187
    6.1.3 恢复参数到工厂设置 ………… 188
    6.1.4 G120 变频器 BOP-2 方式控制运行 … 188
  6.2 外端子控制方式 …………………… 190
    6.2.1 数字量输入功能 ……………… 190
    6.2.2 数字量输出功能 ……………… 191
    6.2.3 模拟量输入功能 ……………… 191
    6.2.4 模拟量输出功能 ……………… 192
  6.3 组合控制方式 ……………………… 193
    6.3.1 变频器的外端子开关量控制电动机
          正、反转和变频器面板调节频率 … 193
    6.3.2 变频器的面板控制电动机正、反转
          和外端子调节频率 …………… 195
    6.3.3 G120 变频器外端子控制电动机正、
          反转 …………………………… 197
  6.4 PLC 与变频器联机控制方式 ……… 199
    6.4.1 PLC 与变频器的连接 ………… 199
    6.4.2 变频器正、反转的 PLC 控制 … 200

项目 7　电动机速度控制 …………………… 204
  7.1 三相异步电动机的加、减速控制 …… 205
    7.1.1 变频器的加速模式及参数设置 … 205
    7.1.2 变频器的减速模式及参数设置 … 209
    7.1.3 变频器的电动电位器（MOP）给定 … 211
  7.2 变频器实现电动机多段速控制 …… 212
    7.2.1 直接选择模式 ………………… 212
    7.2.2 二进制选择模式 ……………… 213
    7.2.3 多段速给定的应用示例 ……… 213
  7.3 变频器与 PLC 联机多段速控制 …… 214
    7.3.1 硬件接线 ……………………… 214
    7.3.2 G120 变频器参数设置 ………… 215
    7.3.3 PLC 程序编写 ………………… 215

项目 8　变频器的选用与维护 ……………… 218

  8.1 变频器的选用 ……………………… 219
    8.1.1 变频器类型的选择 …………… 219
    8.1.2 变频器品牌型号的选择 ……… 220
    8.1.3 变频器规格的选择 …………… 220
    8.1.4 变频器容量的选择 …………… 221
  8.2 变频器外围设备的选择 …………… 222
    8.2.1 断路器的功能及选择 ………… 222
    8.2.2 接触器的功能及选择 ………… 223
    8.2.3 电抗器的功能及选择 ………… 223
    8.2.4 无线电噪声滤波器的功能及选择 … 225
    8.2.5 制动电阻及制动单元的选择 … 225
  8.3 变频器的安装与调试 ……………… 226
    8.3.1 变频器的安装 ………………… 226
    8.3.2 变频器的接线 ………………… 227
    8.3.3 变频器的调试 ………………… 228
  8.4 变频器的维护与检修 ……………… 229
    8.4.1 变频器的维护 ………………… 229
    8.4.2 变频器的故障检修 …………… 231

项目 9　变频器的工程应用 ………………… 234
  9.1 变频器在恒压供水系统中的应用 … 235
    9.1.1 系统的构成 …………………… 235
    9.1.2 工作原理 ……………………… 236
    9.1.3 PID 调节器 …………………… 236
    9.1.4 压力传感器的接线图 ………… 237
    9.1.5 应用实例 ……………………… 238
    9.1.6 恒压供水系统的调试与保养 … 239
  9.2 变频器在拉丝机中的应用 ………… 240
    9.2.1 拉丝机控制部分的构成 ……… 240
    9.2.2 拉丝机控制部分的工作原理 … 241
    9.2.3 变频器参数设定 ……………… 242
    9.2.4 拉丝机控制系统的调试 ……… 243
  9.3 变频器在料车卷扬调速系统中的应用 … 244
    9.3.1 变频器在料车卷扬调速系统中的构成 … 244
    9.3.2 调速系统基本工作原理 ……… 244
    9.3.3 变频调速系统主要设备选择及变频
          参数设置 ……………………… 245
    9.3.4 料车卷扬调速系统的调试及注意事项 … 245
  9.4 基于 PROFIBUS-DP 现场总线的变频
      技术在切割机中的应用 …………… 246
    9.4.1 PROFIBUS 现场总线介绍 …… 246
    9.4.2 变频切割机系统的组成 ……… 247
    9.4.3 PLC 通信编程及 MM440 变频器参
          数定义 ………………………… 247

参考文献 ……………………………………… 250

项目1　直流伺服系统及应用

项目引入

机电伺服系统

在机电控制技术中，一般将系统按要求精确地跟踪控制指令、实现理想的运动控制的过程称为"伺服控制技术"。

伺服系统是自动控制系统的一个分支，是以机械参数为控制对象的自动控制系统，其中，机械参数主要包括位移、角度、力、转矩、速度和加速度等。伺服系统按所用驱动元件的类型可分为电气伺服系统、液压伺服系统和气动伺服系统。

所谓机电伺服系统，是指以电动机作为动力的伺服系统。

机电伺服系统最初用于船舶的自动驾驶、火炮控制和指挥仪中，后来逐渐推广到很多领域，特别是自动车床、天线位置控制、导弹和飞船的制导等。机电伺服系统大量地存在于普通工业设备、国防军事装备和几乎所有生产制造装备中。机电伺服系统的控制部分能够按照系统功能的要求，在输入电气动力执行部件的各种电参数后，使电气动力执行部件得到有效的控制。

近年来，随着微电子技术、计算机技术、现代控制技术和电力电子技术等技术的快速发展，伺服控制技术的发展迎来了新的发展机遇，其应用几乎遍及各个领域，如雷达和各种军用武器的随动系统、数控加工、机器人、办公自动化设备及家电设备等领域。

学习目标

1. 掌握伺服系统的概念和分类。
2. 掌握机电伺服系统的基本组成和工作原理。
3. 了解机电伺服系统的特点及发展趋势。
4. 通过对直流伺服系统的深入理解和研究，能够提出创新的应用方案和解决方案，推动系统在不同领域的发展和应用。
5. 培养与他人协作的能力，能够与其他专业人员合作，形成共同解决各种直流伺服系统的技术问题的意识。

1.1 机电伺服系统的概念及分类

1.1.1 伺服系统的概念

伺服，源于希腊语"奴隶"的意思。人们想把"伺服机构"当个得心应手的驯服工具，使其服从控制信号的要求而动作。在信号到来之前，转子静止不动；信号到来之后，转子立即转动；当信号消失，转子能即时自行停转。由于它的"伺服"性能，因此而得名。

机电伺服系统概述

伺服系统又称随动系统，是用来控制被控对象的某种状态，使其能够自动地、连续地、精确地复现输入信号的变化规律的反馈控制系统。伺服系统的主要任务是按照控制命令要求，对信号进行变换、调控和功率放大等处理，使驱动装置输出的转矩、速度及位置都能得到精准方便地控制。

随着现代科学技术的飞速发展，伺服控制已经成为一门综合性、多学科的技术，微电子与计算机技术也渗入伺服控制系统的各个环节，成为控制技术的核心。

1.1.2 伺服系统的分类

伺服系统可以按驱动方式、功能特征和控制方式等进行分类。

1. 按驱动方式分类

伺服系统按照驱动方式的不同可分为电气伺服系统、液压伺服系统和气动伺服系统，如图1-1所示。它们各有其特点和应用范围。由伺服电动机驱动机械系统的机电伺服系统，广泛应用于各种机电一体化设备。其中，电气伺服系统根据电气信号可分为直流伺服系统和交流伺服系统两大类。

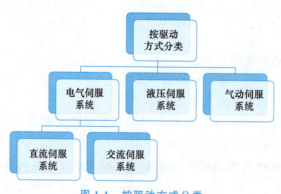

图1-1 按驱动方式分类

（1）直流伺服系统。直流伺服系统常用的伺服电动机有小惯量直流伺服电动机和永磁直流伺服电动机(也称为大惯量宽调速直流伺服电动机)。小惯量直流伺服电动机最大限度地减少了电枢的转动惯量,所以能获得最好的快速性,在早期的数控机床上应用较多,现在也有应用。

(2)交流伺服系统。交流伺服系统使用交流异步伺服电动机(一般用于主轴伺服电动机)和永磁同步伺服电动机(一般用于进给伺服电动机)。由于直流伺服电动机存在有电刷等一些固有缺点,其应用环境受到限制。交流伺服电动机没有这些缺点,且转动惯量较直流电动机小,故其动态响应好。

2. 按功能特征分类

伺服系统按照功能的不同可分为位置伺服、速度伺服和转矩伺服等类型,如图1-2所示。

图1-2 按功能特征分类

(1)位置伺服。位置伺服控制是指转角位置或直线移动位置的控制。位置伺服控制按数控原理分为点位控制(PTP)和连续轨迹控制(CP)。

(2)速度伺服。速度伺服控制就是保证电动机的转速与速度指令要求一致,通常采用比例—积分(P)控制方式。

(3)转矩伺服。转矩伺服控制是通过外部模拟量的输入或直接地址的赋值来设定电动机轴对外输出转矩的大小。可以通过即时改变模拟量的设定来改变设定的转矩大小,也可以通过通信方式改变对应地址的数值来实现。

3. 按控制方式分类

伺服系统根据控制原理,即有无检测反馈传感器及其检测部位,可分为开环、半闭环和闭环三种基本的控制方案,如图1-3所示。

图1-3 按控制方式分类

(1)开环伺服系统。开环伺服系统没有速度及位置测量元件,伺服驱动元件为步进电动机或电液脉冲电动机。控制系统发出的指令脉冲,经驱动电路放大后,送给步进电动机或电液脉冲电动机,使其转动相应的步距角度,再经传动机构,最终转换成控制对象的移动。由此可以看出,控制对象的移动量与控制系统发出的脉冲数量成正比。开环伺服系统原理如图 1-4 所示。

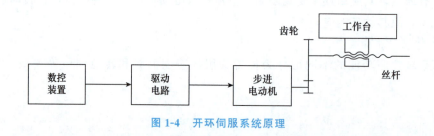

图 1-4　开环伺服系统原理

(2)半闭环伺服系统。半闭环伺服系统不是对控制对象的实际位置进行检测的,而是用安装在伺服电动机轴端上的速度、角位移测量元件测量伺服电动机的转动,间接地测量控制对象的位移,角位移测量元件测出的位移量反馈回来,与输入指令比较,利用差值校正伺服电动机的转动位置。半闭环伺服系统原理如图 1-5 所示。

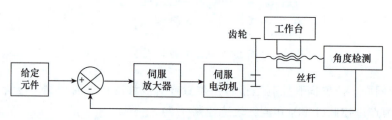

图 1-5　半闭环伺服系统原理

(3)闭环伺服系统。闭环伺服系统带有检测装置,可以直接对工作台的位移量进行检测。在闭环伺服系统中速度、位移测量元件不断地检测控制对象的运动状态。闭环伺服系统原理如图 1-6 所示。其主要特点如下:与半闭环伺服系统相比,其反馈点取自输出量,避免了半闭环伺服系统自反馈信号取出点至输出量之间各元件引出的误差。由于系统是利用输出量与输入量之间的差值进行控制的,因此又称为负反馈控制。

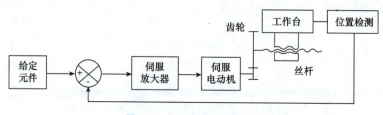

图 1-6　闭环伺服系统原理

闭环伺服系统适用于对精度要求很高的数控机床,如超精车床、超精铣床等。

1.2 伺服系统基本组成结构

1.2.1 伺服系统的结构组成

伺服系统是指经由闭环控制方式达到对一个机械系统的位置、速度和加速度的控制。

一个伺服系统的构成包括被控对象、执行器和控制器(负载、伺服电动机和功率放大器、控制器和反馈装置)。

执行器的功能在于提供被控对象的动力,其构成主要包括伺服电动机和功率放大器。伺服电动机包括反馈装置,如光电编码器、旋转编码器或光栅(位置传感器)等。

机电伺服系统的组成及特点

控制器的功能在于提供整个伺服系统的闭环控制,如转矩控制、速度控制、位置控制等。伺服驱动器通常包括控制器和功率放大器。

反馈装置除需要位置传感器,可能还需要电压、电流和速度传感器。

机电一体化的伺服控制系统的结构、类型繁多,但从自动控制理论的角度来分析,伺服控制系统一般包括控制器、被控对象、执行环节、检测环节、比较环节五部分。图1-7给出了伺服系统组成原理框图。

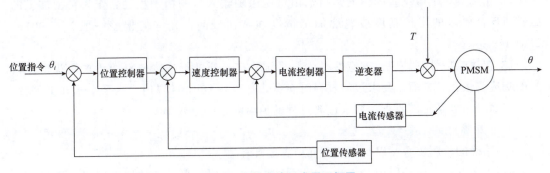

图1-7 伺服系统组成原理框图

1. 控制器

控制器通常是计算机或PID控制电路,其主要任务是对比较元件输出的偏差信号进行变换处理,以控制执行元件按要求动作。

2. 被控对象

被控对象是指被控制的机构或装置,是直接完成系统目的的主体。一般包括传动系统、执行装置和负载。被控量通常是指机械参数量,包括位移、速度、加速度、力和力矩等。

3. 执行环节

执行环节的作用是按控制信号的要求,将输入的各种形式的能量转化成机械能,驱动被控对象工作。机电一体化系统中的执行元件一般是指各种电动机或液压、气动伺服机构等。

4. 检测环节

检测环节是指能够对输出进行测量并转换成比较环节所需要的量纲的环节，一般包括传感器和转换电路。

5. 比较环节

比较环节是将输入的指令信号与系统的反馈信号进行比较，以获得输出与输入之间的偏差信号的环节，通常由专门的电路或计算机来实现。

伺服系统工作原理：伺服系统是使物体的位置、方位、状态等输出被控量能够跟随输入目标的任意变化而变化的自动控制系统，即伺服系统是具有反馈的闭环自动控制系统。它由计算机数字控制系统、伺服驱动器、伺服电动机、速度和位置传感器等组成。计算机数字控制系统用来存储零件加工程序，根据编码器反馈的信息进行各种插补运算和软件实时控制，向各坐标轴的伺服驱动系统发出各种控制命令。伺服驱动器和伺服电动机接收到计算机数字控制系统的控制命令后，对功率进行放大、变换与调控等处理，能够快速平滑地调节运动速度，并能够精确地进行位置控制。

1.2.2 伺服系统的基本要求和特点

1. 伺服系统的基本要求

（1）稳定性好。稳定是指系统在给定输入或外界干扰作用下，能在短暂的调节过程后到达新的或恢复到原有平衡状态。

（2）精度高。伺服系统的精度是指输出量能跟随输入量的精确程度。作为精密加工的数控机床，要求的定位精度或轮廓加工精度通常比较高，允许的偏差一般为 0.001～0.01 mm。

（3）快速响应性好。快速响应性是伺服系统动态品质的标志之一，即要求跟踪指令信号的响应要快：一方面，要求过渡过程时间短，一般在 200 ms 以内，甚至小于几十毫秒；另一方面，为满足超调要求，要求过渡过程的前沿陡，即上升率要大。

2. 伺服系统的主要特点

（1）精确的检测装置：以组成速度和位置闭环控制。

（2）有多种反馈比较原理与方法：根据检测装置实现信息反馈的原理不同，伺服系统反馈比较的方法也不同。目前，常用的有脉冲比较、相位比较和幅值比较三种。

（3）高性能的伺服电动机：用于高效和复杂型面加工的数控机床，伺服系统将经常处于频繁的启动和制动过程中。要求电动机的输出力矩与转动惯量的比值大，以产生足够大的加速或制动力矩。要求伺服电动机在低速时有足够大的输出力矩且运转平稳，以便在与机械运动部分连接中尽量减少中间环节。

（4）宽调速范围的速度调节系统，即速度伺服系统：从系统的控制结构看，数控机床的位置闭环系统可看作是位置调节为外环、速度调节为内环的双闭环自动控制系统，其内部的实际工作过程是将位置控制输入转换成相应的速度给定信号后，再通过调速系统驱动伺服电动机，实现实际位移。数控机床的主运动要求调速性能也比较高，因此要求伺服系统为高性能的宽调速系统。

伺服系统在自动化生产中的应用：在数控机床上，伺服调控系统是其不可缺少的一部

项目 1　直流伺服系统及应用

分。常见伺服电动机及控制器如图 1-8 所示。其任务是将数控信息转化为机床进给运动，从而实现精准控制。伺服系统在一些自动化机械设备中的应用非常广泛，特别是在自动化生产发展的大趋势情况下，伺服系统的应用显得越发重要。当前，我国正在推动工业制造业的自动化进程，这个过程中需要大量的工业机器人及机床设备，在这些设备中伺服系统在整体控制方面有着非常重要的应用。

其中，数控机床伺服系统的作用为接受来自数控装置的指令信号，驱动机床移动部件跟随指令脉冲运动，并保证动作的快速和准确，这就要求高质量的速度和位置伺服。以上指的主要是进给伺服控制。另外，还有针对主运动的伺服控制，控制要求不如前者高。数控机床的精度和速度等技术指标往往取决于伺服系统。

由于数控机床对产品加工要求高，所以采用的伺服控制系统十分关键。目前，在数控机床上使用的伺服控制系统，其优点是精度高（伺服系统的精度是指输出量能复现输入量的精确程度，其包括定位精度和轮廓加工精度）和稳定性好（稳定是指系统在给定输入或外界干扰作用下，能在短暂的调节后，达到新的或恢复到原来的平衡状态）。

图 1-8　常见伺服电动机及控制器

1.3　伺服系统发展状况

伺服系统可分为通用伺服系统和专用伺服系统，两者在市场规模、产品技术、应用领域等方面存在差异。在市场规模上，通用伺服系统市场规模较大，根据 MIR 睿工业的数据，2020 年我国通用伺服系统市场规模达到 164.38 亿元，专用伺服系统市场规模达到 37.28 亿元；在产品技术上，专用伺服系统需要基于不同行业的应用需求提供专业化产品，通用伺服系统需要使其产品在不同行业应用领域内均保持高水平运作，两者在产品技术路线上各有侧重；在应用领域上，通用伺服系统下游应用领域较广，包括包装、物流、3C 电子、锂电池、机器人、木工、激光等，专用伺服系统下游应用领域包括风力发电、矿山机械、缆车索道、电梯等。

1.3.1 全球伺服系统行业发展状况

伺服系统的发展经历了由液压、气动到电气的过程。其中，电气伺服系统根据所驱动的电动机类型可分为直流伺服系统和交流伺服系统。

机电伺服技术的发展阶段

20世纪50年代，直流伺服电动机实现了产品化并开始应用，但其存在机械结构复杂、维护工作量大等缺点；20世纪70年代后期到80年代初期，集成电路、交流可变速驱动技术的发展使交流伺服系统逐渐成为主导产品；自20世纪80年代以来，由于电动机永磁材料制造工艺的发展及其性价比的日益提高，永磁交流伺服驱动技术有了突出发展。

随着交流伺服电动机技术的成熟，交流伺服系统在国外得到快速发展，并涌现出松下、安川、三菱、西门子、博世力士乐、伦茨、施耐德等知名品牌。其中，日本品牌以良好的性价比和较高的可靠性占据了我国较大的市场份额，在中低端设备市场中具有优势，而欧美品牌凭借较高的产品性能在高端设备中占据优势。

1.3.2 我国伺服系统行业发展状况

我国伺服系统行业起步较晚，2000年以后随着国内中高端制造业不断发展，各行各业在生产制造活动中越来越多地需要使用伺服系统来达到产品制造高质量和高精度的目的，这一需求促使国内伺服系统市场呈现快速增长趋势。根据MIR睿工业的数据，2020年我国通用伺服系统市场规模为164.38亿元，预计在2025年达到295.38亿元。如图1-9所示为2017—2025年我国伺服市场规模及增速。

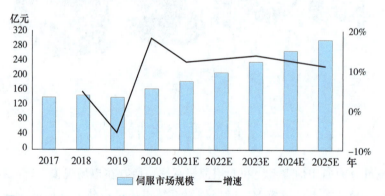

图1-9　2017—2025年我国伺服市场规模及增速（数据来源：MIR睿工业）

我国伺服系统市场主要可分为日韩品牌、欧美品牌和国产品牌，由于需要的技术水平较高，伺服系统市场一直为外资品牌主导。近年来，国内厂商通过引进、消化吸收国际先进技术等举措，不断加强伺服系统相关的技术研发和生产能力，国产伺服系统的产品质量和技术水平不断提升，并逐渐在国内市场中取得一定的份额，但与国际知名企业相比，其在整体性能、可靠性上仍存在一定差距。根据MIR睿工业的数据，2020年我国伺服市场中，日韩品牌约占51%的市场份额，国产品牌约占30%的市场份额，欧美品牌约占19%的市份额。其中,安川、三菱和松下分别以 11.3%、10.5%、9.9% 的市场份额位列前三。

随着我国 3C 电子、机器人、光伏、纺织机械、包装机械等下游应用领域的快速增长,各行各业在生产制造活动中越来越多地需要使用伺服系统来达到产品制造高质量和高精度的目的,这带动了国内伺服系统整体市场需求的增长。国内厂商凭借性价比、服务快速等优势,逐步改变了原有的外资品牌主导的市场格局,并在部分细分市场上表现出明显的竞争优势。

未来,随着工业机器人行业的深化、工业自动化程度的进一步提升和智能制造的深入推进,伺服系统市场将会出现新一轮快速增长,尤其伴随国产伺服技术研发水平的不断提升,国产伺服系统进口替代的步伐将会加快,内资品牌在伺服系统的崛起之势将更加明显。根据 MIR 睿工业的数据,2020 年国产伺服品牌的市场规模达到 49.64 亿元,同比增长 34.40%,国产品牌占我国整体伺服市场规模比例由 2018 年的 22% 上升至 2020 年的 30%。

1.3.3　伺服系统行业未来发展趋势

1. 高性能化

高动态响应能力、快速精准定位是伺服系统的核心竞争力。随着芯片运算能力和集成度的提升及编码器技术的升级,电动机控制算法、自适应算法均能不断优化,伺服系统的性能也在稳步提升。

2. 驱控一体化

驱控一体化是指将伺服系统中的驱动器与上位机控制器集成在一起,达到缩小体积、减轻质量和提高性能的目的。驱控一体化集成可在有效提高伺服系统灵活性、可靠性的同时降低成本,使伺服系统在更短的时间内完成复杂的控制算法,通过共享内存即时传输更多的控制、动态信息,提高内部通信速度。

近年来,中外企业相继推出驱控一体化产品,一体化集成不局限于驱动器与控制器间的集成,同样也适用于驱动器与电动机。传统的运动控制器、伺服驱动器、伺服电动机可两两结合集成,用一体化集成的思路实现结构的简化及效率的提高。

3. 平台标准化

未来,配置有大量参数和丰富菜单功能的通用型驱动器将逐渐成为市场的主流,用户可以在不改变硬件配置的条件下,方便地设置成 U/f 控制、无速度传感器开环矢量控制、闭环磁通矢量控制、永磁无刷交流伺服电动机控制及再生单元等多种工作方式,如达到驱动目的的异步电动机、永磁同步电动机、无刷直流电动机、步进电动机等不同类型的电动机,并适应不同的传感器类型甚至无位置传感器。

4. 网络化和模块化

将现场总线和工业以太网技术甚至无线网络技术集成到伺服驱动器中,已经成为欧洲和美国厂商的常用做法,现代工业局域网发展的重要方向和各种总线标准竞争的焦点就是如何适应高性能运动控制对数据传输实时性、可靠性、同步性的要求。随着国内对大规模分布式控制装置的需求上升,网络化数字伺服的开发已经成为当务之急。模块化不仅指伺服驱动模块、电源模块、再生制动模块、通信模块之间的组合方式,而且指伺服驱动器内部软件和硬件的模块化与可重用性。

1.4 直流伺服系统

伺服电动机是转速及方向都受控制电压信号控制的一类电动机,常在自动控制系统用作执行元件。伺服电动机可分为直流、交流两大类。

直流伺服电动机在电枢控制时具有良好的机械特性和调节特性。机电时间常数小,启动电压低。其缺点是由于有电刷和换向器,造成的摩擦转矩比较大,有火花干扰及维护不便。

1.4.1 直流伺服电动机的结构和工作原理

直流伺服电动机的结构与一般的电动机结构相似,也是由定子、转子和电刷等部分组成的。在定子上有励磁绕组和补偿绕组,转子绕组通过电刷供电。由于转子磁场和定子磁场始终正交,因此产生转矩使转子转动。由图 1-10 可知,定子励磁电流产生定子电势 F_s,转子电枢电流 i_a 产生转子磁势为 F_r,F_s 和 F_r 垂直正交,补偿磁阻与电枢绕组串联,电流 i_a 又产生补偿磁势 F_c,F_c 与 F_r 方向相反,它的作用是抵消电枢磁场对定子磁场的扭斜,使电动机具有良好的调速特性。

直流伺服控制系统

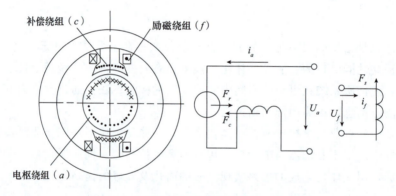

图 1-10 直流伺服电动机的结构和工作原理

永磁直流伺服电动机的转子绕组通过电刷供电,并在转子的尾部装有测速发电机和旋转变压器(或光电编码器),它的定子磁极是永久磁铁。我国稀土永磁材料有很大的磁能积和极大的矫顽力,将永磁材料用在电动机中不但可以节约能源,还可以减小电动机发热,减小电动机体积。永磁式直流伺服电动机与普通直流电动机相比具有更高的过载能力、更大的转矩转动惯量比、更大的调速范围等优点。因此,永磁直流伺服电动机曾广泛应用于数控机床进给伺服系统。近年来,由于出现了性能更好的转子为永磁铁的交流伺服电动机,永磁直流伺服电动机在数控机床上的应用才越来越少。

1.4.2 直流伺服电动机的调速原理和常用的调速方法

由电工学的知识可知:在转子磁场不饱和的情况下,改变电枢电压即可改变转子转速。直流电动机的转速和其他参量的关系可用式(1-1)表示:

$$n = \frac{U - IR}{K_e \Phi} \tag{1-1}$$

式中 n——转速(r/min);

U——电枢电压(V);

I——电枢电流(A);

R——电枢回路总电阻(Ω);

Φ——励磁磁通(Wb);

K_e——由电动机结构决定的电动势常数。

直流伺服电动机调速系统

根据上述关系式,实现电动机调速的主要方法有以下三种:

(1)调节电枢电压 U:电动机加以恒定励磁,用改变电枢两端电压 U 的方式来实现调速控制,这种方法也称为电枢控制。

(2)减弱励磁磁通 Φ:电枢加以恒定电压,用改变励磁磁通的方法来实现调速控制,这种方法也称为磁场控制。

(3)改变电枢回路电阻 R 来实现调速控制。

对于要求在一定范围内无级平滑调速的系统来说,以改变电枢电压的方式最好;改变电枢回路电阻只能实现有级调速,调速平滑性比较差;减弱磁通,虽然具有控制功率小和能够平滑调速等优点,但调速范围不大,往往只是配合调压方案,在基速(即电动机额定转速)以上做小范围的升速控制。因此,直流伺服电动机的调速主要以电枢电压调速为主。

要得到可调节的直流电压,常用的方法有以下三种方法:

(1)旋转变流机组——用交流电动机(同步或异步电动机)和直流发电机组成机组,调节发电机的励磁电流以获得可调节的直流电压;该方法在 20 世纪 50 年代广泛应用,可以很容易实现可逆运行,但体积大、费用高、效率低,所以现在很少使用。

(2)静止可控整流器——使用晶闸管可控整流器以获得可调的直流电压(Silicon Controlled Rectifier,SCR,可控硅整流器);该方法出现在 20 世纪 60 年代,具有良好的动态性能,但由于晶闸管只有单向导电性,所以不易实现可逆运行,且容易产生"电力公害"。

(3)斩波器和脉宽调制变换器——用恒定直流电源或不控整流电源供电,利用直流斩波器或脉宽调制变换器产生可变的平均电压;该方法是利用晶闸管来控制直流电压,形成直流斩波器或称直流调压器。

在伺服系统中,数控机床的速度控制已经成为一个独立、完整的模块,称为速度控制模块或速度控制单元。现在直流调速单元较多采用晶闸管调速系统(SCR 系统)和晶体管脉宽调速(Pulse Width Modulation,PWM)系统。这两种调速系统都是改变电动机的电枢电压,其中以 PWM 系统应用最为广泛。因此,本节主要介绍晶体管脉宽调速系统。

由于电动机是电感元件,转子的质量也较大,有较大的电磁时间常数和机械时间常数,因此目前常用的电枢电压可用周期远小于电动机机械时间常数的方波平均电压来代替。在实际应用过程中,直流调压器可利用大功率晶体管的开关作用,将直流电源电压转换成频率约为 200 Hz 的方波电压,送给直流电动机的电枢绕组。通过对开关关闭时间长短的控制,来控制加到电枢绕组两端的平均电压,从而达到调速的目的。

随着国际上电力电子技术(即大功率半导体技术)的飞速发展,新一代的全控式电力电子元件不断出现,如可关断晶体管(GTO)、大功率晶体管(GTR)、场效应晶闸管(PMOS-FET)及新近推出的绝缘门极晶体管(IGBT)。这些全控式功率元件的应用,使直流电源可在 1~10 kHz 的频率交替地导通和关断,用改变脉冲电压的宽度来改变平均输出电压,调节直流电动机的转速,从而大大改善直流伺服系统的性能。

脉宽调制器放大器属于开关型放大器。由于各功率元件均工作在开关状态,功率损耗比较小,因此这种放大器特别适用于较大功率的系统,尤其是低速、大转矩的系统。开关放大器可分为脉冲宽度调制型(PWM)和脉冲频率调节型两种,也可采用两种形式的混合型,但应用最为广泛的是脉冲宽度调制型。其中,PWM 系统是在脉冲周期不变时,在大功率开关晶体管的基极上,加上脉宽可调的方波电压,改变主晶闸管的导通时间,从而改变脉冲的宽度;脉冲频率调节(Pulse Frequency Modulation,PFM)系统,是在导通时间不变的情况下,只改变开关频率或开关周期,也就是只改变晶闸管的关断时间;两点式控制是指当负载电流或电压低于某一最低值时,使开关管 VT 导通;当电压达到某一最大值时,使开关管 VT 关断。导通和关断的时间都是不确定的。

上述方法均是用开关型放大器来改变电动机电枢上的平均电压,较晶闸管调速系统具有以下优点:

(1)由于 PWM 系统的开关频率较高,仅靠电枢电感的滤波作用可能就足以获得脉动性很小的直流电流,电枢电流容易连续,系统低速运行平稳,调速范围较宽,可以达到 1∶10 000 左右。与晶闸管调速系统相比,在相同的平均电流即相同的输出转矩下,电动机的损耗和发热都较小。

(2)同样由于 PWM 系统开关频率高,若与快速响应的电动机配合,系统可以获得很高频带,因此快速响应性能好,动态抗扰能力强。

(3)由于电力电子元件只工作在开关状态,主线路损耗小,装置的效率较高。

(4)功率晶体管承受高峰值电流的能力差。

晶体管脉宽调速系统主要由脉宽调制器和主回路组成。

1.4.3　晶体管脉宽调制器式速度控制单元

1. PWM 系统的主回路

由于功率晶体管比晶闸管具有优良的特性,因此在中、小功率驱动系统中,功率晶体管已逐步取代晶闸管,并采用了目前应用广泛的脉宽调制方式进行驱动。

开关型功率放大器的驱动回路有两种结构形式:一种是 H 形(也称桥式);另一种是 T 形,这里介绍常用的 H 形。其电路原理如图 1-11 所示。图中 VD_1~VD_4 为续流二极管,用于保护功率晶体管 VT_1~VT_4,M 是直流伺服电动机。

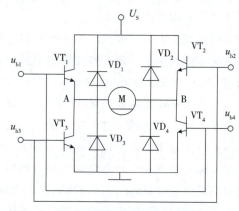

图 1-11　H 形双极模式 PWM 功率转换电路

H形电路按控制方式可分为双极型和单极型,下面介绍双极型功率驱动电路的原理。4个功率晶体管可分为两组,VT_1 和 VT_4 是一组,VT_2 和 VT_3 为另一组,同一组的两个晶体管同时导通或同时关断。一组导通另一组关断,两组交替导通和关断,不能同时导通。将一组控制方波加到一组大功率晶体管的基极,同时,将反向后该组的方波加到另一组的基极上就可达到上述目的。若加在 u_{b1} 和 u_{b4} 上的方波正半周比负半周宽,则加到电动机电枢两端的平均电压为正,电动机正转;反之,则电动机反转。若方波电压的正、负宽度相等,加在电枢的平均电压等于零,电动机不转,这时电枢回路中的电流没有续断,而是一个交变的电流,这个电流使电动机发生高频颤动,有利于减小静摩擦。

晶闸管直流调速系统

2. 脉宽调制器

脉宽调制器的任务是将连续控制信号变成方波脉冲信号,作为功率转换电路的基极输入信号,改变直流伺服电动机电枢两端的平均电压,从而控制直流电动机的转速和转矩。方波脉冲信号可由脉宽调制器生成,也可由全数字软件生成。

脉宽调制(PWM)直流调速系统

脉宽调制器是一个电压-脉冲变换装置,由控制系统控制器输出的控制电压 U_c 进行控制,为 PWM 系统装置提供所需的脉冲信号,其脉冲宽度与 U_c 成正比。常用的脉宽调制器可分为模拟式脉宽调制器和数字式脉宽调制器。模拟式脉宽调制器是用锯齿波、三角波作为调制信号的脉宽调制器,或用多谐振荡器和单稳态触发器组成的脉宽调制器。数字式脉宽调制器是用数字信号作为控制信号,从而改变输出脉冲序列的占空比。下面就以三角波脉宽调制器和数字式脉宽调制器为例,说明脉宽调制器的原理。

(1)三角波脉宽调制器。三角波脉宽调制器通常由三角波(或锯齿波)发生器和比较器组成,如图 1-12 所示。图中的三角波发生器由两个运算放大器构成,IC1-A 是多谐振荡器,产生频率恒定且正负对称的方波信号;IC1-B 是积分器,把输入的方波变成三角波信号 U_t 输出。三角波发生器输出的三角波应满足线性度高和频率稳定的要求。只有在满足这两个要求时才能满足调速要求。

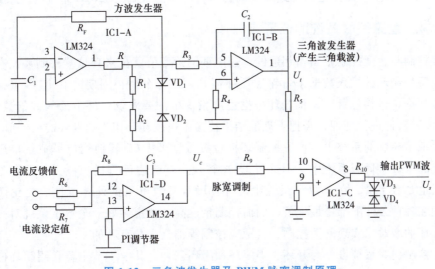

图 1-12 三角波发生器及 PWM 脉宽调制原理

三角波的频率对伺服电动机的运行有很大的影响。由于 PWM 功率放大器输出给直流电动机的电压是一个脉冲信号，有交流成分，这些不做功的交流成分会在电动机内引起功耗和发热，为减少这部分的损失，应提高脉冲频率，但脉冲频率又受功率元件开关频率的限制。目前，脉冲频率通常为 2~4 kHz 或更高，脉冲频率是由三角波调制的，三角波频率等于控制脉冲频率。

比较器 IC1-C 的作用是把输入的三角波信号 U_t 和控制信号 U_c 相加输出脉宽调制方波。当外部控制信号 $U_c=0$ 时，比较器输出为正负对称的方波，直流分量为零。当 $U_c>0$ 时，U_c+U_t 对接地端是一个不对称三角波，平均值高于接地端，因此输出方波的正半周较宽，负半周较窄。U_c 越大，正半周的宽度越宽，直流分量也越大，所以电动机正向旋转越快。反之，当控制信号 $U_c<0$ 时，U_c+U_t 的平均值低于接地端，IC1-C 输出的方波正半周较窄，负半周较宽。U_c 的绝对值越大，负半周的宽度越宽，因此电动机反转越快。

这样改变了控制电压 U_c 的极性，也就改变了 PWM 变换器的输出平均电压的极性，从而改变了电动机的转向。改变 U_c 的大小，则调节了输出脉冲电压的宽度，进而调节电动机的转速。

该方法是一种模拟式控制，其他模拟式脉宽调制器的原理都与此基本相仿。

(2) 数字式脉宽调制器。在数字式脉宽调制器中，控制信号是数字，其值可确定脉冲的宽度。只要维持调制脉冲序列的周期不变，就可以达到改变占空比的目的。用微处理器实现数字式脉宽调制器可分为软件和硬件两种方法，软件法占用较多的计算机机时，于控制不利，但柔性好，投资少；目前被广泛推广的是硬件法。

在全数字数控系统中，可用定时器生成可控方波；有些新型的单片机内部设置了可产生 PWM 控制方波的定时器，用程序控制脉冲宽度的变化。如果是用单片机 8031 控制的全数字系统，其中用 8031 的 P0 口向定时器 1 和 2 传送数据。当指令速度改变时，由 P0 口向定时器送入新的计数值，用来改变定时器输出的脉冲宽度。速度环和电流环的检测值经模数转换后的数字量也由 P0 口读入，经计算机处理后，再由 P0 口送给定时器，及时改变脉冲宽度，从而控制电动机的转速和转矩。

图 1-12 中的左半部分是数字式脉宽调制器，右半部分则是 PWM 系统的主回路。

1.4.4 直流伺服系统的位置控制

位置控制与速度控制是紧密相连的，速度环的给定值就是来自位置控制环。在数控机床中，位置控制环的输入数据来自轮廓插补运算，在每个插补周期内 CNC 装置插补运算输出一组数据传送给位置环，位置环根据速度指令中的要求及各环节的放大倍数（或称为增益）对位置数据进行处理，再把处理的结果传送给速度环，作为速度环的给定值。

在模拟量控制的系统中，位置控制环把位置数据经 D/A 转换变成模拟量传送给速度环。现代的全数字伺服系统中，不进行 D/A 转换，全部用计算机软件进行数字处理，输出的结果也是数字量。在全数字系统中，各种增益常数可根据外界条件的变化而自动更改，保证在各种条件下都是最优值，因而控制精度高，稳定性好。全数字系统对提高速度环、电流环的增益，实现前馈控制、自适应控制等都是十分有利的。

位置控制伺服系统可分为开环、半闭环和闭环三种。其中本节主要介绍闭环位置控制系统。闭环位置控制系统常用的有数字比较伺服系统、相位比较伺服系统和幅值比较伺服系统。

1. 数字比较伺服系统

用脉冲比较的方法构成闭环和半闭环控制的系统称为数字比较伺服系统。该系统的主要优点是结构比较简单,在半闭环控制中,多采用光电编码器作为检测元件;在闭环控制中,多采用光栅作为检测元件。通过检测元件进行位置检测和反馈,实现脉冲比较。

半闭环数字比较伺服系统结构框图如图 1-13 所示。整个系统由三部分组成:采用光电编码器产生位置反馈脉冲信号 P_f;实现指令脉冲 F 与反馈脉冲 P_f 的脉冲比较,以取得位置偏差信号 e;以位置偏差信号 e 作为速度给定的伺服电动机速度控制系统。

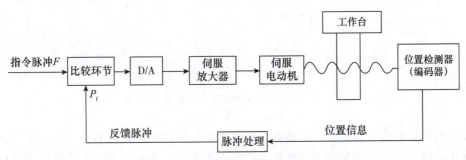

图 1-13　半闭环数字比较伺服系统结构框图

闭环数字比较伺服系统的工作原理可简述如下:

(1)开始时,指令脉冲 $F=0$,且工作台处于静止状态,则反馈脉冲 P_f 为零,经比较环节 $e=F-P_f=0$,那么伺服电动机的速度给定为零,伺服电动机不动,工作台处于静止状态。

(2)当指令脉冲为正向指令脉冲时,即 $F>0$,工作台在没有运动之前,反馈脉冲 P_f 仍为零,经比较环节比较,$e=F-P_f>0$,则调速系统驱动工作台正向进给。随着电动机的运转,检测元件的反馈脉冲信号通过采样进入比较环节,该脉冲比较环节对 F 和 P_f 进行比较,按负反馈原理,只有当 F 和 P_f 的脉冲个数相等时,偏差 $e=F-P_f=0$,工作台才重新稳定在指令所规定的平衡位置上。

(3)当指令脉冲 F 为负向指令脉冲时,$F<0$,其控制过程与 F 为正向指令脉冲的控制过程相似,只是此时 $e<0$,工作台向反方向进给。最后,工作台准确地停在指令所规定的反向的某个稳定位置上。

(4)比较环节输出的位置偏差信号 e 为一个数字量,经 D/A 转换后才能变为模拟给定电压,使模拟调速系统工作。数字比较伺服系统的优点是结构比较简单,易于实现数字化控制。在控制性能方面数字比较伺服系统要优于模拟方式、混合方式的伺服系统。

2. 相位比较伺服系统

相位比较伺服系统是数控机床常用的一种位置控制系统,其结构形式与所使用的位置检测元件有关。常用的位置检测元件是旋转变压器和感应同步器,并工作于相位工作状态。

图 1-14 所示为闭环相位比较伺服系统的结构框图。相位比较伺服系统也可以构成半闭环系统，其与闭环相位比较伺服系统的差别是所用的检测元件和在机床上的安装位置不同。其主要由基准信号发生器、脉冲调相器、鉴相器、伺服放大器、伺服电动机等组成。

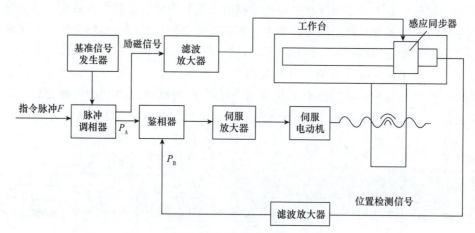

图 1-14 闭环相位比较伺服系统的结构框图

脉冲调相器也称为数字相位变换器，其作用是将来自数控装置的进给脉冲信号转换为相位变化信号。该相位变化信号可用正弦信号或方波信号表示。若没有进给脉冲输出，则脉冲调相器的输出与基准信号发生器发出的基准信号同相位，无相位差。若输出一个正向或反向进给脉冲，则脉冲调相器就输出超前或滞后基准信号的一个相应的相位角 θ。

鉴相器有两个输入信号，这两个输入信号同频，其相位均以与基准信号的相位差表示。鉴相器的作用是鉴别这两个输入信号的相位差，其输出为正比于这个相位差的电压信号。

在相位比较伺服系统中，检测元件工作于相位工作状态。检测信号经整形放大后的 P_B 作为位置反馈信号。进给脉冲（指令脉冲）F 经脉冲调相后，变成频率为 F_0 的脉冲信号 P_A。P_A、P_B 为鉴相器的输入，鉴相器的输出信号 $\Delta\theta = P_A - P_B$ 就反映了指令位置与实际位置的偏差。$\Delta\theta$ 经伺服放大器和伺服电动机构成的调速系统，驱动工作台，实现位置跟踪。

3. 幅值比较伺服系统

幅值比较伺服系统中是以检测信号的幅值大小来反映机械位移的数值，并依此作为反馈信号。检测元件工作于幅值状态，常用的检测元件有旋转变压器和感应同步器。其工作原理基本类似于闭环相位比较伺服系统，只是比较的量是幅值，而不是相位。

1.4.5 直流伺服系统的应用

由于直流伺服电动机既具有交流电动机的结构简单、运行可靠、维护方便等一系列优点，又具有直流电动机的运行效率高、无励磁损耗及调速性能好的特点，因此在当今国民经济的各个领域，如医疗器械、仪表仪器、化工、轻纺及家用电器等方面的应用日益普及。直流伺服电动机的应用主要分为以下几类。

1. 定速驱动机械

一般不需要调速的领域以往大多是采用三相或单相交流异步电动机和同步电动机。随着电力电子技术的进步,在功率不大于 10 kW 且连续运行的情况下,为了减小体积,节省材料,提高效率和降低能耗,越来越多的电动机正被直流伺服电动机逐步取代,这类应用有自动门、电梯、水泵、风机等。而在功率较大的场合,由于一次成本和投资较大,除永磁电动机外,还要增加驱动器,因此目前较少有应用。

2. 调速驱动机械

速度需要任意设定和调节,但控制精度要求不高的调速系统可分为两种:一种是开环调速系统;另一种是闭环调速系统(此时的速度反馈元件大多采用低分辨率的脉冲编码器或交流、直流测速器等)。通常,采用的电动机主要有直流电动机、交流异步电动机和直流伺服电动机三种。这在包装机械、食品机械、印刷机械、物料输送机械、纺织机械和交通车辆中有大量应用。调速应用领域最初用得最多的是直流电动机,随着交流调速技术特别是电力电子技术和控制技术的发展,交流变频技术获得了广泛应用,变频器和交流电动机迅速渗入原来直流调速系统的绝大多数应用领域。近几年,由于直流伺服电动机体积小、质量小和高效节能等一系列优点,中小功率的交流变频系统正逐步被直流伺服电动机系统所取代,特别是在纺织机械、印刷机械等原来应用变频系统较多的领域,而在一些直接由电池供电的直流电动机应用领域,则更多由直流伺服电动机所取代。

3. 精密控制

伺服电动机在工业自动化领域的高精度控制中扮演了一个十分重要的角色,应用场合不同,对伺服电动机的控制性能要求也不尽相同。在实际应用中,伺服电动机有各种不同的控制形式,即转矩控制、电流控制、速度控制、位置控制。直流伺服电动机由于其良好的控制性能,在高速、高精度定位系统中逐步取代了直流电动机与步进电动机,成为其首选的伺服电动机之一。目前,扫描仪、摄影机、CD 唱机驱动、医疗诊断 CT、计算机硬盘驱动及数控车床驱动等都广泛采用了直流伺服电动机系统用于精密控制。

项目小结

直流伺服系统及其应用是小规模集成电路和计算机技术发展中的一个重要应用领域。本项目重点学习了直流伺服系统的定义和组件。

(1)直流伺服系统由直流电动机和控制器组成,其中直流电动机是一种能将直流电源转换为机械能的装置。

(2)控制器是用于调节直流电动机运动状态的设备,它可以通过接收输入信号并调整电动机的电压或电流来改变电动机的速度和位置。

本项目还介绍了直流伺服系统的应用。

直流伺服系统在各种自动化领域都有广泛的应用,如数控机床、机器人、航空航天、汽车制造等。

在这些应用中,直流伺服系统通常被用于实现高精度和高速度的定位与跟踪控制。

 **项目实施**

伺服系统是工业自动化的重要组成部分,是自动化行业中实现精确定位、精准运动的必要途径,更是体现一个国家工业技术发展水平的重要指标之一。2020年,在我国伺服市场中,以松下、安川、三菱为代表的日本品牌占51%的市场份额,以台达、汇川、埃斯顿、华中数控为代表的国产品牌约占30%的市场份额,西门子、施耐德、博世力士乐等欧美品牌约占19%的市场份额。随着工业机器人行业的深化、工业自动化程度的进一步提升和智能制造的深入推进,伺服产品的需求量越来越大。为了突破伺服系统的关键技术,提升我国智能制造的技术水平和市场竞争力,需要青年人迎难而上、挺身而出、勇挑重担、攻坚克难。结合工业自动化,简要说明直流伺服系统的发展和应用,以及伺服系统在行业未来的发展趋势。

 **项目评价**

序号	达成评价要素	权重	个人自评	小组评价	教师评价
1	理解程度:对直流伺服系统的基本原理和工作原理的理解程度	20%			
2	应用能力:能否将所学的知识应用到实际的直流伺服系统中,解决实际问题	30%			
3	实践操作:在试验中的操作技能和试验结果的准确性	10%			
4	创新能力:能否提出创新的应用方案和解决方案,推动直流伺服系统的发展和应用	10%			
5	团队合作:在团队合作中的表现和与他人协作的能力	10%			
6	学习态度:对学习直流伺服系统的态度和积极性	10%			
7	自主学习能力:能否主动学习和探索新的知识与技能	10%			
效果评估总结:对自己学习效果的评估和反思					

项目 2　交流伺服系统及应用

项目引入

交流伺服系统

伺服系统的发展经历了从液压、气动到电气的过程，而电气伺服系统包括伺服电动机、反馈装置和控制器。在 20 世纪 60 年代，最早是直流电动机作为主要执行部件，在 20 世纪 70 年代以后，交流伺服电动机的性价比不断提高，逐渐取代直流电动机成为伺服系统的主导执行电动机。控制器的功能是完成伺服系统的闭环控制，包括力矩、速度和位置等。通常，伺服驱动器已经包括了控制器的基本功能和功率放大部分。虽然采用功率步进电动机直接驱动的开环伺服系统曾经在 20 世纪 90 年代的经济型数控领域获得广泛使用，但是迅速被交流伺服系统所取代。进入 21 世纪，交流伺服系统越来越成熟，市场呈现快速多元化发展，国内外众多品牌进入市场竞争。交流伺服技术已成为工业自动化的支撑性技术之一。

在交流伺服系统中，电动机的类型有永磁同步交流伺服电动机（PMSM）和感应异步交流伺服电动机（IM）。其中，永磁同步电动机具备十分优良的低速性能，可以实现弱磁高速控制，调速范围广，动态特性和效率都很高，已经成为伺服系统的主流之选。而异步伺服电动机虽然结构坚固、制造简单、价格低，但是在特性和效率上存在差距，只在大功率场合得到重视。

学习目标

1. 掌握交流伺服系统的概念和主要类型。
2. 掌握交流伺服电动机系统的基本组成和工作原理。
3. 了解交流伺服系统的特点及发展趋势。
4. 掌握交流伺服电动机系统的主要部件（电动机、编码器、驱动器）的特点和工作原理。
5. 通过试验和课程设计等实践环节，探究式学习理解交流伺服系统的原理和应用，同时提升实践能力和创新思维能力。

知识链接

2.1 交流伺服系统概述

2.1.1 交流伺服系统组成及工作原理

交流伺服系统作为现代工业生产设备的重要驱动源之一,是工业自动化不可缺少的基础技术。

目前,基于稀土永磁体的交流永磁伺服驱动系统,能提供最高水平的动态响应和转矩密度。因此,拖动系统的发展趋势是用交流伺服驱动代替传统的液压、直流和步进调速驱动,以便使系统性能达到一个全新的水平,包括更短的周期、更高的生产率、更好的可靠性和更长的寿命。因此,交流伺服系统在许多高新科技领域得到了非常广泛的应用,如激光加工、机器人、数控机床、大规模集成电路制造、办公自动化设备、雷达和各种军用武器随动系统以及柔性制造系统(Flexible Manufacturing System,FMS)等。

交流伺服控制系统

1. 交流伺服系统组成

交流伺服系统包括交流伺服电动机、编码器、伺服驱动器和位置给定机构等,是一种快速定位的系统。

(1)交流伺服电动机。交流伺服电动机是伺服系统的核心部件之一,它的转速、力矩和位置等运动状态能够受到精密控制。常用的交流伺服电动机有感应电动机和永磁同步电动机等。

交流伺服系统组成

(2)编码器。编码器是反馈控制的重要组成部分,用于实时反馈电动机的位置和速度等状态。常见的编码器有绝对编码器和增量编码器等。

(3)伺服驱动器。伺服驱动器是将控制信号转换为电压、电流等输出,以控制电动机的速度、力矩和位置等状态的电子元件。伺服驱动器通常包括功率放大器、控制器和逆变器等。

(4)控制器。控制器是伺服系统的大脑,用于实现控制算法和控制信号的计算和生成。常见的控制器有数字信号处理器(DSP)、可编程逻辑控制器(PLC)和单片机等。

(5)电源。伺服系统需要稳定、可靠的电源供应,以确保电动机和控制器的正常运行。

(6)信号输入/输出模块。信号输入/输出模块用于连接外部传感器和执行器,实现控制信号和反馈信号的输入和输出。

(7)连接线缆和机械部件。连接线缆和机械部件用于连接电动机、编码器、伺服驱动器和控制器等组件,并实现机械运动传递。

总之,交流伺服系统由交流伺服电动机、编码器、伺服驱动器、控制器、电源、信号输入/输出模块、连接线缆和机械部件等组成,通过精密控制实现高精度运动控制。

2. 交流伺服系统工作原理

交流伺服系统是一种精密控制系统,通常用于需要高精度运动控制的应用,如机床、自动化生产线和机器人等。交流伺服系统是通过传感器实时反馈运动状态,以达到高精度运动控制的目的。交流伺服系统工作原理如图2-1所示。

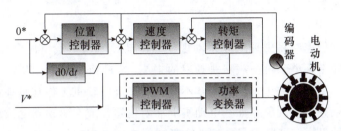

图 2-1　交流伺服系统工作原理

交流伺服系统的工作原理如下:

(1)传感器反馈信号:交流伺服电动机装有编码器或霍尔传感器等,可以实时反馈电动机的位置、速度和加速度等运动状态。

(2)控制器计算误差:控制器通过比较设定值与实际反馈值之间的误差,计算出控制信号,调节电动机运动状态,以使误差尽可能小。

(3)伺服驱动器控制电动机:伺服驱动器将控制信号转换为电压、电流等输出,控制交流伺服电动机的速度和力矩等运动状态。

(4)反馈控制闭环:传感器反馈信号再次传递到控制器中,形成反馈控制闭环,通过反复比较误差并不断调节控制信号,使电动机能够在较小误差下保持精准运动状态。

总之,交流伺服系统通过不断反馈和调节,实现对电动机运动状态的高精度控制,使其能够在各种复杂工作场景中精准地完成各种运动任务。

2.1.2　步进电动机和交流伺服电动机性能比较

步进电动机是一种离散运动的装置,其与现代数字控制技术有着本质的联系。在目前国内的数字控制系统中,步进电动机的应用十分广泛。随着全数字式交流伺服系统的出现,交流伺服电动机也越来越多地应用于数字控制系统中。为了适应数字控制的发展趋势,运动控制系统中大多采用步进电动机或全数字式交流伺服电动机作为执行电动机。虽然两者在控制方式上相似(脉冲串和方向信号),但在使用性能和应用场合上存在着较大的差异。现就两者的使用性能作比较。

交流伺服电动机主要性能指标

1. 控制精度不同

两相混合式步进电动机的步距角一般为 3.6°、1.8°,五相混合式步进电动机步距角一般为 0.72°、0.36°。还有一些高性能的步进电动机步距角更小。如四通公司生产的一种用于慢走丝机床的步进电动机,其步距角为 0.09°;德国百格拉公司(Berger Lahr)生产的三相混合式步进电动机的步距角可通过拨码开关设置为 1.8°、0.9°、0.72°、0.36°、0.18°、0.09°、0.072°、0.036°,兼容了两相和五相混合式步进电动机的步距角。交流伺服电动机的控制精度由电动机轴后端的旋转编码器保证。以松下全数字式交流伺服电动机为例,对于带标准2500线编码器的电动机而言,由于驱动器内部采用了四倍频技术,其脉冲当量为 360°/10 000＝0.036°。对于带 17 位编码器的电动机而言，驱动器每接收 2^{17}＝131 072 个脉冲电动机转一圈，即其脉冲当量为 360°/131 072＝9.89 s。其是步距角为 1.8°的步进电动机的脉冲当量的 1/655。

2. 低频特性不同

步进电动机在低速时易出现低频振动现象。振动频率与负载情况和驱动器性能有关，一般认为，振动频率为电动机空载启跳频率的 1/2。这种由步进电动机的工作原理所决定的低频振动现象对于机器的正常运转非常不利。当步进电动机工作在低速时，一般应采用阻尼技术来克服低频振动现象，如在电动机上加阻尼器，或在驱动器上采用细分技术等。

交流伺服电动机运转非常平稳，即使在低速时也不会出现振动现象。交流伺服系统具有共振抑制功能，可涵盖机械的刚性不足，并且系统内部具有频率解析机能（FFT），可检测出机械的共振点，便于系统调整。

3. 矩频特性不同

步进电动机的输出力矩随转速升高而下降，且在较高转速时会急剧下降，所以，其最高工作转速一般为 300～600 r/min。交流伺服电动机为恒力矩输出，即在其额定转速（一般为 2 000 r/min 或 3 000 r/min）以内，都能输出额定转矩，在额定转速以上为恒功率输出。

4. 过载能力不同

步进电动机一般不具有过载能力。交流伺服电动机具有较强的过载能力。以松下交流伺服系统为例，它具有速度过载和转矩过载能力。其最大转矩为额定转矩的 3 倍，可用于克服惯性负载在启动瞬间的惯性力矩。步进电动机因为没有这种过载能力，在选型时为了克服这种惯性力矩，往往需要选取较大转矩的电动机，而机器在正常工作期间又不需要那么大的转矩，便出现了力矩浪费的现象。

5. 运行性能不同

步进电动机的控制为开环控制，启动频率过高或负载过大易出现丢步或堵转的现象，停止时转速过高易出现过冲的现象，所以为保证其控制精度，应处理好升速、降速问题。交流伺服驱动系统为闭环控制，驱动器可直接对电动机编码器反馈信号进行采样，内部构成位置环和速度环，一般不会出现步进电动机的丢步或过冲的现象，控制性能更可靠。

6. 速度响应性能不同

步进电动机从静止加速到工作转速（一般为每分钟几百转）需要 200～400 ms。交流伺服系统的加速性能较好，以松下 MSMA 400 W 交流伺服电动机为例，从静止加速到其额定转速 3 000 r/min 仅需几毫秒，可用于要求快速启停的控制场合。

综上所述，交流伺服系统在许多性能方面都优于步进电动机。

2.1.3 交流伺服系统的分类

交流伺服系统根据其处理信号的方式不同，可分为模拟式伺服、数字模拟混合式伺服和全数字式伺服；如果按照使用的伺服电动机的种类不同，又可分为两种：一种是用永磁同步伺服电动机构成的伺服系统，包括方波永磁同步电动机（无刷直流机）伺服系统和正弦波永磁同步电动机伺服系统；另一种是用鼠笼型异步电动机构成的伺服系统。

交流伺服系统的类型

两者的不同之处在于永磁同步电动机伺服系统中需要采用磁极位置传感器；而感应电动机伺服系统中含有滑差频率计算部分。若采用微处理器软件实现伺服控制，可以使永磁同步伺服电动机和鼠笼型异步伺服电动机使用同一套伺服放大器。

2.1.4 交流伺服系统的发展与数字化控制的优点

伺服系统的发展紧密地与伺服电动机的不同发展阶段相联系，伺服电动机至今已有50多年的发展历史，经历了以下三个主要发展阶段：

第一个发展阶段(20世纪60年代以前)。此阶段是以步进电动机驱动的液压伺服电动机或以功率步进电动机直接驱动为中心的时代，伺服系统的位置控制为开环系统。

第二个发展阶段(20世纪60—70年代)。此阶段是直流伺服电动机的诞生和全盛发展的时代，由于直流电动机具有优良的调速性能，很多高性能驱动装置采用了直流电动机，伺服系统的位置控制也由开环系统发展成为闭环系统。在数控机床的应用领域，永磁式直流电动机占统治地位，其控制电路简单，无励磁损耗，低速性能好。

第三个发展阶段(20世纪80年代至今)。此阶段是以机电一体化时代作为背景的，由于伺服电动机结构及其永磁材料、控制技术的突破性进展，出现了无刷直流伺服电动机(方波驱动)、交流伺服电动机(正弦波驱动)等新型电动机。

进入20世纪80年代后，因为微电子技术的快速发展，电路的集成度越来越高，对伺服系统产生了很重要的影响，交流伺服系统的控制方式迅速向微机控制方向发展，并由硬件伺服转向软件伺服，智能化的软件伺服将成为伺服控制的一个发展趋势。

伺服系统控制器的实现方式在数字控制中也在由硬件方式向软件方式发展；在软件方式中也是从伺服系统的外环向内环进而向接近电动机环路的更深层发展。

目前，伺服系统的数字控制大多采用硬件与软件相结合的控制方式，其中软件控制方式一般是利用微机实现的。这是因为基于微机实现的数字伺服控制器与模拟伺服控制器相比，具有下列优点：

(1)能明显地降低控制器硬件成本。速度更快、功能更新的新一代微处理机不断涌现，硬件费用会变得很便宜。体积小、质量轻、耗能少是它们的共同优点。

(2)可显著改善控制的可靠性。集成电路和大规模集成电路的平均无故障时间(MTBF)大大长于分立元件电子电路。

(3)数字电路温度漂移小，也不存在参数的影响，稳定性好。

(4)硬件电路易标准化。在电路集成过程中采用了一些屏蔽措施，可以避免电力电子电路中过大的瞬态电流、电压引起的电磁干扰问题，因此可靠性比较高。

(5)采用微处理机的数字控制，使信息的双向传递能力大大增强，容易和上位系统机联运，可随时改变控制参数。

(6)可以设计适用于众多电力电子系统的统一硬件电路，其中软件可以模块化设计，拼装构成适用于各种应用对象的控制算法，以满足不同的用途。软件模块可以方便地增加、更改、删减，或者当实际系统变化时彻底更新。

(7)提高了信息存储、监控、诊断及分级控制的能力，使伺服系统更趋于智能化。

(8)随着微机芯片运算速度和存储器容量的不断提高，性能优异但算法复杂的控制策略有了实现的基础。

2.1.5 高性能交流伺服系统的发展现状和展望

近 10 年来，永磁同步电动机性能快速提高，与感应电动机和普通同步电动机相比，其控制简单，具有良好的低速运行性能及较高的性价比等优点，逐渐成为交流伺服系统执行电动机的主流。尤其是在高精度、高性能要求的中小功率伺服领域。而交流异步伺服系统仍主要集中在性能要求不高的大功率伺服领域。

自 20 世纪 80 年代后期以来，随着现代工业的快速发展，对作为工业设备的重要驱动源之一的伺服系统提出了越来越高的要求，研究和发展高性能交流伺服系统成为国内外同人的共识。有些已经取得了很大的成果，"硬形式"上存在包括提高制作电动机材料的性能，改进电动机结构，提高逆变器和检测元件性能、精度等研究方向和努力；"软形式"上存在从控制策略的角度着手提高伺服系统性能的研究和探索。如采用"卡尔曼滤波法"估计转子转速和位置的"无速度传感器化"；采用高性能的永磁材料和加工技术改进 PMSM 转子结构与性能，以消除/削弱因齿槽转矩所造成的 PMSM 转矩脉动对系统性能的影响；采用以现代控制理论为基础的具有强鲁棒性的滑模控制策略，以提高系统对参数摄动的自适应能力；在传统 PID 控制基础上采取非线性和自适应设计方法以提高系统对非线性负载类的调节和自适应能力；基于智能控制的电动机参数和模型识别，以及负载特性识别。

对于发展高性能交流伺服系统来说，由于在一定条件下，作为"硬形式"存在的伺服电动机、逆变器以及相应反馈检测装置等性能的提高受到许多客观因素的制约；而以"软形式"存在的控制策略具有较大的柔性，近年来随着控制理论新的发展，尤其智能控制的兴起和不断成熟，加上计算机技术、微电子技术的迅猛发展，使基于智能控制的先进控制策略和基于传统控制理论的传统控制策略的"集成"得以实现，并为其实际应用奠定了物质基础。

伺服电动机自身是具有一定的非线性、强耦合性及时变性的"系统"，同时，伺服对象也存在较强的不确定性和非线性，加上系统运行时受到不同程度的干扰，因此，按常规控制策略很难满足高性能伺服系统的控制要求。为此，如何结合控制理论新的发展，引进一些先进的"复合型控制策略"以改进"控制器"性能是当前发展高性能交流伺服系统的一个主要"突破口"。

2.2 交流伺服电动机

2.2.1 交流伺服电动机结构

交流伺服电动机主要由一个用以产生磁场的电磁铁绕组或分布的定子绕组和一个旋转电枢或转子组成。电动机是利用通电线圈在磁场中受力转动的现象而制成的。交流伺服电动机包括交流异步伺服电动机和交流同步伺服电动机。

交流伺服电动机实物及结构如图 2-2、图 2-3 所示。

图 2-2 交流伺服电动机实物

交流伺服电动机在结构上类似于单相异步电动机，它的定子铁芯中安放着空间相差90°角的两相绕组。一相称为励磁绕组，另一相称为控制绕组。电动机工作时，励磁绕组接单相交流电压，控制绕组接控制信号电压，要求两相电压同频率。

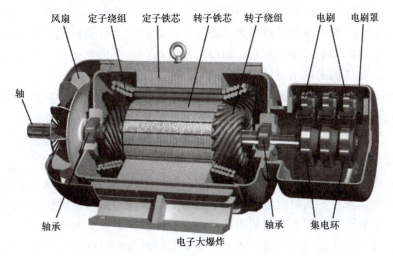

图 2-3　交流伺服电动机结构

交流伺服电动机的转子有两种结构形式，一种是笼型转子，与普通三相异步电动机笼型转子相似，但是在外形上更细长，从而减小了转子的转动惯量，降低了电动机的机电时间常数。笼型转子交流伺服电动机体积较大，气隙小，所需的励磁电流小，功率因数较高，电动机的机械强度大，但快速响应性能稍差，低速运行也不够平稳。另一种是非磁性空心杯形转子，其转子做成了杯形结构，为了减小气隙，在杯形转子内还有一个内定子，内定子上不设绕组，只起导磁作用，转子用铝或铝合金制成，杯壁厚为 0.2～0.8 mm，转动惯量小且具有较大的电阻。空心杯形转子交流伺服电动机具有响应快、运行平稳的优点；但结构复杂，气隙大、载电流大，功率因数较低。

2.2.2　发展历史

自动控制系统不仅在理论上飞速发展，在其应用元件上也日新月异。模块化、数字化、高精度、长寿命的器件每隔 3～5 年就有更新换代的产品面市。传统的交流伺服电动机特性软，并且其输出特性不是单值的；步进电动机一般为开环控制而无法准确定位，电动机本身还有速度谐振区，PWM 系统对位置跟踪性能较差，变频调速较简单但精度有时不够，直流电动机伺服系统以其优良的性能被广泛地应用于位置随动系统中，但其也有缺点，如结构复杂，在超低速时死区矛盾突出，并且换向刷会带来噪声大和维护保养难的问题。新型的永磁交流伺服电动机发展迅速，尤其是从方波控制发展到正弦波控制后，系统性能更好，其调速范围宽，尤其是低速性能优越。

下面从功率驱动、性能、保护电路等方面，叙述交流伺服电动机系统和直流伺服电动机系统的不同特点。

对于在雷达上经常使用的直流伺服系统的驱动电动机功率放大部分，当天线质量轻，转速慢，驱动功率较小时，一般为几十瓦，可以直接用直流电源控制电动机。当驱动功率要求在近千瓦或千瓦以上时，选择驱动方案，也即放大直流电动机的电枢电流，就是设计伺服系统的重要部分。大功率直流电源采用较多的有晶体管功放、晶闸管功放和电动机放大机等。对于千瓦级的晶体管功放使用较少。可控硅技术在20世纪60—70年代初得到快速的发展和广泛的应用，但因当时的各方面原因，如可靠性等，不少产品放弃了可控硅控制。集成驱动模块一般为晶体管或晶闸管制造。电动机放大机是传统的直流伺服电动机的功放装置，因其控制简单，结实耐用，新型号的雷达产品上仍有采用。下面主要以电动机放大机为例，与交流伺服电动机比较其优缺点。

电动机放大机常称为扩大机，一般是用交流异步感应电动机拖动串联的两级直流发电机组，以此来实现直流控制。两组控制绕组，每组的输入阻抗为几千欧，若串接使用输入阻抗约为10 kΩ，一般为互补平衡对称输入，当系统输入不为零时，打破其平衡，使电动机放大机有输出信号。当输入电流为十几到几十毫安时，其输出可达100 V以上的直流电压和几安到几十安的电流，直接接到直流伺服电动机的电枢绕组上。其主要缺点是体积质量大，非线性度尤其在零点附近不是很好，这对于要求高的系统需要仔细处理。

而交流伺服电动机都配有专门的驱动器，它在体积和质量上远小于同功率的电动机放大机，其靠内部的晶体管或晶闸管组成的开关电路，根据伺服电动机内的光电编码器或霍尔器件判断转子当时的位置，决定驱动电动机的a、b、c三相应输出的状态，因此，其效率和平稳性都很好。所以，不像控制电动机放大机需要做专门的功放电路。这种电动机一般为永磁式的，驱动器产生的a、b、c三相变化的电流控制电动机转动，因此称为交流伺服电动机；驱动器输入的控制信号可以是脉冲串，也可以是直流电压信号（一般为±10 V），所以也有人将其称为直流无刷电动机。

对两种电动机做简单的试验比较：只要将系统原先的直流误差信号直接接入交流伺服驱动器的模拟控制输入端，用交流伺服电动机和其驱动器代替原先的差分功放、电动机放大机和直流伺服电动机，而控制部分和测角元件等均不变，简单比较两种方案的输出特性。

2.2.3 工作原理

在交流伺服电动机中，除要求电动机不能"自转"外，还要求改变加在控制绕组上的电压的大小和相位，以改变电动机转速的大小与方向。图2-4所示为交流伺服电动机的工作原理。

根据旋转磁动势理论，励磁绕组和控制绕组共同作用产生的是一个旋转磁场。旋转磁场的旋转方向是由相位超前的绕组转向相位滞后的绕组。改变控制绕组中控制电压的相位，可以改变两相绕组的超前滞后关系，从而改变旋转磁场的旋转方向，交流伺服电动机转速方向也会发生变化。改变控制电压的大小和相位，可以改变旋转磁场的磁通，从而改变电动机的电磁转矩，交流伺服电动机转速也会发生变化。

交流电动机的转速控制方法有幅值控制、相位控制和幅相控制三种。

(1) 幅值控制是通过改变控制电压 U_c 的幅值来控制电动机的转速，而 U_c 的相位始终保持不变，使控制电流 I_c 与励磁电流 I_f 保持 90°的相位关系。如果 $U_c=0$，则转速为0，电动机停转。

交流电动机的速度控制

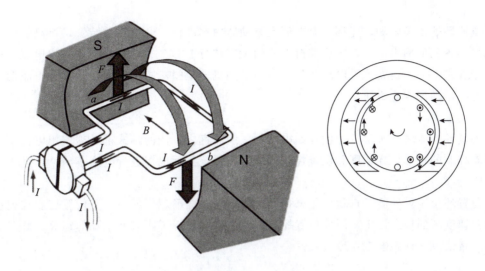

图 2-4 交流伺服电动机的工作原理

(2) 相位控制是通过改变控制电压 U_c 的相位，从而改变控制电流 I_c 与励磁电流 I_f 之间的相位角来控制电动机的转速，在这种情况下，控制电压 U_c 的大小保持不变。当两相电流 I_c 与 I_f 之间的相位角为 0°时，则转速为 0，电动机停转。

(3) 幅相控制是指通过同时改变控制电压 U_c 的幅值及 I_c 与 I_f 之间的相位角来控制电动机的转速。具体方法是在励磁绕组回路中串入一个移相电容 C，再接到稳压电源 U_1 上，这时励磁绕组上的电压 $U_f = U_1 - U_{ef}$。控制绕组上加与 U_1 相同的控制电压 U_c，那么当改变控制电压 U_c 的幅值来控制电动机转速时，由于转子绕组与励磁绕组之间的耦合作用，励磁绕组的电流 I_f 也随着转速的变化而发生变化，而使励磁绕组两端的电压 U_f 及电容 C 上的电压 U_{ef} 也随之变化。这样改变 U_c 幅值可改变 U_{ef}、U_f 的幅值，以及它们之间的相位角与相应电流。

在三种控制方法中，虽然幅相控制的机械特性和调节特性最差，但由于这种方法所采用的控制设备简单，不用移相装置，应用最为广泛。

伺服电动机一般为三个环控制，所谓三个环，就是 3 个闭环负反馈 PID 调节系统。

图 2-5 所示为永磁同步伺服电动机伺服系统三环控制框图。

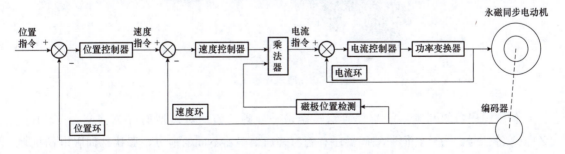

图 2-5 永磁同步伺服电动机伺服系统三环控制框图

1. 电流环

电流环处于最内侧，此环完全在伺服驱动器内部进行，通过霍尔装置，检测驱动器给电动机的各相的输出电流，负反馈对电流的设定进行PID调节，从而达到输出电流尽量接近等于设定电流，也就是说电流环就是控制电动机转矩的，所以，在转矩模式下驱动器的运算最小，动态响应最快。

2. 速度环

速度环控制时，包含了速度环和电流环，换而言之，任何模式都必须使用电流环，电流环是控制的根本，在速度和位置控制的同时，系统实际也在进行电流（转矩）的控制。

3. 位置环

位置环位于最外侧，它就是用来帮助伺服电动机准确定位的。由于位置控制环内部输出就是速度环的输入设定，因此位置控制模式下系统进行了所有3个环的运算，此时的系统运算量最大，动态响应速度也最慢。

2.3 伺服电动机编码器

伺服电动机编码器（简称伺服编码器）（图2-6）是安装在伺服电动机上用来测量磁极位置和伺服电动机转角及转速的一种传感器，从物理介质的不同来分，伺服电动机编码器可分为光电编码器和磁电编码器。另外，旋转变压器也算一种特殊的伺服编码器，市场上基本使用的是光电编码器，但磁电编码器具有可靠、价格低、抗污染等特点，有赶超光电编码器的趋势。

图2-6 伺服电动机编码器

伺服编码器的基本功能与普通编码器是一样的，如绝对值型的有A、$A_反$、B、$B_反$、Z、$Z_反$等信号。另外，伺服编码器还有着与普通编码器不同的地方，那就是伺服电动机多数为同步电动机，同步电动机启动时需要了解转子的磁极位置，这样才能够大力矩启动伺服电动机，并需要另外配几路信号来检测转子的当前位置，如增量型的就有U、V、W等信号，正因为有了这几路检测转子位置的信号，伺服编码器显得有点复杂了，以致一般人不了解其道理，加上有些厂家故意掩遮一些信号，相关的资料不齐全，就更加增添了伺服电动机编码器的神秘色彩。

由于 A、B 两相相差 90°，可通过比较 A 相在前还是 B 相在前，以判别编码器的正转与反转，通过零位脉冲，可获得编码器的零位参考位。编码器工作原理如图 2-7 所示。

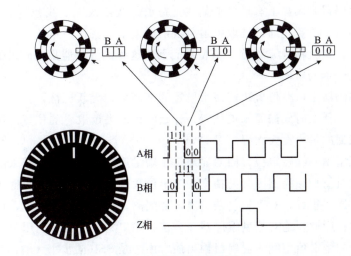

图 2-7 编码器工作原理

编码器码盘的材料有玻璃、金属、塑料，玻璃码盘是在玻璃上沉积很薄的刻线，其热稳定性好，精度高；金属码盘直接以通和不通刻线分别代表数字量 1 和 0，不易碎，但由于金属有一定的厚度，精度就有限制，其热稳定性就要比玻璃的差一个数量级；塑料码盘是经济型的，其成本低，但精度、热稳定性、寿命均要差一些。

编码器以每旋转 360°提供多少的通或暗刻线称为分辨率，也称解析分度，或直接称多少线，一般为每转分度 5~10 000 线。

2.3.1 伺服电动机编码器分类

1. 增量型编码器

除普通编码器的 A、B、Z 信号外，增量型伺服编码器还有 U、V、W 信号，目前国产和早期的进口伺服电动机编码器大多采用这样的形式，线比较多。

2. 绝对值型伺服电动机编码器

增量型编码器以转动时输出脉冲，通过计数设备来了解其位置，当编码器不转动或停电时，依靠计数设备的内部记忆来记住位置。当停电后，编码器不能有任何的移动；当来电工作时，编码器输出脉冲过程中，也不能有干扰而丢失脉冲，否则计数设备记忆的零点就会偏移，而且这种偏移的量是无从知道的，只有错误的生产结果出现后才能知道。

解决的方法是增加参考点，编码器每经过参考点，将参考位置修正进计数设备的记忆位置。在参考点以前，是不能保证位置的准确性的。为此，在工控中就有每次操作先找参考点、开机找零等方法。

例如，打印机扫描仪的定位就是使用的增量型编码器原理，每次开机都能听到噼里啪啦的响声，它在找参考零点，然后才开始工作。

这样的方法对有些工控项目比较麻烦，甚至不允许开机找零（开机后就要知道准确位置），于是就有了绝对值型编码器的出现。

绝对值型旋转光电编码器，因其每个位置绝对唯一、抗干扰、无须掉电记忆，已经越来越广泛地应用于各种工业系统中的角度、长度测量和定位控制。

绝对值型编码器光码盘上有许多道刻线，每道刻线依次以 2 线、4 线、8 线、16 线编排，在编码器的每个位置，通过读取每道刻线的通、暗，获得一组从 $2^0 \sim 2^{n-1}$ 的唯一的二进制编码（格雷），这就称为 n 位绝对值型编码器。这样的编码器是由码盘的机械位置决定的，它不受停电干扰的影响。

绝对值型编码器由机械位置决定每个位置的唯一性，无须记忆，且无须找参考点，而且不用一直计数，什么时候需要知道位置，什么时候就去读取它的位置。因此，编码器的抗干扰特性、数据的可靠性大大提高了。

由于绝对值型编码器在定位方面明显地优于增量型编码器，已经越来越多地应用于伺服电动机上。绝对值型编码器因其高精度，输出位数较多，如仍用并行输出，其每一位输出信号必须确保连接很好，对于较复杂工况还要隔离，连接电缆芯数多，由此带来诸多不便和降低可靠性；因此，绝对值型编码器在多位数输出型，一般均选用串行输出或总线型输出；德国生产的绝对值型编码器串行输出最常用的是 SSI（同步串行输出）。

旋转单圈绝对式编码器以转动中测量光码盘各道刻线获取唯一的编码，当转动超过 360°时，编码又回到原点，这样就不符合绝对编码唯一的原则，这样的编码器只能用于旋转范围 360°以内的测量。如果要测量旋转超过 360°范围，就要用到多圈绝对式编码器。

编码器生产厂家运用钟表齿轮机械的原理，当中心码盘旋转时，通过齿轮传动另一组码盘（或多组齿轮，多组码盘），在单圈编码的基础上再增加圈数的编码，以扩大编码器的测量范围，这样的绝对式编码器就称为多圈绝对式编码器，它同样是由机械位置确定编码，每个位置编码唯一不重复，而无须记忆。

多圈绝对式编码器的另一个优点是由于测量范围大，实际使用往往富裕较多，这样在安装时不必要费劲找零点，而将某一中间位置作为起始点，这样大大简化了安装调试难度。多圈绝对式编码器在长度定位方面的优势明显，目前欧洲新发明的伺服电动机大多采用多圈绝对值式编码器。

3. 正余弦伺服电动机编码器

一个中心有轴的光电码盘，其上有环形通、暗的刻线，由光电发射和接收器件读取，获得四组正弦波信号组合成 A、B、C、D，每个正弦波相差 90°相位差（相对于一个周波为 360°），将 C、D 信号反向，叠加在 A、B 两相上，可增强稳定信号；另外，每转输出一个 Z 相脉冲以代表零位参考位。

普通的正余弦编码器具备一对正交的正余弦 1Vp－p 信号，相当于方波信号的增量型编码器的 AB 正交信号，每圈会重复许多个信号周期，如 2048 等；一个窄幅的对称三角波 Index 信号，相当于增量型编码器的 Z 信号，一圈一般出现一个；这种正余弦编码器实质上也是一种增量型编码器。另一种正余弦编码器除具备上述正交的 sin、cos 信号外，还具备一对一圈只出现一个信号周期的相互正交的 1Vp-p 的正弦型 C、D 信号,如果以 C 信号为 sin,则 D 信号为 cos,通过 sin、cos 信号的高倍率细分技术,不仅可以使正余弦编码器获得比原始信号周期更为细密的名义检测分辨率,如 2048 线的正余弦编码器经 2048 细分后,就可以达到每转 400 多万线的名义检测分辨率,当前很多欧美伺服厂家都提供这类高分辨率的伺服系统,而国内厂家尚不多见。另外,带 C、D 信号的正余弦编码器的 C、D 信号经过细分后,还可以提供较高的每转绝对位置信息,如每转 2 048 个绝对位置,因此带 C、D 信号的正余弦编码器可以视作一种模拟式的单圈绝对式编码器。

正余弦伺服电动机编码器的优点是不采用高频率的通信即可让伺服驱动器获得高精度的细分,这样降低了硬件要求,同时由于有单圈角度信号,可以让伺服电动机启动平稳,启动力矩大。

2.3.2 伺服电动机编码器使用注意事项

1. 安装

(1) 安装时不要给轴施加直接的冲击。

(2) 伺服电动机编码器轴与机器的连接,应使用柔性连接器。在轴上安装连接器时,不要硬压入。即使使用连接器,因安装不良,也有可能给轴加上比允许负荷还大的负荷,或造成拨芯现象,因此要特别注意。

(3) 轴承寿命与使用条件有关,受轴承荷载的影响特别大。如轴承负荷比规定负荷小,可大大延长轴承寿命。

(4) 不要将编码器进行拆解,这样做将有损防油和防滴性能。防滴型产品不宜长期浸在水、油中,表面有水、油时应擦拭干净。

2. 振动

加在编码器上的振动,往往会成为误脉冲发生的原因。因此,应对设置场所、安装场所加以注意。每转发生的脉冲数越多,旋转槽圆盘的槽孔间隔越窄,越易受到振动的影响。在低速旋转或停止时,加在轴或本体上的振动使旋转槽圆盘抖动,可能会发生误脉冲。

3. 配线和连接

(1) 配线应在电源 OFF 状态下进行,电源接通时,若输出线接触电源,则有时会损坏输出回路。

(2) 若配线错误,则有时会损坏内部回路,所以,配线时应充分注意电源的极性等。

(3) 若与高压线、动力线并行配线,则有时会受到感应造成误动作而损坏,所以要分离开另行配线。

(4) 延长电线时,应在 10 m 以下。并且由于电线的分布容量,波形的上升、下降时间会较长,有问题时,采用施密特回路等对波形进行整形。

(5) 为了避免感应噪声等,要尽量用最短距离配线。向集成电路输入时,特别需要注意。

(6) 电线延长时,由于导体电阻及线间电容的影响,波形的上升、下降时间加长,容易产生信号间的干扰(串音),因此应用电阻小、线间电容低的电线(双绞线、屏蔽线)。

2.4 交流伺服系统应用

2.4.1 交流伺服的应用领域

凡是对位置、速度和力矩的控制精度要求比较高的场合，都可以采用交流伺服驱动。如机床、印刷设备、包装设备、纺织设备、激光加工设备、机器人、电子、制药、金融机具、自动化生产线等。因为伺服多用在定位、速度控制场合，所以伺服又称为运动控制。

(1) 冶金、钢铁——连铸拉坯生产线、铜杆上引连铸机、喷印标记设备、冷连轧机、定长剪切、自动送料、转炉倾动等。

(2) 电力、电缆——水轮机调速器、风力发电机变桨系统、拉丝机、对绞机、高速编织机、卷线机、喷印标记设备等。

(3) 石油、化工——挤压机、胶片传动带、大型空气压缩机、抽油机等。

(4) 化纤和纺织——纺纱机、精纺机、织机、梳棉机、横边机等。

(5) 汽车制造业——发动机零部件生产线、发动机组装生产线、整车装配线、车身焊接线、检测设备等。

(6) 机床制造业——车床、龙门刨、铣床、磨床、机械加工中心、制齿机等。

(7) 铸件制造业——机械手、转炉倾动、模具加工中心等。

(8) 橡塑制造业——塑料压延机、塑料薄膜袋封切机、注塑机、挤出机、成型机、涂塑复合机、拉丝机等。

(9) 电子制造业——印制电路板(PCB)设备、半导体器件设备(光刻机、晶圆加工机等)、液晶显示器(LCD)设备、整机联装及表面贴装(SMT)设备、激光设备(切割机、雕刻机等)、通用数控设备、机械手等。

(10) 造纸业——纸张传送设备、特种纸造纸机械等。

(11) 食品制造业——原料加工设备、灌装机械、封口机、其他食品包装及印刷设备等。

(12) 制药业——原料加工机械、制剂机械、饮片机械、印刷及包装机械等。

(13) 交通——地铁屏蔽门、电力机车、船舶导航等。

(14) 物流、装卸、搬运——自动仓库、搬运车、立体车库、传动带、机器人、起重设备和搬运设备等。

(15) 建筑——电梯、传送带、自动旋转门、自动开窗等。

(16) 医疗——CT、X光机、核磁共振MRI等。

(17) 试验设备——汽车试验设备、转矩试验设备等。

2.4.2 伺服系统的发展趋势

数字化交流伺服系统的应用越来越广，用户对伺服驱动技术的要求越来越高。总体来说，伺服系统的发展趋势可以概括为以下几个方面。

1. 集成化

目前，伺服控制系统的输出器件越来越多地采用开关频率很高的新型功率半导体器件，这种器件将输入隔离、能耗制动、过温、过压、过流保护及故障诊断等功能全部集成于一个不大的模块中。同一个控制单元，只要通过软件设置系统参数，就可以改变其性能，既可以使用电动机本身配置的传感器构成半闭环调节系统，又可以外接外部传感器，如位置传感器、速度传感器、力矩传感器等，构成高精度的全闭环调节系统。高度的集成化显著地缩小了整个控制系统的体积。

2. 智能化

目前，伺服内部控制核心大多采用新型高速微处理器和专用数字信号处理机（DSP），从而实现完全数字化的伺服系统。伺服系统数字化是其实现智能化的前提条件。伺服系统的智能化表现在以下几个方面：系统的所有运行参数都可以通过人机对话的方式由软件来设置；系统都具有故障自诊断与分析功能，以及参数自整定的功能等。众所周知，闭环调节系统的参数整定是保证系统性能指标的重要环节，也是需要耗费较多时间与精力的工作。带有自整定功能的伺服单元可以通过几次试运行，自动将系统的参数整定出来，并自动实现其最优化。

3. 网络化

伺服系统网络化是综合自动化技术发展的必然趋势，是控制技术、计算机技术和通信技术相结合的产物，现场总线是一种应用于生产现场，在现场设备之间、现场设备和控制装置之间实行双向、串形、多结点的数字通信技术。现场总线现已被广泛应用在伺服系统之间、伺服系统和其他外围设备之间，如人机界面（HMI）、可编程逻辑控制器（PLC）等信息交互传输。现场总线有 ProfiBus、WorldFIP、ControlNet/DeviceNet、CAN 等类型。这些通信协议都为多轴实时同步控制提供了可能性，也被一些高端伺服驱动器集成进去，从而使伺服系统达到了分布、开放、互联及高可靠性。

4. 简易化

这里所说的"简"不是简单而是精简，是根据用户情况，将用户使用的伺服功能给予强化，使之专而精，而将不使用的一些功能给予精简，从而降低了伺服系统成本，为客户创造更多的收益，且通过精简一些元件，减少了资源的浪费从而利于环保。这里所说的"易"是指伺服系统的软件编程及操作是从用户角度出发开发设计的，力求简单易行，使用户调试时只需简单设定就可以了。

项目小结

本项目系统地学习了交流伺服系统的概念和主要类型、交流机电伺服系统的基本组成和工作原理、交流伺服系统的特点与发展趋势，以及交流机电伺服系统的主要部件（电动机、编码器、驱动器）的特点和工作原理等内容。其中，交流伺服系统的概念和主要类型、交流机电伺服系统的基本组成和工作原理为重点。

项目实施

早在2010年,我国制造业总产值在世界制造业总产值中就占比19.8%,超过美国的19.4%成为世界第一制造业大国。2015年,中国制造业于世界占比已达22%,稳居世界第一位置。随着我国经济和科研综合国力的增强,在未来中国制造将在世界舞台上占据更重要的地位。工业是我市的立市之本、强市之基,工业承载着我市人的荣光和梦想,承载着我市的未来与希望。推进我市工业高质量发展、建设现代制造城,是顺应新时代作出的重大决策部署,是在新的起点上赋予我市的重大历史使命。必须顺应新时代,践行新使命,全面开启推进我市工业高质量发展、建设现代制造城和打造万亿工业强市新征程。简述交流伺服系统的发展和应用。

项目评价

序号	达成评价要素	权重	个人自评	小组评价	教师评价
1	理解程度:对交流伺服系统的基本原理和工作原理的理解程度	20%			
2	应用能力:能否将所学的知识应用到实际的交流伺服系统中,解决实际问题	30%			
3	实践操作:在试验中的操作技能和试验结果的准确性	10%			
4	创新能力:能否提出创新的应用方案和解决方案,推动交流伺服系统的发展和应用	10%			
5	团队合作:在团队合作中的表现和与他人协作的能力	10%			
6	学习态度:对学习交流伺服系统的态度和积极性	10%			
7	自主学习能力:能否主动学习和探索新的知识与技能	10%			

效果评估总结:对自己学习效果的评估和反思

项目 3　伺服控制系统

 **项目引入**

伺服控制系统

伺服控制系统是用来精确地跟随或复现某个过程的反馈控制系统。在很多情况下，伺服系统专指被控制量（系统的输出量）是机械位移或位移、速度、加速度的反馈控制系统。其作用是使输出的机械位移（或转角）准确地跟踪输入的位移（或转角）。伺服系统的结构组成和其他形式的反馈控制系统没有原则上的区别。

机电一体化的伺服控制系统的结构、类型繁多，但从自动控制理论的角度来分析，伺服控制系统一般包括控制器、被控对象、执行元件、检测环节、比较环节五部分。

伺服控制系统是怎样实现对电动机的控制呢？主要技术是什么呢？

 **学习目标**

1. 了解伺服控制系统的概念和主要类型。
2. 掌握伺服控制系统的基本组成和工作原理。
3. 了解伺服控制关键技术及控制电路。
4. 通过深入学习伺服控制系统的理论和实践知识，来更好地理解如何分析系统性能、调试系统及解决问题。
5. 通过学习和实践，训练在伺服控制系统设计和应用中的创新思维与团队协作能力。

 **知识链接**

3.1　伺服控制系统概述

伺服控制系统是一种能够跟踪输入的指令信号进行动作，从而获得精确的位置、速度及动力输出的自动控制系统。如防空雷达控制就是一个典型的伺服控制过程，它是以空中的目标为输入指令要求，雷达天线要一直跟踪目标，为地面炮台提供目标方位；加工中心的机械制造过程也是伺服控制过程，位移传感器不断地将刀具进给的位移传送给计算机，通过与加工位置目标比较，计算机输出继续加工或停止加工的控制信号。大多数机电一体化系统都具有伺服功能。机电一体化系统中的伺服控制是为执行机构按设计要求实现运动而提供控制和动力的重要环节。

3.1.1 伺服控制系统的结构组成

机电一体化的伺服控制系统的结构、类型繁多,但从自动控制理论的角度来分析,伺服控制系统一般包括控制器、被控对象、执行元件、检测环节、比较环节五部分。图 3-1 给出了该系统组成原理框图。

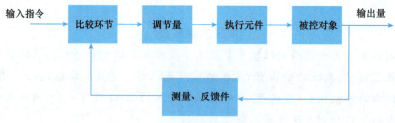

图 3-1 伺服控制系统组成原理框图

1. 比较环节

比较环节是将输入的指令信号与系统的反馈信号进行比较,以获得输出与输入间的偏差信号的环节,通常由专门的电路或计算机来实现。

2. 控制器

控制器通常是计算机或 PID 控制电路,主要任务是对比较元件输出的偏差信号进行变换处理,以控制执行元件按要求动作。

3. 执行元件

执行元件的作用是按控制信号的要求,将输入的各种形式的能量转化成机械能,驱动被控对象工作。机电一体化系统中的执行元件一般是指各种电动机或液压、气动伺服机构等。

4. 被控对象

被控对象是指被控制的机构或装置,是直接完成系统目的的主体。一般包括传动系统、执行装置和负载。

5. 检测环节

检测环节是指能够对输出进行测量,并转换成比较环节所需要的量纲的装置。一般包括传感器和转换电路。

在实际的伺服控制系统中,上述的每个环节在硬件特征上并不独立,可能几个环节在一个硬件中,如测速直流电动机既是执行元件又是检测元件。

3.1.2 伺服控制系统的分类

伺服控制系统的分类方法很多,常见的分类方法如下。

1. 按被控量参数特性分类

按被控量不同,机电一体化系统可分为位移、速度、力矩等各种伺服系统。其他系统还有温度、湿度、磁场、光等各种参数的伺服系统。

2. 按驱动元件的类型分类

按驱动元件的不同可分为电气伺服系统、液压伺服系统、气动伺服系统。电气伺服系统根据电动机类型的不同又可分为直流伺服系统、交流伺服系统和步进电动机控制伺服系统。

3. 按控制原理分类

按自动控制原理，伺服系统又可分为开环控制伺服系统、闭环控制伺服系统和半闭环控制伺服系统。

开环控制伺服系统结构简单、成本低廉、易于维护，但由于没有检测环节，系统精度低、抗干扰能力差；闭环控制伺服系统能及时对输出进行检测，并根据输出与输入的偏差，实时调整执行过程，因此系统精度高，但成本也大幅提高；半闭环控制伺服系统的检测反馈环节位于执行机构的中间输出上，因此一定程度上提高了系统的性能。如在位移控制伺服系统中，为了提高系统的动态性能，增设的电动机速度检测和控制就属于半闭环控制环节。

3.1.3 伺服系统的技术要求

机电一体化伺服系统要求具有精度高、响应速度快、稳定性好、负载能力强和工作频率范围大等特点，同时，还要求体积小、质量轻、可靠性高和成本低等。

1. 系统精度

伺服系统精度指的是输出量复现输入信号要求的精确程度，以误差的形式表现，即动态误差、稳态误差和静态误差。稳定的伺服系统对输入变化是以一种振荡衰减的形式反映出来，振荡的幅度和过程产生了系统的动态误差；当系统振荡衰减到一定程度以后，称其为稳态，此时的系统误差就是稳态误差；由设备自身零件精度和装配精度所决定的误差通常指静态误差。

2. 稳定性

伺服系统的稳定性是指当作用在系统上的干扰消失以后，系统能够恢复到原来稳定状态的能力；或者当给系统一个新的输入指令后，系统达到新的稳定运行状态的能力。如果系统能够进入稳定状态，且过程时间短，则系统稳定性好；否则，若系统振荡越来越强，或系统进入等幅振荡状态，则属于不稳定系统。机电一体化伺服系统通常要求具有较高的稳定性。

3. 响应特性

响应特性指的是输出量跟随输入指令变化的反应速度，决定了系统的工作效率。响应速度与许多因素有关，如计算机的运行速度、运动系统的阻尼、质量等。

4. 工作频率

工作频率通常是指系统允许输入信号的频率范围。当工作频率信号输入时，系统能够按技术要求正常工作；而其他频率信号输入时，系统不能正常工作。在机电一体化系统中，工作频率一般指的是执行机构的运行速度。

上述的四项特性是相互关联的，是系统动态特性的表现特征。利用自动控制理论来研究、分析所设计系统的频率特性,就可以确定系统的各项动态指标。系统设计时,在满足系统工作要求(包括工作频率)的前提下,首先要保证系统的稳定性和精度,并尽量提高系统的响应速度。

3.2 执行元件

3.2.1 执行元件的分类及其特点

执行元件是能量变换元件,目的是控制机械执行机构运动。机电一体化伺服系统要求执行元件具有转动惯量小、输出动力大、便于控制、可靠性高和安装维护简便等特点。根据使用能量的不同,可以将执行元件分为电气式、液压式和气压式等类型,如图3-2所示。

(1)电气式执行元件是指将电能转化成电磁力,并用电磁力驱动执行机构运动。如交流电动机、直流电动机、力矩电动机、步进电动机等。对控制用电动机性能,除要求稳速运转外,还要求加速、减速性能和伺服性能,以及频繁使用时的适应性和便于维护性。

电气式执行元件的优点是操作简便、便于控制、能实现定位伺服、响应快、体积小、动力较大和无污染等;其缺点是过载能力差、易于烧毁线圈、容易受噪声干扰。

(2)液压式执行元件是指先将电能变化成液体压力,并用电磁阀控制压力油的流向,从而驱动执行机构运动。液压式执行元件有直线式油缸、回转式油缸、液压电动机等。

液压式执行元件的优点是输出功率大、速度快、动作平稳、可实现定位伺服、响应特性好和过载能力强;其缺点是体积庞大、介质要求高、易泄漏和环境污染。

(3)气压式执行元件与液压式执行元件的原理相同,只是介质由液体改为气体。气压式执行元件的优点是介质来源方便、成本低、速度快、无环境污染;但功率较小、动作不平稳、有噪声、难以伺服。

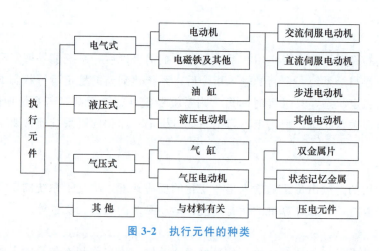

图3-2 执行元件的种类

在闭环或半闭环控制的伺服系统中,主要采用直流伺服电动机、交流伺服电动机或伺服阀控制的液压伺服电动机作为执行元件。液压伺服电动机主要用在负载较大的大型伺服系统中,在中、小型伺服系统中,则大多采用直流或交流伺服电动机。由于直流伺服电动机具有优良的静态、动态特性,并且易于控制,因此在20世纪90年代以前,一直是闭环系统中执行元件的主流。近年来,由于交流伺服技术的发展,交流伺服电动机可以获得与直流伺服电动机相近的优良性能,而且交流伺服电动机无电刷磨损问题,维修方便,随着价格的逐年降低,得到越来越广泛的应用,因此,目前已形成了与直流伺服电动机共同竞争市场的局面。在闭环伺服系统设计时,应根据设计者对技术的掌握程度及市场供应、价格等情况,适当选取合适的执行元件。

3.2.2 直流伺服电动机

直流伺服电动机具有良好的调速特性、较大的启动转矩和相对功率、易于控制及响应快等优点。尽管其结构复杂,成本较高,但在机电一体化控制系统中还是具有较广泛的应用。

1. 直流伺服电动机的分类

直流伺服电动机按励磁方式可分为电磁式和永磁式两种。电磁式的磁场由励磁绕组产生;永磁式的磁场由永磁体产生。电磁式直流伺服电动机是一种普遍使用的伺服电动机,特别是大功率电动机(100 W以上)。永磁式伺服电动机具有体积小、转矩大、力矩和电流成正比、伺服性能好、响应快、功率体积比大、功率质量比大、稳定性好等优点。由于功率的限制,目前主要应用在办公自动化、家用电器、仪器仪表等领域。

直流伺服电动机按电枢的结构与形状又可分为平滑电枢型、空心电枢型和有槽电枢型等。平滑电枢型的电枢无槽,其绕组用环氧树脂粘固在电枢铁芯上,因而转子形状细长,转动惯量小;空心电枢型的电枢无铁芯,且常做成杯形,其转子转动惯量最小;有槽电枢型的电枢与普通直流电动机的电枢相同,因而转子转动惯量较大。

直流伺服电动机还可按转子转动惯量的大小而分成大惯量、中惯量和小惯量直流伺服电动机。大惯量直流伺服电动机(又称直流力矩伺服电动机)负载能力强,易于与机械系统匹配;而小惯量直流伺服电动机的加减速能力强、响应速度快、动态特性好。

2. 直流伺服电动机的基本结构及工作原理

直流伺服电动机主要由磁极、电枢、电刷及换向片结构组成,如图3-3所示。其中,磁极在工作中固定不动,故又称定子。定子磁极用于产生磁场。在永磁式直流伺服电动机中,磁极采用永磁材料制成,充磁后即可产生恒定磁场。在他励式直流伺服电动机中,磁极由冲压硅钢片叠成,外绕线圈,靠外加励磁电流才能产生磁场。电枢是直流伺服电动机中的转动部分,故又称转子;其由硅钢片叠成,表面嵌有线圈,通过电刷和换向片与外加电枢电源相连。

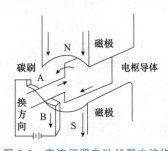

图 3-3 直流伺服电动机基本结构

直流伺服电动机是在定子磁场的作用下,使通有直流电的电枢(转子)受到电磁转矩的驱使,带动负载旋转。通过控制电枢绕组中电流的方向和大小,就可以控制直流伺服电动机的旋转方向和速度。当电枢绕组中电流为零时,伺服电动机则静止不动。

直流伺服电动机的控制方式主要有两种:一种是电枢电压控制,即在定子磁场不变的情况下,通过控制施加在电枢绕组两端的电压信号来控制电动机的转速和输出转矩;另一种是励磁磁场控制,即通过改变励磁电流的大小来改变定子磁场强度,从而控制电动机的转速和输出转矩。

采用电枢电压控制方式时,由于定子磁场保持不变,其电枢电流可以达到额定值,相应的输出转矩也可以达到额定值,因此这种方式又称为恒转矩调速方式;而采用励磁磁场控制方式时,由于电动机在额定运行条件下磁场已接近饱和,因此只能通过减弱磁场的方法来改变电动机的转速。由于电枢电流不允许超过额定值,因此随着磁场的减弱,电动机转速增加,但输出转矩下降,输出功率保持不变,所以这种方式又称为恒功率调速方式。

3. 直流伺服电动机的特性分析

直流伺服电动机采用电枢电压控制时的电枢等效电路,如图3-4所示。

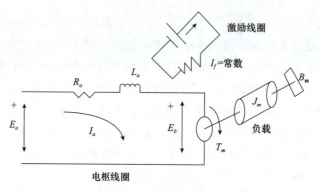

图3-4 电枢等效电路

当电动机处于稳态运行时,回路中的电流I_a保持不变,则电枢回路中的电压平衡方程式见式(3-1):

$$E_a = U_a - I_a R_a \tag{3-1}$$

式中 E_a——电枢反电动势;
U_a——电枢电压;
I_a——电枢电流;
R_a——电枢电阻。

转子在磁场中以角速度ω切割磁感线时,电枢反电动势E_a与角速度ω之间的关系见式(3-2):

$$E_a = C_e \Phi \omega \tag{3-2}$$

式中 C_e——电动势常数,仅与电动机结构有关;
Φ——定子磁场中每极气隙磁通量。

由式(3-1)和式(3-2)得式(3-3):

$$U_a - I_a R_a = C_e \Phi \omega \tag{3-3}$$

另外,电枢电流切割磁场磁感线所产生的电磁转矩T_m,可由式(3-4)表达:

$$T_m = C_m \Phi I_a$$

则

$$I_a = \frac{T_m}{C_m \Phi} \tag{3-4}$$

式中　C_m——转矩常数，仅与电动机结构有关。

将式(3-4)代入式(3-3)并整理，可得到直流伺服电动机运行特性的一般表达式(3-5)：

$$\omega = \frac{U_a}{C_e \Phi} - \frac{R_a}{C_e C_m \Phi^2} T_m \tag{3-5}$$

由此可以得出空载($T_m = 0$，转子惯量忽略不计)和电动机启动($\omega = 0$)时的电动机特性。

(1) 当 $T_m = 0$ 时，见式(3-6)：

$$\omega = \frac{U_a}{C_e \Phi} \tag{3-6}$$

ω 称为理想空载角速度。可见，角速度与电枢电压成正比。

(2) 当 $\omega = 0$ 时，见式(3-7)：

$$T_m = T_d = \frac{C_m \Phi}{R_a} U_a \tag{3-7}$$

式中　T_d——启动瞬时转矩，其值也与电枢电压成正比。

如果将角速度 ω 看作是电磁转矩 T_m 的函数，即 $\omega = f(T_m)$，则可得到直流伺服电动机的机械特性表达式，见式(3-8)：

$$\omega = \omega_0 - \frac{R_a}{C_e C_m \Phi^2} T_m \tag{3-8}$$

式中　ω_0——常数，$\omega_0 = \frac{U_a}{C_e \Phi}$。

如果将角速度 ω 看作是电枢电压 U_a 的函数，即 $\omega = f(U_a)$，则可得到直流伺服电动机的调节特性表达式，见式(3-9)：

$$\omega = \frac{U_a}{C_e \Phi} - k T_m \tag{3-9}$$

式中　k——常数，$k = \frac{R_a}{C_e C_m \Phi^2}$。

根据式(3-8)和式(3-9)，给定不同的 U_a 值和 T_m 值，可分别绘制出直流伺服电动机的机械特性曲线和调节特性曲线，如图 3-5、图 3-6 所示。

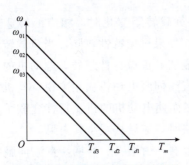

图 3-5　直流伺服电动机机械特性

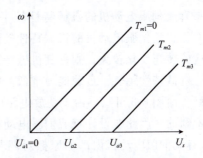

图 3-6　直流伺服电动机调节特性

由图 3-5 可见，直流伺服电动机的机械特性是一组斜率相同的直线簇。每条机械特性和一种电枢电压相对应，与ω轴的交点是该电枢电压下的理想空载角速度，与T_m轴的交点则是该电枢电压下的启动转矩。

由图3-6可见，直流伺服电动机的调节特性也是一组斜率相同的直线簇。每条调节特性和一种电磁转矩相对应，与U_a轴的交点是启动时的电枢电压。

从图3-5和图3-6中还可以看出，调节特性的斜率为正，说明在一定负载下，电动机转速随电枢电压的增加而增加；而机械特性的斜率为负，说明在电枢电压不变时，电动机转速随负载转矩增加而降低。

4. 直流伺服电动机特性的影响因素

上述对直流伺服电动机特性的分析是在理想条件下进行的，实际上电动机的驱动电路、电动机内部的摩擦及负载的变动等因素都对直流伺服电动机的特性有着不容忽略的影响。

(1) 驱动电路对机械特性的影响。直流伺服电动机是由驱动电路供电的，假设驱动电路内阻是R_i，加在电枢绕组两端的控制电压是U_c，则可画出如图3-7所示的电枢等效回路。在这个电枢等效回路中，电压平衡方程式见式(3-10)：

$$E_a = U_c - I_a(R_a + R_i) \tag{3-10}$$

于是在考虑了驱动电路的影响后，直流伺服电动机的机械特性表达式变成式(3-11)：

$$\omega = \omega_0 - \frac{R_a + R_i}{C_e C_m \Phi^2} T_m \tag{3-11}$$

将式(3-11)与式(3-8)比较可以发现，由于驱动电路内阻R_i的存在而使机械特性曲线变陡了，如图3-8给出了驱动电路内阻影响下的机械特性图。

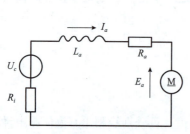

图3-7 含驱动电路的电枢等效回路

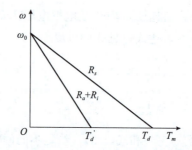

图3-8 驱动电路内阻对机械特性的影响

如果直流伺服电动机的机械特性较平缓，则当负载转矩变化时，相应的转速变化较小，这时称直流伺服电动机的机械特性较硬；反之，如果机械特性较陡，当负载转矩变化时，相应的转速变化较大，则称其机械特性较软。显然，机械特性越硬，电动机的负载能力越强；机械特性越软，负载能力越低。因此，对直流伺服电动机应用来说，其机械特性越硬越好。由图3-8可见，由于功放电路内阻的存在而使电动机的机械特性变软了，这种影响是不利的，因此在设计直流伺服电动机功放电路时，应设法减小其内阻。

(2) 直流伺服电动机内部的摩擦对调节特性的影响。由图3-6可见，直流伺服电动机在理想空载时（即$T_{m1}=0$），其调节特性曲线从原点开始。但实际上直流伺服电动机内部存在摩擦（如转子与轴承间摩擦等），直流伺服电动机在启动时需要克服一定的摩擦转矩，因而启动时电枢电压不可能为零，这个不为零的电压称为启动电压，用U_b表示，如图3-9

所示。电动机摩擦转矩越大,所需要的启动电压就越高。通常,把从零到启动电压这一电压范围称为死区,电压值处于该区内时,不能使直流伺服电动机转动。

(3)负载变化对调节特性的影响。由式(3-5)可知,在负载转矩不变的条件下,直流伺服电动机角速度与电枢电压呈线性关系。但在实际伺服系统中,经常会遇到负载随转速变动的情况,如黏性摩擦阻力是随转速增加而增加的,数控机床切削加工过程中的切削力也是随进给速度变化而变化的。这时由于负载的变动将导致调节特性的非线性,如图3-9所示。

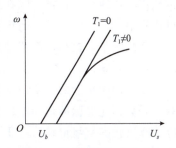

图3-9 调节特性的非线性图

可见由于负载变动的影响,当电枢电压U_a增加时,直流伺服电动机角速度ω的变化率越来越小,这一点在变负载控制时应格外注意。

5. 直流伺服系统

由于伺服控制系统的速度和位移都有较高的精度要求,因此直流伺服电动机通常以闭环或半闭环控制方式应用于伺服系统中。

直流伺服系统的闭环控制是针对伺服系统的最后输出结果进行检测和修正的伺服控制方法,而半闭环控制是针对伺服系统的中间环节(如电机的输出速度或角位移等)进行监控和调节的控制方法。

双环调速系统

它们都是对系统输出进行实时检测和反馈,并根据偏差对系统实施控制。两者的区别仅在于传感器检测信号位置的不同,因而,导致设计、制造的难易程度及工作性能的不同,但两者的设计与分析方法基本上是一致的。闭环和半闭环控制的位置伺服系统的结构原理分别如图3-10、图3-11所示。

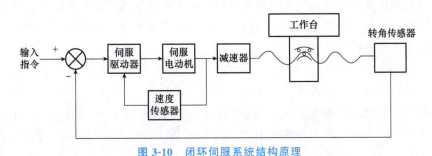

图3-10 闭环伺服系统结构原理

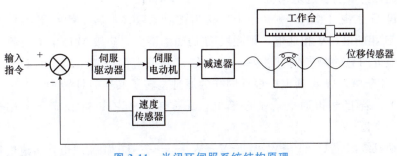

图3-11 半闭环伺服系统结构原理

设计闭环伺服系统必须首先保证系统的稳定性，然后在此基础上采取各种措施满足精度及快速响应性等方面的要求。当系统精度要求很高时，应采用闭环控制方案。它将全部机械传动及执行机构都封闭在反馈控制环内，其误差都可以通过控制系统得到补偿，因而可达到很高的精度。但是闭环伺服系统结构复杂，设计难度大，成本高，尤其是机械系统的动态性能难以提高，系统稳定性难以保证。因而，除非精度要求很高时，一般应采用半闭环控制方案。

影响伺服精度的主要因素是检测环节，常用的检测传感器有旋转变压器、感应同步器、码盘、光电脉冲编码器、光栅尺、磁尺及测速发电机等。如果被测量为直线位移，则应选择尺状的直线位移传感器，如光栅尺、磁尺、直线感应同步器等。如被测量为角位移，则应选圆形的角位移传感器，如光电脉冲编码器、圆感应同步器、旋转变压器、码盘等。一般来说，半闭环控制的伺服系统主要采用角位移传感器，闭环控制的伺服系统主要采用直线位移传感器。在位置伺服系统中，为了获得良好的性能，往往还要对执行元件的速度进行反馈控制，因而还要选用速度传感器。速度控制也常采用光电脉冲编码器，既测量电动机的角位移，又通过计时而获得速度。

在闭环控制的伺服系统中，机械传动与执行机构在结构形式上与开环控制的伺服系统基本一样，即由执行元件通过减速器和滚动丝杠螺母机构，驱动工作台运动。

直流伺服电动机的控制及驱动方法通常采用晶体管脉宽调制（PWM）控制和晶闸管（可控硅）放大器驱动控制。具体的控制方法见本项目3.3节。

3.2.3 步进电动机

步进电动机又称电脉冲电动机，是通过脉冲数量决定转角位移的一种伺服电动机。由于步进电动机成本较低，易于采用计算机控制，因此被广泛应用于开环控制的伺服系统中。步进电动机比直流电动机或交流电动机组成的开环控制系统精度高，适用于精度要求不太高的机电一体化伺服传动系统。目前，一般数控机械和普通机床的微机改造中大多数采用开环步进电动机控制系统。

1. 步进电动机的结构与工作原理

步进电动机按其工作原理可分为磁电式和反应式两大类。这里只介绍常用的反应式步进电动机的工作原理。三相反应式步进电动机的工作原理如图3-12所示。其中，步进电动机的定子上有6个齿，其上分别缠有W_A、W_B、W_C三相绕组，构成三对磁极，转子上则均匀分布着4个齿。步进电动机采用直流电源供电。当W_A、W_B、W_C三相绕组轮流通电时，通过电磁力吸引步进电动机转子一步一步地旋转。

首先假设U相绕组通电，则转子上下两齿被磁场吸住，转子就停留在U相通电的位置上。然后U相断电，V相通电，则磁极U的磁场消失，磁极V产生了磁场，磁极V的磁场将离它最近的另外两齿吸引过去，停止在V相通电的位置上，这时转子逆时针转了30°。随后V相断电，W相通电，根据同样的原理，转子又逆时针转了30°，停止在W相通电的位置上。若U相再通电，W相断电，那么转子再逆转30°。定子各相轮流通电一次，转子转一个齿。

步进电动机绕组按U→V→W→U→V→W→U→…依次轮流通电，步进电动机转子就一步步地按逆时针方向旋转；反之，如果步进电动机按倒序依次使绕组通电，即 U→W→V→U→W→V→U→……，则步进电动机将按顺时针方向旋转。

步进电动机绕组每次通断电使转子转过的角度称为步距角。上述分析中的步进电动机步距角为 30°。

对于一个真实的步进电动机，为了减小每通电一次的转角，在转子和定子上开有很多定分的小齿；其中定子的三相绕组铁芯间有一定角度的齿差，当 U 相定子小齿与转子小齿对正时，V 相和 W 相定子上的齿则处于错开状态，如图 3-13 所示。工作原理与上同，只是步距角是小齿距夹角的 1/3。

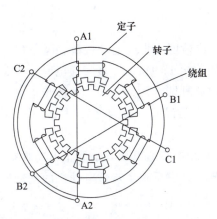

图 3-12 三相反应式步进电动机

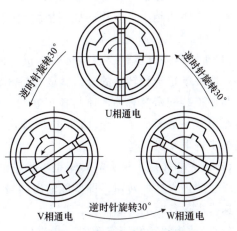

图 3-13 步进电动机运动原理

2. 步进电动机的通电方式

如果步进电动机绕组的每一次通断电操作称为一拍，每拍中只有一相绕组通电，其余断电，这种通电方式称为单相通电方式。三相步进电动机的单相通电方式称为三相单三拍通电方式，如 A→B→C→A→……。

如果步进电动机通电循环的每拍中都有两相绕组通电，这种通电方式称为双相通电方式。三相步进电动机采用双相通电方式时（如 AB→BC→CA→AB→……），称为三相双三拍通电方式。

如果步进电动机通电循环的各拍中交替出现单、双相通电状态，这种通电方式称为单双相轮流通电方式。三相步进电动机采用单双相轮流通电方式时，每个通电循环中共有六拍，因而又称为三相六拍通电方式，即 A→AB→B→BC→C→CA→A→……。

一般情况下，m 相步进电动机可采用单相通电、双相通电或单双相轮流通电方式工作，对应的通电方式可分别称为 m 相单 m 拍、m 相双 m 拍或 m 相 $2m$ 拍通电方式。

由于采用单相通电方式工作时，步进电动机的矩频特性（输出转矩与输入脉冲频率的关系）较差，在通电换相过程中，转子状态不稳定，容易失步，因此实际应用中较少采用。图 3-14 所示为某三相反应式步进电动机在不同通电方式下工作时的矩频特性曲线。显然，采用单双相轮流通电方式可使步进电动机在各种工作频率下都具有较大的负载能力。

通电方式不仅影响步进电动机的矩频特性，对步距角也有影响。一个 m 相步进电动机，如其转子上有 z 个小齿，则其步距角可通过式(3-12)计算：

$$\alpha = \frac{360°}{kmz} \quad (3-12)$$

式中，k 是通电方式系数，当采用单相或双相通电方式时，$k=1$；当采用单双相轮流通电方式时，$k=2$。可见采用单双相轮流通电方式，还可使步距角减小 1/2。步进电动机的步距角决定了系统的最小位移，步距角越小，位移的控制精度越高。

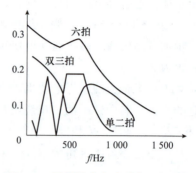

图 3-14 不同通电方式时的矩频特性

3. 步进电动机的使用特性

(1) 步距误差。步距误差直接影响执行部件的定位精度。步进电动机单相通电时，步距误差取决于定子和转子的分齿精度与各相定子的错位角度的精度。多相通电时，步距角不仅与加工装配精度有关，还与各相电流的大小、磁路性能等因素有关。国产步进电动机的步距误差一般为 $±10'\sim±15'$，功率步进电动机的步距误差一般为 $±20'\sim±25'$。精度较高的步进电动机可达 $±2'\sim±5'$。

(2) 最大静转矩。最大静转矩是指步进电动机在某相始终通电而处于静止不动状态时，所能承受的最大外加转矩，即所能输出的最大电磁转矩，它反映了步进电动机的制动能力和低速步进运行时的负载能力。

(3) 启动矩频特性。空载时，步进电动机由静止突然启动，并不失步地进入稳速运行所允许的最高频率称为最高启动频率。启动频率与负载转矩有关。图 3-15 给出了 90BF002 型步进电动机的启动矩频特性曲线。由图 3-15 可见，负载转矩越大，所允许的最大启动频率越小。选用步进电动机时应使实际应用的启动频率与负载转矩所对应的启动工作

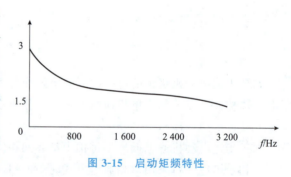

图 3-15 启动矩频特性

点位于该曲线之下，才能保证步进电动机不失步地正常启动。当伺服系统要求步进电动机的运行频率高于最大允许启动频率时，可先按较低的频率启动，然后按一定规律逐渐加速到运行频率。

(4) 运行矩频特性。步进电动机连续运行时所能接受的最高频率称为最高工作频率，它与步距角一起决定执行部件的最大运行速度。最高工作频率决定于负载惯量 J，还与定子相数、通电方式、控制电路的功率驱动器等因素有关。图 3-16 所示为 90BF002 型步进电动机的运行矩频特性曲线。由图 3-16 可见，步进电动机的输出转矩随运行频率的增加而减小，即高速时其负载能力变差，这一特性是步进电动机应用范围受到限制的主要原因之一。选用步进电动机时，应使实际应用的运行频率与负载转矩所对应的运行工作点位于运行矩频特性之下，才能保证步进电动机不失步地正常运行。

(5)最大相电压和最大相电流。最大相电压和最大相电流分别是指步进电动机每相绕组所允许施加的最大电源电压和流过的最大电流。实际应用的相电压或相电流如果大于允许值,可能会导致步进电动机绕组被击穿或因过热而烧毁,如果比允许值小得太多,步进电动机的性能又不能充分发挥出来。因而,设计或选择步进电动机的驱动电源时,应充分考虑这两个电气参数。

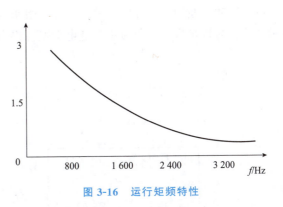

图3-16 运行矩频特性

4. 步进电动机的控制与驱动

步进电动机的电枢通断电次数和各相通电顺序决定了输出角位移与运动方向,控制脉冲分配频率可实现步进电动机的速度控制。因此,步进电动机控制系统一般采用开环控制方式。图3-17所示为开环步进电动机控制系统框图。系统主要由环形分配器、功率驱动器、步进电动机等组成。

图3-17 开环步进电动机控制系统框图

(1)环形分配。步进电动机在一个脉冲的作用下,转过一个相应的步距角,因而只要控制一定的脉冲数,即可精确控制步进电动机转过的相应的角度。但步进电动机的各绕组必须按一定的顺序通电才能正确工作,这种使电动机绕组的通断电顺序按输入脉冲的控制而循环变化的过程称为环形分配。

实现环形分配的方法有两种。一种是计算机软件分配,采用查表或计算的方法使计算机的三个输出引脚依次输出满足速度和方向要求的环形分配脉冲信号。这种方法能充分利用计算机软件资源,以减少硬件成本,尤其是多相电动机的脉冲分配更显示出它的优点。但由于软件运行会占用计算机的运行时间,因此会使插补运算的总时间增加,从而影响步进电动机的运行速度。另一种是硬件环形分配,采用数字电路搭建或专用的环形分配器件将连续的脉冲信号经电路处理后输出环形脉冲。采用数字电路搭建的环形分配器通常由分立元件(如触发器、逻辑门等)构成,特点是体积大、成本高、可靠性差。专用的环形分配器目前市面上有很多种,如CMOS电路CH250即三相步进电动机的专用环形分配器,它的引脚功能图及三相六拍线路图如图3-18所示。这种方法的优点是使用方便,接口简单。

(2)功率驱动。要使步进电动机能输出足够的转矩以驱动负载工作,必须为步进电动机提供足够功率的控制信号,实现这一功能的电路称为步进电动机驱动电路。驱动电路实际上是一个功率开关电路,其功能是将环形分配器的输出信号进行功率放大,得到步进电动机控制绕组所需要的脉冲电流及所需要的脉冲波形。步进电动机的工作特性在很大程度上取决于功率驱动器的性能,对每一相绕组来说,理想的功率驱动器应使通过绕组的电流脉冲尽量接近矩形波。但由于步进电动机绕组有很大的电感,要做到这一点是有困难的。

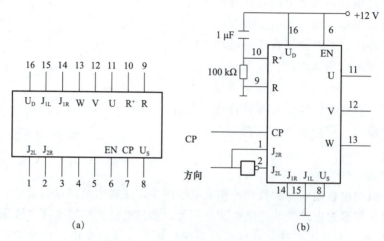

图 3-18 环形分配器 CH250 引脚图

常见的步进电动机驱动电路有以下三种:

1)单电源驱动电路。单电源驱动电路采用单一电源供电,结构简单,成本低,但电流波形差,效率低,输出力矩小,主要用于对速度要求不高的小型步进电动机的驱动。图 3-19 所示为步进电动机的一相绕组驱动电路(每相绕组的电路相同)。

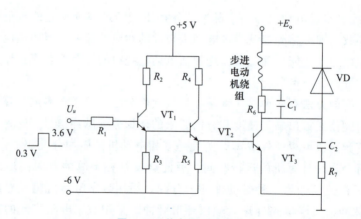

图 3-19 单电源驱动电路

当环形分配器的脉冲输入信号 U_u 为低电平(逻辑 0,约 1 V)时,虽然 VT_1、VT_2 管都导通,但只要适当选择 R_1、R_3、R_5 的阻值,使 $U_{b3}<0$(约为 -1 V),那么 VT_3 管就处于截止状态,该相绕组断电。当输入信号 U_u 为高电平 3.6 V(逻辑 1)时,$U_{b3}>0$(约为 0.7 V),VT_3 管饱和导通,该相绕组通电。

2)双电源驱动电路。双电源驱动电路又称高低压驱动电路,采用高压和低压两个电源供电。在步进电动机绕组刚接通时,通过高压电源供电,以加快电流上升速度,延迟一段时间后,切换到低压电源供电。这种电路使电流波形、输出转矩及运行频率等都有较大改善，如图 3-20 所示。

当环形分配器的脉冲输入信号 U_u 为高电平时（要求该相绕组通电），二极管 VT_g、VT_d 的基极都有信号电压输入，使 VT_g、VT_d 均导通。于是在高压电源作用下（这时二极管 VD_1 两端承受的是反向电压，处于截止状态，可使低压电源不对绕组作用）绕组电流迅速上升，电流前沿很陡。当电流达到或稍微超过额定稳态电流时，利用定时电路或电流检测器等措施切断 VT_g 基极上的信号电压，于是 VT_g 截止，但此时 VT_d 仍然是导通的，因此绕组电流即转而由低压电源经过二极管 VD_1 供给。当环形分配器输出端的电压 U_u 为低电平时（要求绕组断电），VT_d 基极上的信号电压消失，于是 VT_d 截止，绕组中的电流经二极管 VD_2 及电阻 R_{f2} 向高压电源放电，电流便迅速下降。采用这种高低压切换型电源，电动机绕组上不需要串联电阻，或者只需要串联一个很小的电阻 R_{f1}（为平衡各相的电流），所以电源的功耗比较小。由于这种供压方式使电流波形得到很大改善，因此步进电动机的转矩-频率特性好，启动和运行频率得到很大的提高。

3）斩波限流驱动电路。斩波限流驱动电路采用单一高压电源供电，以加快电流上升速度，并通过对绕组电流的检测，控制功放管的开和关，使电流在控制脉冲持续期间始终保持在规定值上下。其波形如图 3-21 所示。这种电路出力大，功耗小，效率高，目前应用最广。

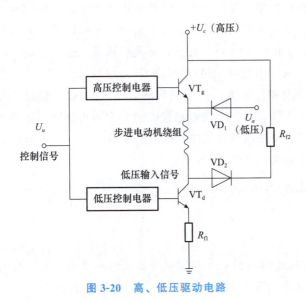

图 3-20　高、低压驱动电路

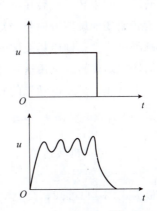

图 3-21　斩波限流驱动电路波形

3.2.4　交流伺服电动机

20 世纪后期，随着电力电子技术的发展，交流电动机应用于伺服控制越来越普遍。与直流伺服电动机比较，交流伺服电动机不需要电刷和换向器，因而维护方便和对环境无要求；另外，交流电动机还具有转动惯量、体积和质量较小，结构简单、价格低等优点；尤其是交流电动机调速技术的快速发展，使它得到了更广泛的应用。交流电动机的缺点是转矩特性和调节特性的线性度不及直流伺服电动机好；其效率也比直流伺服电动机低。因此，在伺服系统设计时，除某些操作特别频繁或交流伺服电动机在发热和启动、制动特性不能满足要求时，选择直流伺服电动机外，一般尽量考虑选择交流伺服电动机。

用于伺服控制的交流电动机主要有同步型交流电动机和异步型交流电动机。采用同步型交流电动机的伺服系统，多用于机床进给传动控制、工业机器人关节传动和其他需要运动和位置控制的场合。异步型交流电动机的伺服系统多用于机床主轴转速和其他调速系统。

1. 异步型交流电动机

三相异步电动机定子中的三个绕组在空间方位上也互差120°，三相交流电源的相与相之间的电压在相位上也是相差120°的，当在定子绕组中通入三相电源时，定子绕组就会产生一个旋转磁场。旋转磁场的转速见式(3-13)：

$$n_1 = 60\frac{f_1}{P} \tag{3-13}$$

式中　f_1——定子供电频率；
　　　P——定子线圈的磁极对数；
　　　n_1——定子转速磁场的同步转速。

定子绕组产生旋转磁场后，转子导条(鼠笼条)将切割旋转磁场的磁感线而产生感应电流，转子导条中的电流又与旋转磁场相互作用产生电磁力，电磁力产生的电磁转矩驱动转子沿旋转磁场方向旋转。一般情况下，电动机的实际转速 n 低于旋转磁场的转速 n_1。如果假设 $n=n_1$，则转子导条与旋转磁场就没有相对运动，就不会切割磁感线，也就不会产生电磁转矩，所以转子的转速 n_1 必然小于 n。为此称三相电动机为异步电动机。

旋转磁场的旋转方向与绕组中电流的相序有关。假设三相绕组 A、B、C 中的电流相序按顺时针流动，则磁场按顺时针方向旋转，若把三根电源线中的任意两根对调，则磁场按逆时针方向旋转。利用这一特性可很方便地改变三相电动机的旋转方向。

综上所述，异步电动机的转速方程见式(3-14)：

$$n = \frac{60f_1}{P}(1-s) = n_1(1-s) \tag{3-14}$$

式中　n——电动机转速；
　　　s——转差率。

根据式(3-14)可知，交流电动机的转速与磁极对数和供电电源的频率有关。把改变异步电动机的供电频率 f_1 实现调速的方法称为变频调速；而把改变磁极对数 P 进行调速的方法称为变极调速。变频调速一般是无级调速，变极调速是有级调速。当然，改变转差率 s 也可以实现无级调速，但该办法会降低交流电动机的机械特性，一般不使用。

2. 同步型交流电动机

同步电动机的转子旋转速度与定子绕组所产生的旋转磁场的速度是一样的，所以称为同步电动机。同步电动机的定子绕组与异步电动机相同，它的转子做成显极式的，安装在磁极铁芯上面的磁场线圈是相互串联的，接成具有交替相反的极性，并有两根引线连接到安装在轴上的两只滑环上面。磁场线圈是由一只小型直流发电机或蓄电池来激励，在大多数同步电动机中，直流发电机是装在电动机轴上的，用以供应转子磁极线圈的励磁电流。

由于这种同步电动机不能自动启动,因此在转子上还装有鼠笼式绕组而作为电动机启动之用。鼠笼式绕组放在转子的周围,结构与异步电动机相似。

当在定子绕组通上三相交流电源时,电动机内就产生了一个旋转磁场,鼠笼式绕组切割磁感线而产生感应电流,从而使电动机旋转起来。电动机旋转之后,其速度慢慢增高到稍低于旋转磁场的转速,此时转子磁场线圈经由直流电来激励,使转子上形成一定的磁极,这些磁极就企图跟踪定子上的旋转磁极,这样就增加电动机转子的速率直至与旋转磁场同步旋转为止。

同步电动机运行时的转速与电源的供电频率有严格不变的关系,它恒等于旋转磁场的转速,即电动机与旋转磁场两者的转速保持同步,并由此而得名。同步交流电动机的转速用式(3-15)表达:

$$n = 60\frac{f_1}{P} \tag{3-15}$$

式中　f_1——定子供电频率;
　　　P——定子线圈的磁极对数;
　　　n——转子转速。

3. 交流伺服电动机的性能

对异步电动机进行变频调速控制时,希望电动机的每极磁通保持额定值不变。若磁通太弱,则铁芯利用不够充分,在同样的转子电流下,电磁转矩小,电动机的负载能力下降。若磁通太强,又会使铁芯饱和,励磁电流过大,严重时会因绕组过热而损坏电动机。异步电动机的磁通是定子和转子磁动势合成产生的,下面说明怎样才能使磁通保持恒定。

由电动机理论知道,三相异步电动机定子每相电动势的有效值E_1见式(3-16):

$$E_1 = 4.44 f_1 N_1 \Phi_m \tag{3-16}$$

式中　Φ_m——每极气隙磁通;
　　　N_1——定子相绕组有效匝数。

由式(3-16)可知,Φ_m的值是由E_1和f_1共同决定的,对E_1和f_1进行适当的控制,就可以使气隙磁通Φ_m保持额定值不变。下面分两种情况说明:

(1)基频以下的恒磁通变频调速。考虑从基频(电动机额定频率f)向下调速的情况。为了保持电动机的负载能力,应保持气隙磁通Φ_m不变。这就要求降低供电频率的同时降低感应电动势,保持$E_1/f_1 =$常数,即保持电动势与频率之比为常数进行控制。这种控制又称为恒磁通变频调速,属于恒转矩调速方式。

由于E_1难以直接检测及直接控制,当E_1和f_1的值较高时,定子的漏阻抗压降相对比较小,如忽略不计,则可近似地保持定子相电压U_1和频率f_1的比值为常数,即认为$U_1 = E_1$,保持$U_1/f_1 =$常数即可。这就是恒压频比控制方式,是近似的恒磁通控制。

当频率较低时,U_1和E_1都变小,定子漏阻抗压降(主要是定子电阻压降)不能忽略。在这种情况下,可以适当提高定子电压以补偿定子电阻压降的影响,使气隙磁通基本保持不变。

(2)基频以上的弱磁通变频调速。考虑由基频开始向上调速的情况。频率由额定值f

向上增大，但电压 U 受额定电压 U_{1n} 的限制不能再升高，只能保持 $U_1=U_{1n}$ 不变。必然会使磁通随着 f_1 的上升而减小，这属于近似的恒功率调速方式，上述两种情况综合起来。

由上述分析可知，变频调速时，一般需要同时改变电压和频率，以保持磁通基本恒定。因此，变频调速器又称为 VVVF(Variable Voltage Variable Frequency)装置。

4. 交流电动机变频调速的控制方案

根据生产的要求、变频器的特点和电动机的种类，会出现多种多样的变频调速控制方案。这里只讨论交－直－交(AC－DC－AC)变频器。

(1)开环控制。开环伺服系统控制框图如图 3-22 所示。

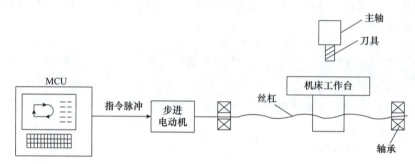

图 3-22 开环伺服系统控制框图

开环控制方案结构简单，可靠性高。但是，由于是开环控制方式，其调速精度和动态响应特性并不是十分理想。尤其是在低速区域电压调整比较困难，不可能得到较大的调速范围和较高的调速精度。异步电动机存在转差率，转速随负荷力矩变化而变动，即使目前有些变频器具有转差补偿功能及转矩提升功能，也难以达到 0.5% 的精度，所以，采用这种 U/f 控制的通用变频器异步电动机开环变频调速适用于一般要求不高的场合，如风机、水泵等机械。

(2)无速度传感器的矢量控制。无速度传感器的矢量控制变频器异步电动机变频调速系统控制框图如图 3-23 所示。对比图 3-22，两者的差别仅在使用的变频器不同。由于使用无速度传感器矢量控制的变频器，可以分别对异步电动机的磁通和转矩电流进行检测、控制，自动改变电压和频率，使指令值和检测实际值达到一致，从而实现了矢量控制。虽然它是开环控制系统，但是大大提升了静态精度和动态品质。转速精度约等于 0.5%，转速响应也较快。

在生产要求不是十分高的情形下，采用矢量变频器无传感器开环异步电动机变频调速是非常合适的，可以达到控制结构简单、可靠性高的实效。

图 3-23 矢量控制变频器的异步电动机变频调速系统框图

(3)带速度传感器矢量控制。带速度传感器矢量控制变频器的异步电动机闭环变频调速系统控制框图如图 3-24 所示。

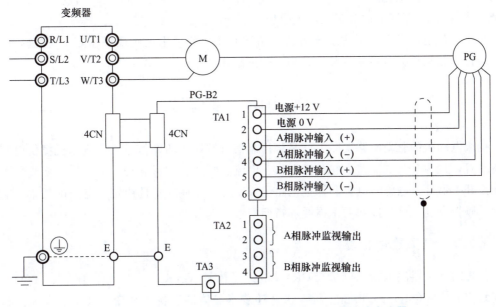

图 3-24 异步电动机闭环控制变频调速 PG—速度脉冲发生器

矢量控制异步电动机闭环变频调速是一种理想的控制方式。它可以从零转速起进行速度控制，即低速也能运行，因此调速范围很宽广，可达 100∶1 或 1 000∶1；可以对转矩实行精确控制；系统的动态响应速度快；电动机的加速度特性很好等。

然而，带速度传感器矢量控制变频器的异步电动机闭环变频调速技术性能虽好，但是毕竟它需要在异步电动机轴上安装速度传感器，严格来讲，已经降低了异步电动机结构坚固、可靠性高的特点。况且，在某些情况下，由于电动机本身或环境的因素，无法安装速度传感器。因此，多了反馈电路和环节，也增加了出现故障的概率。

因此，在非采用不可的情况下，对于调速范围、转速精度和动态品质要求不是特别高的条件场合，往往采用无速度传感器矢量变频器开环控制异步电动机变频调速系统。

(4) 永磁同步电动机开环控制。永磁同步电动机开环控制的变频调速系统控制框图如图 3-25 所示。

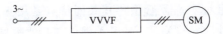

图 3-25 永磁同步电动机开环控频调速 SM—同步电动机(PM.SM)－制变永磁式

若将图 3-23 中异步电动机(IM)换成永磁同步电动机(PM、SM)，就是第四种变频调速控制方案。它具有控制电路简单、可靠性高的特点。由于是同步电动机，其转速始终等于同步转速，转速只取决于电动机供电频率 f_1，而与负载大小无关(除非负载力矩大于或等于失步转矩，同步电动机会失步，转速迅速停止)，其机械特性曲线为一根平行横轴的直线，绝对硬特性。

如果采用高精度的变频器(数字设定频率精度可达 0.01%)，在开环控制情形下，同步电动机的转速精度也为 0.01%。因为同步电动机转速精度与变频器频率精度一致(在开环控制方式时),所以特别适合多电动机同步传动。

至于同步电动机变频调速系统的动态品质问题,若采用通用变频器 U/f 控制,响应速度较慢;若采用矢量控制变频器,响应速度很快。

3.3 电力电子变流技术

伺服电动机的驱动电路实际上就是将控制信号转换为功率信号,为电动机提供电能的控制装置,也称其为变流器,它包括电压、电流、频率、波形和相数的变换。变流器主要由功率开关器件、电感、电容和保护电路组成。开关器件的特性决定了电路的功率、响应速度、频带宽度、可靠性和功率损耗等指标。

3.3.1 开关器件特性

传统的开关器件包括晶闸管(SCR)、电力晶体管(GTR)、可关断晶闸管(GTO)、电力场效应晶体管(MOSFET)等。近年来,随着半导体制造技术和变流技术的发展,相继出现了绝缘栅极双极型晶体管(IGBT)、场控晶闸管(MCT)等新型电力电子器件。

电力电子器件的性能要求是大容量、高频率、易驱动和低损耗。因此,评价器件品质因素的主要标准是容量、开关速度、驱动功率、通态压降、芯片利用率。目前,各类电力电子器件所达到的功能水平如下:

普通晶闸管:12 kV、1 kA;4 kV、3 kA。

可关断晶闸管:9 kV、1 kA;4.5 kV、4.5 kA。

逆导晶闸管:4.5 kV、1 kA。

光触晶闸管:6 kV、2.5 kA;4 kV、5 kA。

电力晶体管:单管 1 kV、200 A;模块 1.2 kV、800 A;1.8 kV、100 A。

场效应管:1 kV、38 A。

绝缘栅极双极型晶体管:1.2 kV、400 A;1.8 kV、100 A。

静电感应晶闸管(SITH):4.5 kV、2.5 kA。

场控晶闸管:1 kV、100 A。

开关器件可分为晶闸管型和晶体管型。其共同特点是用正或负的信号施加于门极上(或栅极或基极)来控制器件的开与关。一般开关器件在其他教材中都有所介绍,下面主要介绍几种驱动功率小、开关速度快、应用广泛的新型器件。

1. 绝缘栅极双极型晶体管(IGBT)

IGBT(Insulated Gate Bipolar Transistor)是在 GTR 和 MOSFET 之间取其长、避其短而出现的新器件,它实际上是用 MOSFET 驱动双极型晶体管,兼有 MOSFET 的高输入阻抗和 GTR 的低导通压降两方面的优点。电力晶体管饱和压降低,载流密度大,但驱动电流较大。MOSFET 驱动功率很小,开关速度快,但导通压降大,载流密度小。IGBT 综合了以上两种器件的优点,驱动功率小而饱和压降低。

IGBT 是多元集成结构,每个 IGBT 元的结构如图 3-26(a)所示,图 3-26(b)所示为

IGBT 的等效电路，它由一个 MOSFET 和一个 PNP 晶体管构成，给栅极施加正偏信号后，MOSFET 导通，从而给 PNP 晶体管提供了基极电流导通。给栅极施加反偏信号后，MOSFET 关断，使 PNP 晶体管基极电流为零而截止。图 3-26(c)所示为 IGBT 的电气符号。

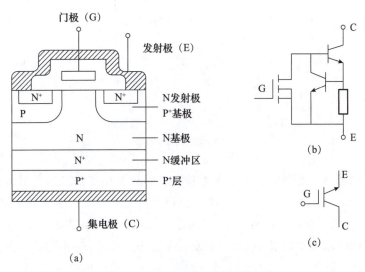

图 3-26　IGBT 的简化等效电路

IGBT 的开关速度低于 MOSFET，但明显高于电力晶体管。IGBT 在关断时不需要负栅压来减少关断时间，但关断时间随栅极和发射极并联电阻的增加而增加。IGBT 的开启电压为 3~4 V，与 MOSFET 相当。IGBT 导通时的饱和压降比 MOSFET 低而与电力晶体管接近，饱和压降随栅极电压的增加而降低。

IGBT 的容量和 GTR 的容量属于一个等级，研制水平已达 1 000 V/800 A；但 IGBT 比 CTR 驱动功率小，工作频率高，预计在中等功率容量范围将逐步取代 GTR。IGBT 已实现了模块化，并且已占领了电力晶体管的很大一部分市场。

2. 场控晶闸管(MCT)

MCT(MOS Controlled Thyristor)是 MOSFET 驱动晶闸管的复合器件，集场效应晶体管与晶闸管的优点于一身，是双极型电力晶体管和 MOSFET 的复合。MCT 把 MOSFET 的高输入阻抗、低驱动功率和晶闸管的高电压大电流、低导通压降的特点结合起来，成为非常理想的器件。

一个 MCT 器件由数以万计的 MCT 元组成，每个元的组成为 PNPN 晶闸管一个(可等效为 PNP 和 NPN 晶体管各一个)、控制 MCT 导通的 MOSFET(on—FET)和控制 MCT 关断的 MOSFET(off—FET)各一个。电力 MOSFET 的电气图形符号如图 3-27 所示。当给栅极加正脉冲电压时，N 沟道的 on—FET 导通，其漏极电流即为 PNP 晶体管提供了基极电流使其导通，PNP 晶体管的集电极电流又为 NPN 晶体管提供了基极电流而使其导通，而 NPN 晶体管的集电极电流又反过来成为 PNP 晶体管的基极电流，这种正反馈使 $α_1+α_2>1$，MCT 导通。当给栅极加负脉冲电压时，P 沟道的 off—FET 导通，使 PNP 晶体管的集电极电流大部分经 off-FET 流向阴极而不注入 NPN 晶体管的基极。因而，NPN 晶体管的集电极电流，即 PNP 晶体管基极电流减小，这又使 NPN 晶体管的基极电流减小，这种正反馈使 $\alpha_1+\alpha_2<1$ 时 MCT 即关断。

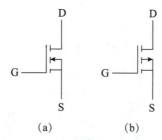

图 3-27 电力 MOSFET 的电气图形符号
(a)N 沟道；(b)P 沟道

MCT 阻断电压高，通态压降小，驱动功率低，开关速度快。虽然目前的容量水平仅为 1 000 V/100 A，其通态压降只有 IGBT 或 GTR 的 1/3 左右，硅片的单位面积连续电流密度在各种器件中是最高的。另外，MCT 可承受极高的 di/dt 和 du/dt，这使保护电路可以简化。MCT 的开关速度超过 GTR，开关损耗也小。总之，MCT 被认为是一种最有发展前途的电力电子器件。

3. 静电感应晶体管(SIT)

SIT(Static Induction Transistor)实际上是一种结型电力场效应晶体管，其电压、电流容量都比 MOSFET 大，适用于高频大功率的场合。在栅极不加任何信号时，SIT 是导通的，栅极加负偏时关断，这种类型称为正常导通型，使用不太方便。另外，SIT 通态压降大，因而通态损耗也大。

4. 静电感应晶闸管(SITH)

SITH(Static Induction Thyristor)是在 SIT 的漏极层上附加一层和漏极层导电类型不同的发射极层而得到的。与 SIT 相同，SITH 一般也是正常导通型，但也有正常关断型的。SITH 的许多特性和 GTO 类似，但其开关速度比 GTO 高得多(GTO 的工作频率为 1~2 kHz)，是大容量的快速器件。

另外，可关断晶闸管(GTO)是目前各种自关断器件中容量最大的，在关断时需要很大的反向驱动电流。电力晶体管(GTR)目前在各种自关断器件中应用最广，其容量为中等，工作频率一般在 10 kHz 以下。电力晶体管是电流控制型器件，所需要的驱动功率较大。电力 MOSFET 是电压控制型器件，所需要的驱动功率最小。在各种自关断器件中，其工作频率最高，可达 100 kHz 以上。其缺点是通态压降大，器件容量小。

5. 开关器件的应用说明

变流器中开关器件的开关特性决定了控制电路的功率、响应速度、频带宽度、可靠性和功率损耗等指标。由于普通晶闸管是一只具备控制接通、无自关断能力的半控型器件，因此在直流回路里，如要求将它关断，需增设含电抗器和电容器或辅助晶闸管的换相回路。另外，普通晶闸管的开关频率较低，故对于开关频率要求较高的无源逆变器和斩波器，就无法胜任，必须使用开关频率较高的全控型的自关断器件。例如，将电力晶体管替代普通晶闸管用在变频装置的逆变器中，其体积可减小 2/3，而开关频率可提高 6 倍，还相应地降低了换相损耗，提高了效率。近年来，不间断电源和交流变频调速装置广泛采用电力电子自关断器件。

可以说，以全控型的开关器件来取代线路复杂、体积庞大、功能指标较低的普通晶闸管和换相电路，这是变流技术发展的规律。由于全控型器件开关频率的提高，变流器可采用脉宽调制(PWM)型的控制，既降低了谐波和转矩脉动，又提高了快速性，还改善了功率因数。目前，国外的中小容量和较大容量的变频装置已大部分采用了由自关断器件构成的 PWM 控制电路，大功率的电动机传动及电力机车用 PWM 逆变器的功率达兆瓦级，开关频率为 1～20 kHz。

在斩波器的直流-直流变换中，采用 PWM 技术也有多年历史，其开关频率为 20 kHz～1 MHz。应用场效应晶体管及谐振原理，采用软开关技术以构成直流-直流变流器，其开关损耗及电磁干扰均可显著减少，可使小功率变流器的开关频率达几兆赫，这时滤波用的电感和电容的体积显著减小，充分显示其优越性。

3.3.2 变流技术

包括晶闸管在内的电力电子器件是变流技术的核心。近年来，随着电力电子器件的发展，变流技术得到了突飞猛进的发展，特别是在交流调速应用方面获得了极大的成就。变流技术按其功能应用可分成下列几种变流器类型：整流器——把交流电变为固定的(或可调的)直流电；逆变器——把固定直流电变成固定的(或可调的)交流电；斩波器——把固定的直流电压变成可调的直流电压；交流调压器——把固定交流电压变成可调的交流电压；周波变流器——把固定的交流电压和频率变成可调的交流电压与频率。

1. 整流器

整流过程是将交流信号转换为直流信号的过程，一般可通过二极管或开关器件组成的桥式电路来实现。如图 3-28 所示为单相交流信号可控硅桥式整流电路。

如图 3-28(a)中开关器件 VT 是可控硅(或 GTR 等)，具有正向触发控制导通和反向自关断功能。U_g 是控制引脚，按图 3-28(b)中波形输入控制信号，图中 U_d 就是加载在电阻负载 R 上的整流电压波形。通过调整控制信号的相位角就可以实现输出直流电压的调节。

若将开关器件 VT 换成二极管，则该电路变成了不可调压的整流电路。

2. 斩波器

直流伺服电动机的调速控制是通过改变励磁电压来实现的，因此，把固定的直流电压变成可调的直流电压是直流伺服调速电路中不可缺少的组成部分。直流调压包括电位器调压和斩波器调压等。电位器调压法是通过调节与负载串联的电位器来改变负载压降的，因此只适合小功率电器；斩波器调压的基本原理是通过晶闸管或自关断器件的控制，将直流电压断续加到负载(电动机)上，利用调节通、断的时间变化来改变负载电压平均值。斩波器调压控制直流伺服电动机速度的方法又称为脉宽调制(Pulse Width Modulation)直流调速。如图 3-29 所示为脉宽调速原理示意。

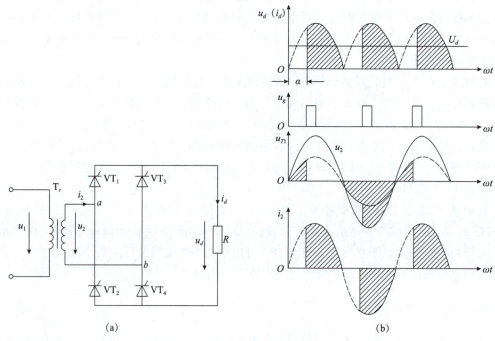

图 3-28 单相交流可控硅桥式整流电路

(a)整流电路;(b)波形图

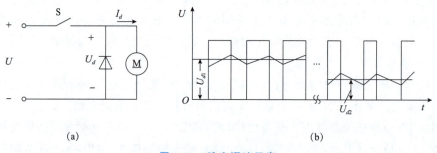

图 3-29 脉宽调速示意

(a)原理图;(b)加载在电动机电枢上的电压波形

将图 3-29(a)中的开关 S 周期性地开关,在一个周期 T 内闭合的时间为 τ,则一个外加的固定直流电压 U 被按一定的频率开闭的开关 S 加到电动机的电枢上,电枢上的电压波形将是一列方波信号,其高度为 U、宽度为 τ,如图 3-29(b)所示。电枢两端的平均电压见式(3-17):

$$U_d = \frac{1}{T}\int_0^\tau U \mathrm{d}t = \frac{\tau}{T}U = \rho U \qquad (3-17)$$

式中,$\rho = \tau/T = U_d/U$,ρ 为导通率(或称占空比)($0 < \rho < 1$)。

当 T 不变时,只要改变导通时间 τ,就可以改变电枢两端的平均电压 U_d。当 τ 从 0 到 T 改变时,U_d 由零连续增大到 U。在实际电路中,一般使用自关断电力电子器件来实现上述的开关作用,如 GTR、MOSFET、IGBT 等器件。图 3-29 中的二极管是续流二极管,当 S 断开时,由于电枢电感的存在,电动机的电枢电流可通过它形成续流回路。

图 3-30 所示是直流伺服电动机 PWM 调速和实现正反转控制的应用举例。该电路是由四个大功率晶体管功放电路组成,其作用是对电压——脉宽变换器输出的信号 U_s 进行放大,输出具有足够功率的信号,以驱动直流伺服电动机。

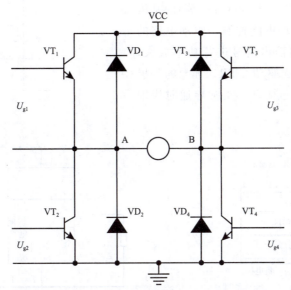

图 3-30　H 形桥式 PWM 晶体管功率放大器的电路原理

在图 3-30 中,大功率晶体管 $VT_1 \sim VT_4$ 组成 H 形桥式结构的开关功放电路,由续流二极管 $VD_1 \sim VD_4$ 构成在晶体管关断时直流伺服电动机绕组中能量的释放回路。U_s 电压来自脉宽变换器的输出,$-U_s$ 可通过对 $+U_s$ 反相获得。当 $U_s > 0$ 时,VT_1 和 VT_4 导通;当 $U_s < 0$ 时,VT_2 和 VT_3 导通。按照控制指令的不同情况,该功放电路及其所驱动的直流伺服电动机可有以下三种工作状态:

(1)当 $U_{AB} = 0$ 时,U_s 的正、负脉宽相等,直流分量为零,VT_1 和 VT_4 的导通时间与 VT_2 和 VT_3 的导通时间相等,流过电枢绕组中的平均电流等于零,电动机不转。但在交流分量作用下,电动机在停止位置处微振,这种微振有动力润滑作用,可消除电动机启动时的静摩擦,减小启动电压。

(2)当 $U_{AB} > 0$ 时,U_s 的正脉宽大于负脉宽,直流分量大于零,VT_1 和 VT_4 的导通时间长于 VT_2 和 VT_3 的导通时间,流过绕组中的电流平均值大于零,电动机正转,且随着 U_1 增加,转速增加。

(3)当 $U_{AB} < 0$ 时,U_s 的直流分量小于零,电枢绕组中的电流平均值也小于零,电动机反转,且反转转速随着 U_1 的减小而增加。

当 VT_1 和 VT_4 或 VT_2 和 VT_3 始终导通时,电动机在最高转速下正转或反转。

在该电路中,跨接在电源两端的上、下两个晶体管需要交替导通和截止。由于晶体管的关断过程中有一段关断时间 t_{off},在这段时间内晶体管并未完全关断,如果在此期间,另一个晶体管已经导通,则将造成上、下两管直通,从而使电源正负极短路。为了避免发生这种情况，需要设置逻辑延时环节，并保证在对一个管子发出关闭脉冲后（如图 3-31 中的 U_{b1}），延时 t_{id} 后再发出对另一个管子的开通脉冲（如 U_{b2}）。

如图 3-32 所示是电力晶体管的基极驱动电路及波形，电力晶体管 VT（如 GTR 等）的基极需要由一定功率的驱动电路控制，驱动电路的任务是将控制电路的输出信号进行功率放大，使之具有足够的功率去驱动 GTR。理想的基极驱动器应满足开通时过驱动；正常导通时浅饱和；关断时要反偏。

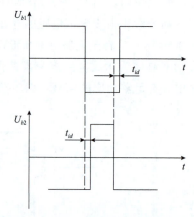

图 3-31　开通延时的基极脉冲电压信号

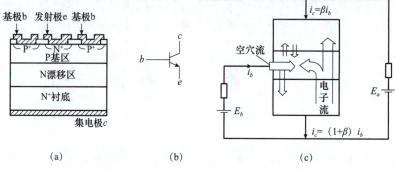

图 3-32　电力晶体管（GTR）的基极驱动电路

3. 逆变器

将直流电变换成交流电的电路称为逆变器。当蓄电池和太阳能电池等直流电源需要向交流负载供电时，就需要通过逆变电路将直流电转换为交流电。逆变过程还往往应用在变频电路中，变频就是将固定频率的交流电变成另一种固定或可变频率的交流电。变频的方法通常有两种：一种是将交流整流成直流，再将直流逆变成负载所需要的交流（交—直—交）；另一种是直接将交流变换成负载所需要的交流（交—交）。前一种直流变交流的过程就应用了逆变的方法。

(1) 半桥逆变电路。半桥逆变电路原理如图 3-33(a) 所示，它有两个导电臂，每个导电臂由一个可控元件和一个反并联二极管组成。在直流侧接有两个相互串联的足够大的电容，使两个电容的联结点为直流电源的中点。

设电力晶体管 V_1 和 V_2 基极信号在一个周期内各有半周正偏和反偏，且两者互补。当负载为感性时，其工作波形如图 3-33(b) 所示。输出电压波形 u_o 为矩形波，其幅值为 $U_{om}=U_d/2$，输出电流 i_o 波形随负载阻抗角而异。设 t_2 时刻以前 V_1 导通。t_2 时刻给 V_1 关断信号，给 V_2 导通信号，但感性负载中的电流 i_o 不能立刻改变方向，于是 VD_2 导通续流。当 t_3 时刻 i_o 降至零时 VD_2 截止，V_2 导通，i_o 开始反向。同样，在 t_4 时刻给 V_2 关断信号，给 V_1 导通信号后，V_2 关断，VD_1 先导通续流，t_5 时刻 V_1 才导通。

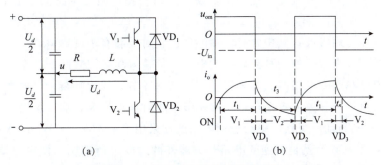

图 3-33 半桥逆变电路及其波形图

当 V_1 或 V_2 导通时,负载电流和电压同方向,直流侧向负载提供能量;而当 VD_1 或 VD_2 导通时,负载电流和电压反方向,负载中电感的能量向直流侧反馈,即负载将其吸收的无功能量反馈回直流侧。反馈回的能量暂时储存在直流侧电容中,直流侧电容起到缓冲这种无功能量的作用。二极管 VD_1、VD_2 是负载向直流侧反馈能量的通道,同时起到使负载电流连续的作用,VD_1、VD_2 被称为反馈二极管或续流二极管。

(2) 负载换相全桥逆变电路。图 3-34(a) 所示是全桥逆变电路应用的实例。电路中四个桥臂均由电力晶体管控制,其负载是电阻、电感串联后再和电容并联的容性负载。电容是为了改变负载功率因数而设置的。在直流电源侧串接一个很大的电感 L,因而,在工作过程中直流侧电流 i_d 基本没有波动。

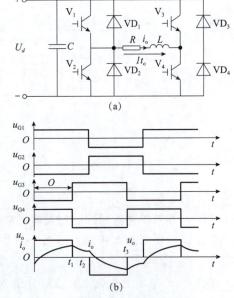

电路的工作波形如图 3-34(b) 所示。因负载是并联谐振型负载,对基波阻抗很大而对谐波阻抗很小,故负载电压 u_o 波形接近正弦波。由于直流接有大电感 L,所以负载电流 i_o 为矩形波。

设在 t_1 时刻前 VT_1、VT_4 导通,u_o、i_o 均为正。在 t_1 时刻触发 VT_2、VT_3,则负载电压加在 VT_1、VT_4 上使其承受反向电压 u 而关断,电流从 VT_1、VT_4 转移到 VT_2、VT_3。触发 VT_2、VT_3 的时刻 t_1 必须在 u_o 过零前并留有足够的裕量,才能使换相顺利进行。

图 3-34 负载换相全桥逆变电路及波形

该逆变电路适用于负载电流的相位超前于负载电压的容性负载等场合。另外,负载为同步电动机时,由于可以控制励磁使负载电流的相位超前于反电动势,因此也适用于本电路。

3.4 PWM 型变频电路

上一节介绍了整流和逆变的过程,将可控整流电路和一个逆变电路结合到一起就组成了变频电路。图 3-35 所示为交—直—交变频电路结构图。逆变电路采用上节介绍的方法具有以下缺点：

(1) 输出电压为矩形波，其中含有较多的谐波，对负载有不利影响。
(2) 用相控方式来改变中间直流环节的电压，使输入功率因数降低。
(3) 整流电路和逆变电路两级均采用可控的功率环节，较为复杂，也提高了成本。
(4) 中间直流环节有大电容存在，因此调节电压时惯性较大，响应缓慢。

为了克服上述缺点，变频器中的逆变电路通常采用 PWM(Pulse Width Modulation)逆变方式。PWM 型变频器就是对逆变电路开关器件的通断进行控制，使输出端得到一系列幅值相等而宽度不相等的脉冲，用这些脉冲来代替正弦波或所需要的波形。图 3-34 中的可控整流电路在这里由不可控整流电路代替，逆变电路常采用自关断器件。这种 PWM 逆变电路主要具有以下特点：

(1) 可以得到相当接近正弦波的输出电压。
(2) 整流电路采用二极管，可获得接近 1 的功率因数。
(3) 只用一级可控的功率环节，电路结构较简单。
(4) 通过对输出脉冲宽度的控制就可改变输出电压，大大加快了变频器的动态响应。

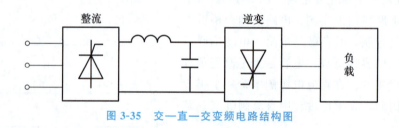

图 3-35　交—直—交变频电路结构图

3.4.1　SPWM 波形原理

在采样控制理论中有一个重要的结论：冲量相等而形状不同的窄脉冲加在具有惯性的环节上时，其效果基本相同。冲量即指窄脉冲的面积。这里所说的效果基本相同，是指环节的输出响应波形基本相同。下面分析如何用一系列等幅而不等宽的脉冲代替一个正弦电波。

将图 3-36 所示的正弦半波波形分成 N 等分，就可把正弦半波看成由 N 个彼此相连的脉冲所组成的波形。这些脉冲宽度相等，都等于 π/N，但幅值不等，且脉冲顶部不是水平直线，而是曲线，各脉冲的幅值按正弦规律变化。如果把上述脉冲序列用同样数量的等幅而不等宽的矩形脉冲序列代替，使矩形脉冲的中点和相应正弦等分的中点重合，且使矩形脉冲和相应正弦部分面积(冲量)相等，就得到图 3-36 所示的脉冲序列。这就是 PWM 波形。从中可以看出，各脉冲的宽度是按正弦规律变化的。根据冲量相等、效果相同的原理，PWM 波形和正弦半波是等效的。对于正弦波的负半周，也可以用同样的方法得到 PWM 波形。像这种脉冲的宽度按正弦规律变化而和正弦波等效的 PWM 波形，也称为 SPWM(Sinusoidal PWM)波形。

项目 3　伺服控制系统

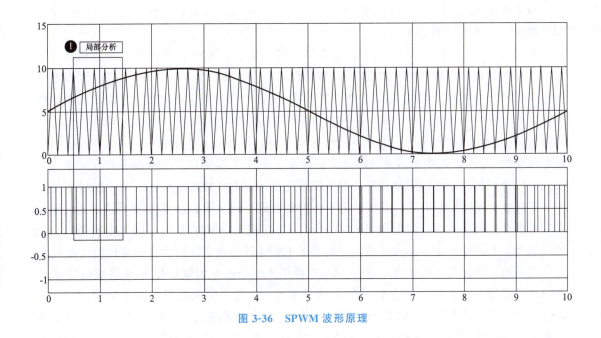

图 3-36　SPWM 波形原理

3.4.2　单相 SPWM 控制原理

调制过程就是将所希望的波形作为调制信号，将接受调制的信号作为载波，通过对载波的调制得到所期望的 PWM 波形。SPWM 一般采用三角波载波信号和正弦波调制信号叠加形成。通常采用等腰三角波作为载波，因为等腰三角波上下宽度与高度呈线性关系且左右对称，当它与任何一个平缓变化的调制信号波相交时，如在交点时刻控制电路中开关器件的通断，就可以得到宽度正比于信号波幅值的脉冲，这正好符合 PWM 控制的要求。

图 3-37 所示是采用电力晶体管作为开关器件的电压型，单相桥式逆变电路的波形图如图 3-36 所示。设负载为电感性，对各晶体管的控制按下面的规律进行：在正半周期，让晶体管 V_1 一直保持导通，而让晶体管 V_4 交替通断。当 V_1 和 V_4 导通时，负载上所加的电压为直流电源电压 U_d。当 V_1 导通而使 V_4 关断后，由于电感性负载中的电流不能突变，负载电流将通过二极管 VD_3 续流，

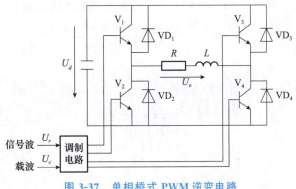

图 3-37　单相桥式 PWM 逆变电路

负载上所加电压为零。如负载电流较大，那么直到使 V_4 再一次导通之前，VD_3 一直持续导通。如负载电流较快地衰减到零，在 V_4 再一次导通之前，负载电压也一直为零。因此，负载上的输出电压 u_o 就可得到零和 U_d 交替的两种电平。同样，在负半周期，让晶体管 V_2 保持导通。当 V_3 导通时，负载被加上负电压 $-U_d$，当 V_3 关断时，VD_4 续流，负载电压为

零，负载电压 u_o 可得到 $-U_d$ 和零两种电平。因此，在一个周期内 V_4 逆变器输出的 PWM 波形就由 $\pm U_d$ 和 0 三种电平组成。

控制 V_4 或 V_3 通断的方法如图 3-38 所示。载波 u_c 在信号波 u_r 的正半周为正极性的三角波，在负半周为负极性的三角波。调制信号 u_r 为正弦波。在 u_r 和 u_c 的交点时刻控制晶体管 V_4 或 V_3 的通断。在 u_r 的正半周，V_1 保持导通，当 $u_r > u_c$ 时使 V_4 导通，负载电压 $u_o = U_d$，当 $u_r < u_c$ 时使 V_4 关断，$u_o = 0$；在 u_r 的负半周，V_1 关断，V_2 保持导通，当 $u_r < u_c$ 时使 V_3 导通，$u_o = -U_d$，当 $u_r > u_c$ 时使 V_3 关断，$u_o = 0$。这样就得到了 SPWM 波形。图中的虚线 u_{of} 表示 u_o 中的基波分量。像这种在 u_r 的半个周期内三角波载波只在一个方向变化，所得到的 PWM 波形也只在一个方向变化的控制方式称为单极性 PWM 控制方式。

单极性 PWM 控制方式与双极性 PWM 控制方式不同。图 3-38 的单相桥式逆变电路在采用双极性控制方式时的波形如图 3-39 所示。在双极性控制方式中 u_r 的半个周期内，三角波载波是在正负两个方向变化的，所得到的 PWM 波形也是在两个方向变化的。在 u_r 的一个周期内，输出的 PWM 波形只有 $\pm U_d$ 两种电平。仍然在调制信号 u_r 和载波信号 u_c 的交点时刻控制各开关器件的通断。在 u_r 的正负半周，对各开关器件的控制规律相同。当 $u_r > u_c$ 时，给晶体管 V_1 和 V_4 以导通信号，给 V_2、V_3 以关断信号，输出电压 $u_o = U_d$。当 $u_r < u_c$ 时，给 V_2、V_3 以导通信号，给 V_1、V_4 以关断信号，输出电压 $u_o = -U_d$，可以看出，同一半桥上下两个桥臂晶体管的驱动信号极性相反，处于互补工作方式。在电感性负载的情况下，若 V_1 和 V_4 处于导通状态，给 V_1 和 V_4 以关断信号，而给 V_2 和 V_3 以导通信号后，则 V_1 和 V_4 立即关断，因感性负载电流不能突变，V_2 和 V_3 并不能立即导通，二极管 VD_2 和 VD_3 导通续流。当感性负载电流较大时，直到下一次 V_1 和 V_4 重新导通前，负载电流方向始终未变，VD_2 和 VD_3 持续导通，而 V_2 和 V_3 始终未导通。当负载电流较小时，在负载电流下降到零之前，VD_2 和 VD_3 续流，之后 V_2 和 V_3 导通，负载电流反向。无论 VD_2 和 VD_3 导通，还是 V_2 和 V_3 导通，负载电压都是 $-U_d$。从 V_2 和 V_3 导通向 V_1 和 V_4 导通切换时，VD_1 和 VD_4 的续流情况和上述情况类似。

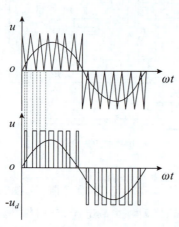

图 3-38 单极性 PWM 控制方式原理

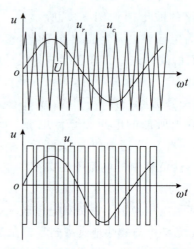

图 3-39 双极性 PWM 控制方式原理

3.4.3 三相 SPWM 控制原理

在 PWM 型逆变电路中,使用最多的是图 3-40(a)所示的三相桥式逆变电路,其控制方式一般采用双极性方式。U、V 和 W 三相的 PWM 控制通常共用一个三角波载波 u_c,三相调制信号 U_{RU}、U_{RV} 和 U_{RW} 的相位依次相差 120°。U、V 和 W 各相功率开关器件的控制规律相同,现以 U 相为例来说明。当 $U_{RU} > u_c$ 时,给上桥臂晶体管 V_1 以导通信号,给下桥臂晶体管 V_4 以关断信号,则 U 相相对于直流电源假想中点 N' 的输出电压 $U_{UN}' = U_d/2$。当 $U_{rU} < u_c$ 时,给 V_4 以导通信号,给 V_1 以关断信号,则 $U_{UN}' = -U_d/2$。V_1 和 V_4 的驱动信号始终是互补的。当给 $V_1(V_4)$ 加导通信号时,可能是 $V_1(V_4)$ 导通,也可能二极管 VD_1(VD_4)续流导通,这要由感性负载中原来电流的方向和大小来决定的,与单相桥式逆变电路双极性 SPWM 控制时的情况相同。V 相和 W 相的控制方式与 U 相相同。U_{UN}'、U_{VN}' 和 U_{WN}' 的波形如图 3-40(b)所示。从图中可以看出,这些波形都只有 $\pm U_d$ 两种电平。像这种逆变电路相电压(U_{UN}'、U_{VN}' 和 U_{WN}')只能输出两种电平的三相桥式电路,无法实现单极性控制。图中线电压 U_{UV} 的波形可由 $U_{UN}' - U_{VN}'$ 得出。从中可以看出,当臂 1 和 6 导通时,$U_{UV} = U_d$,当臂 3 和 4 导通时,$U_{UV} = -U_d$,当臂 1 和 3 或 4 和 6 导通时,$U_{UV} = 0$,因此,逆变器输出线电压由 $+U_d$、$-U_d$、0 三种电平构成。负载相电压 U_{UN} 可由式(3-18)求得:

$$u_{UN} = u_{UN'} - \frac{U_{UN'} + U_{VN'} + U_{WN'}}{3} \tag{3-18}$$

从图中可以看出,它由 $(\pm 2/3)U_d$、$(\pm 1/3)U_d$ 和 0 共 5 种电平组成。

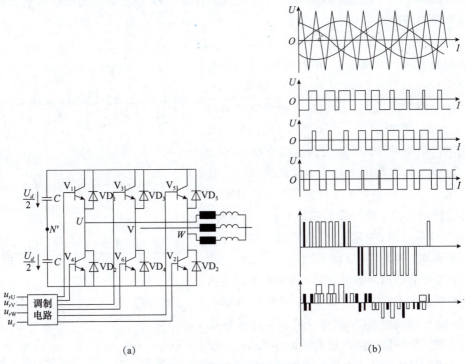

图 3-40 三相 SPWM 逆变电路及波形

在双极性 SPWM 控制方式中,同一相上下两个臂的驱动信号都是互补的。但实际上为了防止上下两个臂直通而造成短路,在给一个臂施加关断信号后,再延迟 Δt 时间,才给另一个臂施加导通信号。延迟时间的长短主要由功率开关器件的关断时间决定。这个延迟时间将会给输出的 PWM 波形带来影响,使其偏离正弦波。

3.4.4　SPWM 逆变电路的调制方式

在 PWM 逆变电路中,载波信号频率 f_c 与调制信号频率 f_r 之比 ($N=f_c/f_r$) 称为载波比。根据载波和信号波是否同步及载波比的变化情况,PWM 逆变电路可以有异步调制和同步调制两种控制方式。

1. 异步调制

载波信号和调制信号不保持同步关系的调制方式称为异步方式。图 3-41(a) 的波形就是异步调制三相 SPWM 波形。在异步调制方式中,调制信号频率 f_r 变化时,通常保持载波频率 f_c 固定不变,因而载波比 N 是变化的。因此,在调制信号的半个周期内,输出脉冲的个数不固定,脉冲相位也不固定,正负半周期的脉冲不对称,同时,半周期内前后 1/4 周期的脉冲也不对称。

当调制信号频率较低时,载波比 N 较大,半周期内的脉冲数较多,正负半周期脉冲不对称和半周期内前后 1/4 周期脉冲不对称的影响都较小,输出波形接近正弦波。当调制信号频率增高时,载波比 N 就减小,半周期内的脉冲数减少,输出脉冲的不对称性影响就变大,还会出现脉冲的跳动。同时,输出波形和正弦波之间的差异也变大,电路输出特性变差。对于三相 SPWM 型逆变电路来说,三相输出的对称性也变差。因此,在采用异步调制方式时,应尽量提高载波频率,以使在调制信号频率较高时仍能保持较大的载波比,改善输出特性。

2. 同步调制

载波比 N 等于常数,并在变频时使载波信号和调制信号保持同步的调制方式称为同步调制。在基本同步调制方式中,调制信号频率变化时载波比 N 不变。调制信号半个周期内输出的脉冲数是固定的,脉冲相位也是固定的。在三相 SPWM 逆变电路中,通常共用一个三角波载波信号,且取载波比 N 为 3 的整数倍,以使三相输出波形严格对称,同时,为了使一相的波形正负半周对称,N 应取为奇数。图 3-41(b) 所示的例子是 $N=9$ 时的同步调制三相 SPWM 波形。

当逆变电路输出频率很低时,因为在半周期内输出脉冲的数目是固定的,所以由 SPWM 调制而产生的 f_c 附近的谐波频率也相应降低。这种频率较低的谐波通常不易滤除,如果负载为电动机,就会产生较大的转矩脉动和噪声,给电动机的正常工

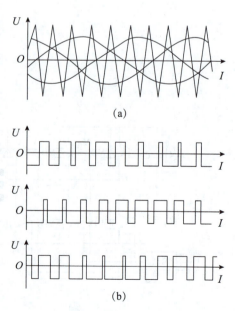

图 3-41　同步调制三相 SPWM 波形

作带来不利影响。

为了克服上述缺点，通常采用分段同步调制的方法，即将逆变电路的输出频率范围划分成若干个频段，每个频段内都保持载波比 N 为恒定，不同频段的载波比不同。在输出频率的高频段采用较低的载波比，以使载波频率不致过高，在功率开关器件所允许的频率范围内。在输出频率的低频段采用较高的载波比，以使载波频率不致过低而对负载产生不利影响。各频段的载波比应该取 3 的整数倍且为奇数。

3.4.5　SPWM 型逆变器的主电路

SPWM 型逆变器所需提供的直流电源，除功率很小的逆变器可以用电池外，绝大多数都要从市电电源整流后得到，整流器和逆变器构成变频器。整流器一般采用不可控的二极管整流电路。小功率变频器可以采用单相整流电路，也可以采用三相整流电路，中大功率变频器一般采用三相整流电路。交流电力机车所用的变频器容量很大，但因为输电线路只能提供单相电源，因此也用单相整流电路。使用单相电源和三相电源的 SPWM 型变频器主电路分别如图 3-42 和图 3-43 所示。

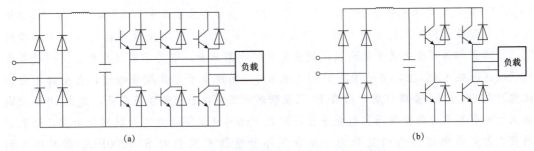

图 3-42　使用单相电源的交—直—交变频电路

(a) 三相输出；(b) 单相输出

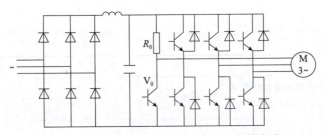

图 3-43　使用三相电源的交—直—交变频电路

当变频器的整流电路采用二极管整流时，因为输入电流和输入电压相比没有相位滞后，所以一般认为功率因数为 1。但这指的是基波功率因数，即位移因数。实际上，因为输入电流中含有大量的谐波成分，所以输入回路总的功率因数是小于 1 的。

当变频电路的负载是电动机时，电动机的制动过程使电动机变成发电机，其能量通过续流二极管流入直流中间电路，使直流电压升高而产生过电压（泵升电压）。如图 3-43 所示，为了限制泵升电压，在电路中的直流侧并联了电阻 R_0 和可控晶体管 V_0，当泵升电压超过一定数值时，使 V_0 导通，R_0 消耗多余的电能。

项目小结

本项目主要学习了伺服控制系统的结构和分类、执行元件、电力电子变流技术、PWM 型变频电路、交流调速相关技术和变频调速技术中正弦波脉宽调制（SPWM）逆变器技术等知识。

交流电动机的调速技术主要有晶闸管调压调速技术、转子串电阻调速技术、晶闸管串级调速技术和变频调速技术。正弦波脉宽调制（SPWM）逆变器是变频调速主要技术，不但使变频器的输出频率和电压大小可调，而且输出波形接近正弦波。

项目实施

自 2020 年以来，国家先后出台了"非公经济 36 条""民间投资 36 条""鼓励社会投资 39 条""激发民间有效投资活力 10 条"、《关于深化投融资体制改革的意见》等一系列政策措施，大力营造一视同仁的市场环境，激发民间投资活力。国家发改委会同各地方、各部门，认真贯彻落实中央关于促进民间投资发展的决策部署，取得了明显成效。民间投资增速持续保持在 8% 以上，前 7 个月达到了 8.8%，始终高于整体投资增速，占全部投资的比重达到 62.6%。集成应用，培育 10 家互联网与工业融合创新示范企业，建成 10 个面向重点行业有影响力的互联网化服务平台，培育一批具有新型能力的互联网化企业，让互联网化成为先进制造业新的竞争力。结合实际分析所有型号的 S7-1200PLC 都可以控制 V90PTI 的伺服驱动器。

项目评价

序号	达成评价要素	权重	个人自评	小组评价	教师评价
1	理解程度：对伺服控制系统的基本原理和工作原理的理解程度	20%			
2	应用能力：能否将所学的知识应用到实际的伺服控制系统的设计和创新中，解决实际问题	30%			
3	实践操作：在试验中的操作技能和试验结果的准确性	10%			
4	创新能力：能否提出创新的应用方案和解决方案，推动伺服控制系统的发展和应用	10%			

续表

序号	达成评价要素	权重	个人自评	小组评价	教师评价
5	团队合作：在团队合作中的表现和与他人协作的能力	10%			
6	学习态度：对学习伺服控制系统的态度和积极性	10%			
7	自主学习能力：能否主动学习和探索新的知识与技能	10%			
效果评估总结：对自己学习效果的评估和反思					

项目 4　变频器基础知识

项目引入

变频器

变频器是一种通过改变供电频率来改变同步转速、实现感应电动机调速的一种装置,变频器的应用可以节约能量。在传统能源日益减少的情况下,与节约能源相关的产品备受关注,由于电动机的节能是目前最具潜力的节能领域,因此变频器是最具有代表性的节能产品。

随着生产技术要求的提高,变频器技术也在不断进步、不断创新。这种生产要求与技术进步的互动,使变频器技术迅猛发展,成为自动化领域最热点之一。

本项目主要介绍变频器的工作原理、基本结构、主要类型、控制技术和常见的控制方式等基础知识。

学习目标

1. 了解变频器的基本概念。
2. 理解变频器的电路结构及工作原理。
3. 掌握变频器的不同类型及应用。
4. 理解变频控制技术的工作原理及特点。
5. 掌握变频器的不同控制方式及应用。
6. 探究协作,掌握变频器的选型、安装、调试等技能,提升实践能力和工程素养。

知识链接

4.1　变频器

变频器的概念

4.1.1　变频器的概念

通俗来讲,变频器就是一种静止式的交流电源供电装置,其功能是将工频交流电(三相或单相)变换成频率连续可调的三相交流电源。精确来讲,利用电力电子元件的通断作用将电压和频率固定不变的工频交流电源变换成电压和频率可变的交流电源,供给交流电动机实现软启动、变频调速、提高运转精度、改变功率因数、实现过流/过压/过载保护等功能的电能变换控制装置称为变频器(Variable Voltage Variable Frequency,VVVF),如图 4-1 所示。

图 4-1 变频器

变频器的控制对象是三相交流异步电动机和同步电动机,标准适配电动机级数是 2/4 级。变频电气传动的优势如下:

(1)平滑软启动,降低启动冲击电流,减少变压器占有量,确保电动机安全。
(2)在机械允许的情况下可通过提高变频器的输出频率提高工作速度。
(3)无级调速,调速精度大大提高。
(4)电动机正反向无须通过接触器切换。
(5)方便接入通信网络控制,实现生产自动化控制。

4.1.2 变频器的分类与特点

1. 按直流电源的性质分类

变频器中间直流环节用于缓冲无功功率的储能元件可以是电容或电感,据此变频器可分为电压型变频器和电流型变频器两大类。

电流型变频器的特点是中间直流环节采用大电感作为储能元件,无功功率将由该电感来缓冲。电流型变频器的一个较突出的优点:当电动机处于再生发电状态时,回馈到直流侧的再生电能可以方便地回馈交流电网,不需要在主电路内附加任何设备。电流型变频器常用于频繁急加减速的大容量电动机的传动。在大容量风机、泵类节能调速中也有应用。

电压型变频器的特点是中间直流环节的储能元件采用大电容,用来缓冲负载的无功功率。对负载而言,变频器是一个交流电压源,在不超过容量限度的情况下,可以驱动多台电动机并联运行,具有不选择负载的通用性。其缺点是电动机处于再生发电状态时,回馈到直流侧的无功能量难以回馈给交流电网。要实现这部分能量向电网的回馈，必须采用可逆变流器。

2. 按变换环节分类

(1) 交－交变频器。近年来，又出现了一种应用全控型开关器件的矩阵式交－交变压变频器，采用 PWM 控制方式，可直接输出变频电压。这种调速方法的主要优点如下：

1) 输出电压和输入电流的低次谐波含量都较小。
2) 输入功率因数可调。
3) 输出频率不受限制。
4) 能量可双向流动，可获得四象限运行。
5) 可省去中间直流环节的电容元件。

(2) 交－直－交变频器。交－直－交变频器是先把工频交流电通过整流器变成直流电，然后把直流电变换成频率电压可调的交流电，又称间接式变频器。将直流电逆变成交流电的环节较易控制，在频率的调节范围，以及改善变频后电动机的特性等方面，都具有明显的优势。因为存在中间低压环节，所以具有电流大、结构复杂、效率低、可靠性差等缺点。

3. 按输出电压调节方式分类

变频调速时，需要同时调节逆变器的输出电压和频率，以保证电动机主磁通的恒定。对输出电压的调节主要有 PAM 方式和 PWM 方式两种。

(1) PAM 方式。脉冲幅值调制（Pulse Amplitude Modulation，PAM）方式是通过改变直流电压的幅值进行调压的方式。在变频器中，逆变器只负责调节输出频率，而输出电压的调节则由相控整流器或直流斩波器通过调节直流电压实现。

在此种方式下，系统低速运行时谐波与噪声都比较大，所以当前几乎不采用，只有与高速电动机配套的高速变频器中才采用。采用 PAM 调压时，变频器的输出电压波形如图 4-2 所示。

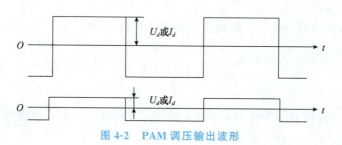

图 4-2 PAM 调压输出波形

(2) PWM 方式。脉冲宽度调制（Pulse Width Modulation，PWM）方式是最常见的主电路，如图 4-3(a) 所示，波形如图 4-3(b) 所示。利用参考电压波 U_R 与载波三角波 U_t 互相比较决定主开关器件的导通时间而实现调压，利用脉冲宽度的改变得到幅值不同的正弦基波电压。这种参考信号为正弦波，输出电压平均值近似正弦波的 PWM 方式称为正弦 PWM 调制，简称 SPWM（Sinusoidal Pulse Width Modulation）方式。在通用变频器中，SPWM 方式调压是一种最常采用的方案。

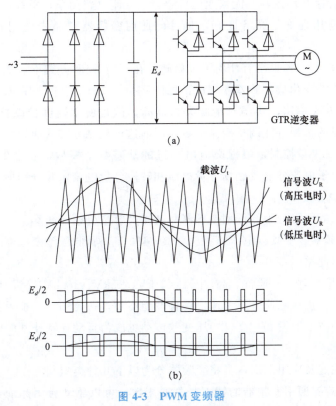

图 4-3 PWM 变频器

(a)主电路；(b)调压时的波形

(3)高载波变频率的 PWM 方式。此种方式与上述 PWM 方式的区别仅在于其调制频率有很大提高。主开关器件的工作频率较高，常采用 IGBT 或 MOSFET 为主开关器件，开关频率可达 10~20 kHz，可以大幅度降低电动机的噪声，达到所谓"静音"水平。图 4-4 所示为以 IGBT 为逆变器开关器件的变频器主电路。

当前此种高载波变频器已成为中小容量通用变频器的主流，性能价格比也能达到较满意的水平。

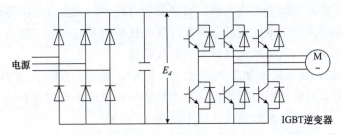

图 4-4 高载波频率 PWM 变频器主电路(IGBT 变频器)

4．按控制方式分类

(1)U/f 控制。U/f 控制方式即压频比控制，其基本特点是对变频器输出的电压和频率同时控制，通过保持 U/f 恒定使电动机获得所需要的转矩特性。

U/f 控制是转速开环控制，无须速度传感器，控制电路简单，负载可以是通用标准异步电动机，所以通用性好、经济性好，是目前通用变频器产品中使用较多的一种控制方式。

(2)转差频率控制。如果没有任何附加措施，在 U/f 控制方式下，负载变化，转速也会随之变化，转速的变化量与转差频率成正比。

与 U/f 控制方式相比，其调速精度大为提高，但是使用速度传感器求取转差频率，要针对具体电动机的机械特性调整控制参数，因而这种控制方式的通用性较差。

(3)矢量控制。矢量控制是根据交流电动机的动态数学模型，利用坐标变换的手段，将交流电动机的定子电流分解成磁场分量电流和转矩分量电流，并分别加以控制。

5. 按电压等级分类

变频器按电压等级可分为低压型变频器和高压大容量变频器两类。

(1)低压型变频器。变频器电压等级为 380~460 V，属低压型变频器。常见的中小容量通用变频器均属此类。

(2)高压大容量变频器。通常，高(中)压(3 kV、6 kV、10 kV 等级)电动机大多采用变极或电动机外配置机械减速方式调速，综合性能不高，在此领域节能及提高调速性能潜力巨大。随着变频技术的发展，高(中)压变频传动也成为自动控制技术的热点。

6. 按用途分类

根据变频器性能及应用范围，可将变频器分为以下几种类型：

(1)通用变频器。通用变频器的特点是其通用性，可以驱动通用标准异步电动机，应用于工业生产及民用各个领域。随着变频器技术的发展和市场需要的不断扩大，通用变频器也在朝着低成本的简易型通用变频器和高性能多功能的通用变频器两个方向发展。

简易型通用变频器是一种以节约为主要目的而消耗了一些系统功能的通用变频器。其主要应用于水泵、风扇、送风机等对系统的调速性能要求不高的场合，而且具有体积小、价格低等方面的优势。

(2)高性能专用变频器。与通用变频器相比，高性能专用变频器基本上采用了矢量控制方式，而驱动对象通常是厂家指定的专用电动机，并且主要应用于对电动机的控制能性要求比较高的系统。例如，在专门用来驱动机床主轴的高性能变频器中，为了便于数控装置配合完成各种工作，变频器的主电路、回馈制动电路和各种接口电路等被做成一体，从而满足了缩小体积和降低成本的要求。而在纤维机械驱动方面，为了便于大系统的维修保养，变频器则采用了可以简单地进行拆装的盒式结构。

(3)高频变频器。在超精密加工和高性能机械中，常常要用到高速电动机。如 PAM 控制方式的高速电动机驱动用变频器。这类变频器的输出频率可以达到 3 kHz，在驱动两极异步电动机时，电动机最高转速可达到 180 000 r/min。

(4)小型变频器。为适应现场总线控制技术的要求，变频器必须小型化，与异步电动机结合在一起，组成总线上一个执行单元。现在市场上已经出现了迷你型变频器，其功能比较齐全，而且通用性好。

例如，安川公司的 VS-mini-J7 型变频器，高度只有 128 mm，三垦公司的 ES、EF、ET 系列，也是这种小型变频器。

4.1.3 变频器的电路结构

变频器的电路结构主要包括主电路和控制电路两部分。

1. 主电路

变频器给负载提供调压调频电源的功率变换部分称为变频器的主电路。如图 4-5 所示为典型电压型变频器的主电路。

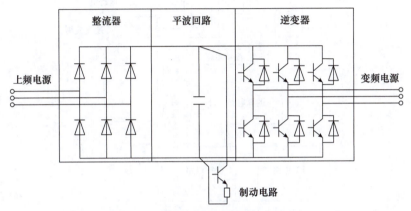

图 4-5 典型电压型变频器的主电路

主电路由整流器、平波回路、逆变器及制动电路四部分构成。

(1)整流器。变频器一般使用的是二极管整流器,如图 4-5 所示,也可以用两组晶体管整流器构成可逆变整流器,由于可逆变整流器功率方向可逆,因此可以进行再生运行。

(2)平波回路。为了抑制电压波动,采用电感和电容吸收脉动电压(电流)。对于容量较小的变频器,如果电源和主电路构成元件有余量,可以省去电感而采用简单的平波回路。

平波回路具有以下三种作用:
1)使脉动的直流电压变得稳定或平滑,供逆变器使用。
2)通过开关电源为各个控制电路供电。
3)可以配置滤波或制动装置以提高变频器的性能。

(3)逆变器。逆变电路的作用是在控制电路的作用下,将直流电路输出的直流电源转换成频率和电压都可以任意调节的交流电源。逆变电路的输出就是变频器的输出,所以,逆变电路是变频器的核心电路之一,起着非常重要的作用。

最常见的逆变电路的结构形式是利用 6 个功率开关器件(GTR、IGBT、GTO 等)组成的三相桥式逆变电路,有规律地控制逆变器中功率开关器件的导通与关断,可以得到任意频率的三相交流输出。

(4)制动回路。一般来说,由机械系统(含电动机)惯量积累的能量比电容器储存的能量大,为抑制直流电路电压上升,需采用制动回路消耗直流电路中的再生能量,制动回路也可采用可逆整流器把再生能量向工频电网反馈。

2. 控制电路

变频器的控制电路是给变频器主电路提供控制信号的回路，变频器控制电路如图 4-6 所示，它将信号传送给整流器、中间电路和逆变器，同时，也接收来自这些部分的信号。其主要组成部分是输出驱动电路、操作控制电路等。其能够提供操作变频器的各种控制信号和监视变频器的工作状态，并提供各种保护驱动信号。

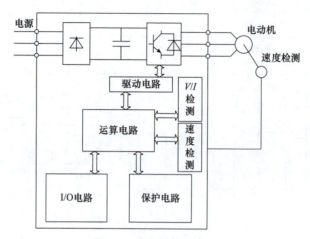

图 4-6　变频器控制电路

(1) 控制电路。

1) 运算电路。将变频器的电压、电流检测电路的信号及变频器外部负载的非电量(速度、转矩等经检测电路转换为电信号)信号与给定的电流、电压信号进行比较运算，决定逆变器的输出电压、频率。

2) 电压、电流(V/I)检测电路。采用电隔离检测技术来检测主回路的电压、电流，检测电路对检测到的电压、电流信号进行处理和转换，以满足变频器控制电路的需要。

3) 驱动电路。驱动电路由隔离放大电路、驱动放大电路和驱动电路电源组成。变频器驱动电路的功能是在控制电路的控制下，产生足够功率的驱动信号使主电路开关器件导通或关断。

4) I/O(输入/输出)电路。变频器的 I/O(输入/输出)电路的功能是使变频器更好地实现人机交互。变频器具有多种输入信号(如运行、多段速度运行等)，还有各种内部参数的输出(如电流、频率、保护动作驱动等)信号。

5) 速度检测电路。速度检测电路以安装在异步电动机轴上的速度检测器(TG、PLG 等)为核心，将检测到的电动机速度信号进行处理和转换，送入运算回路，可使电动机按指令给定的速度运转。

6) 主控板上的通信电路。当变频器由可编程逻辑控制器或上位计算机、人机界面等进行控制时，必须通过通信接口相互传递信号。

7) 外部控制电路。变频器外部控制电路主要是指频率设定电压输入，频率设定电流输入，正转、反转、点动及停止运行控制、多挡转速控制。

(2) 开关电源电路。开关电源电路向操作面板、主控板、驱动电路及风机等提供低压电源。

(3) 保护电路。变频器的保护电路是通过检测主电路的电压、电流等参数来判断变频器的运行状况,当发生过载或过电压等异常时,为了防止变频器的逆变电路的功率器件和负载损坏,使变频器中的逆变电路停止工作或抑制输出电压、电流值。

变频器中的保护电路可分为变频器保护和负载(异步电动机)保护两种,保护功能见表 4-1。

表 4-1 保护功能

保护对象	保护功能	保护对象	保护功能
变频器保护	瞬时过电流保护 过载保护 再生过电压保护 瞬时停电保护 接地过电流保护 冷却风机保护	异步电动机保护	过载保护 超频(超速)保护
		其他保护	防止失速过电流 防止失速再生过电压

1. G120 变频器的安装和拆卸

安装的步骤,如图 4-7 所示。

(1) 用导轨的上闩销把变频器固定到导轨的安装位置上。

(2) 向导轨上按压变频器,直到导轨的下闩销嵌入到位。

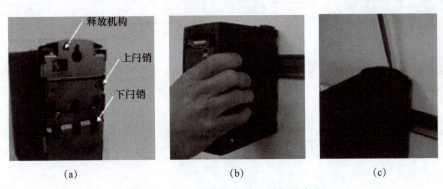

图 4-7 G120 变频器安装和拆卸的步骤

(a) 变频器背面的固定机构;(b) 在 DIN 导轨上安装变频器;(c) 从导轨上拆卸变频器

从导轨上拆卸变频器的步骤:

(1) 为了松开变频器的释放机构,将螺丝刀(螺丝旋具)插入释放机构中。

(2) 向下施加压力,导轨的下闩销就会松开。

(3) 将变频器从导轨上取下。

2. G120 变频器的接线

打开变频器的盖子后,就可以连接电源和电动机的接线端子。接线端子在变频器机壳下盖板内,机壳盖板的拆卸步骤如图 4-8 所示。

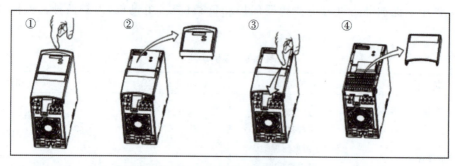

图 4-8　机壳盖板的拆卸步骤

变频器主电路电源由配电箱通过自动开关(断路器)QF 单独提供一路三相电源,连接到图 4-9 的电源接线端子,电动机接线端子引出线则连接到电动机。注意接地线 PE 必须连接到变频器接地端子,并连接到交流电动机的外壳。

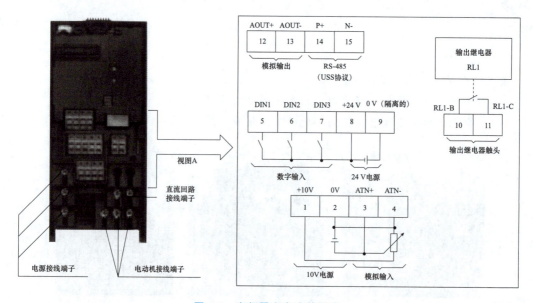

图 4-9　变频器主电路的接线

3. G120 变频器的部件

SINAMICS G120 是一款模块化变频器,主要包括功率模块、控制单元和操作面板三个基本部件。

功率模块用于为电动机供电。此设备可提供多种尺寸,功率为 0.37～250 kW。

控制单元模块和监测功率模块。控制单元具有多种设计,主要区别在于控制端子分配以及现场总线接口不同。

操作面板包括基本操作面板(BOP-2)和智能操作面板(IOP),用于操作和监测变频器。

使用 BOP-2 按键操作，BOP-2 可显示 5 位数字，即参数的序号和数值，报警和故障信息，以及设定值和实际值，因此调试简单。

4. 部件的安装与接线

G120 变频器的端子接线图如图 4-10 所示。

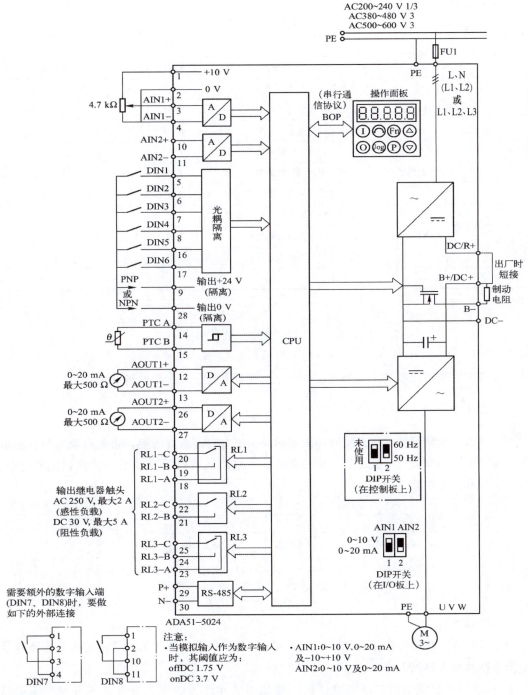

图 4-10　G120 变频器的端子接线

功率模块装入开关柜。

连接功率模块和电动机。

连接控制单元。

安装操作面板(BOP-2 或 IOP)。

考核评价表见表 4-2。

表 4-2 考核评价表

考核内容	考核方式	评价标准与得分				
		标准	分值	互评	教师评价	得分
知识与技能 (70 分)	教师评价＋互评	变频器安装与拆卸操作是否正确	30 分			
		变频器的接线是否规范	30 分			
		操作调试过程是否正确	10 分			
学习态度与团队 意识(15 分)	教师评价	自主学习和组织协调能力	5 分			
		分析和解决问题的能力	5 分			
		互助和团队协作意识	5 分			
安全生产与职业 操守(15 分)	教师评价＋互评	安全操作、文明生产职业意识	5 分			
		诚实守信、创新进取精神	5 分			
		遵章守纪、产品质量意识	5 分			
总分						

4.2 变频控制技术

变频器的变频控制技术可分为交－直－交变频和交－交变频两种技术。

4.2.1 交－直－交变频技术

交－直－交变频技术是先将频率固定的交流电"整流"成直流电，再将直流电"逆变"成频率可调的三相交流电。交－直－交变频器的主电路框图如图 4-11 所示，包括整流电路、中间电路和逆变电路三个部分。

图 4-11 交－直－交变频器的主电路框图

1. 整流电路

整流电路的功能是将交流电转换成直流电。整流电路按使用的器件不同可分为不可控整流电路和可控整流电路。

(1)不可控整流电路。不可控整流电路使用的元件为功率二极管，不可控整流电路按输入交流电源的相数不同可分为单相整流电路、三相整流电路和多相整流电路。如

图 4-12 所示为三相桥式整流电路。

三相桥式整流电路共有 6 只整流二极管,其中 VD_1、VD_3、VD_5 的阴极连接在一起,称为共阴极组;VD_2、VD_4、VD_6 的阳极连接在一起,称为共阳极组。把三相交流电压波形在一个周期内分成 6 等份,如图 4-13(a)所示。共阴极组 3 只二极管 VD_1、VD_3、VD_5 在 t_1、t_3、t_5 换流导通;共阳极组 3 只二极管 VD_2、VD_4、VD_6 在 t_2、t_4、t_6 换流导通。一个周期内,每只二极管导通 1/3 周期,即导通角为 120°。二极管导通顺序为(VD_5、VD_6)→(VD_1、VD_6)→(VD_1、VD_2)→(VD_3、VD_2)→(VD_3、VD_4)→(VD_5、VD_4)→(VD_5、VD_6),输出电压波形如图 4-13(b)所示。通过计算可得到负载电阻 R_L 上的平均电压为 $U_o = 2.34 U_2$(式中,U_2 为相电压的有效值)。

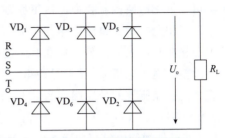

图 4-12 三相桥式整流电路

(2)可控整流电路。将图 4-13 所示三相桥式整流电路中的二极管换为晶闸管,成为三相桥式全控整流电路,如图 4-14 所示。

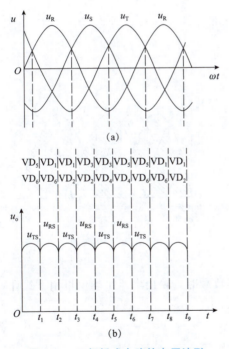

图 4-13 三相桥式电路的电压波形

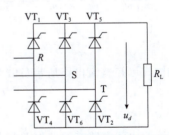

图 4-14 三相桥式可控整流电路

三相交流电源电压 u_R、u_S、u_T 正半波的自然换相点为 1、3、5,负半波的自然换相点为 2、4、6。当 $\alpha = 0°$ 时,让触发电路先后向各自所控制的 6 只晶闸管的门极(对应自然换相点)送出触发脉冲,即在三相电源电压正半波的 1、3、5 点向共阴极组晶闸管 VD_1、VD_3、VD_5 输出触发脉冲;在三相电源电压负半波的 2、4、6 点向共阳极组晶闸管 VD_2、VD_4、VD_6 输出触发脉冲,负载上所得到的整流输出电压 u。波形如图 4-15 所示,即由三

相电源线电压 u_{RS}、u_{RT}、u_{ST}、u_{SR}、u_{TR} 和 u_{TS} 的正半波所组成的包络线。

可控整流电路控制要遵循以下原则：

1）三相全控桥式整流电路任一时刻必须有两只晶闸管同时导通，才能形成负载电流，其中一只在共阳极组，另一只在共阴极组。

2）整流输出电压 u_d 波形是由电源线电压 u_{RS}、u_{RT}、u_{ST}、u_{SR}、u_{TR} 和 u_{TS} 的轮流输出所组成的。晶闸管的导通顺序为（VD_6 和 VD_1）→（VD_1 和 VD_2）→（VD_2 和 VD_3）→（VD_3 和 VD_4）→（VD_4 和 VD_5）→（VD_5 和 VD_6）。

3）6 只晶闸管中每只导通 120°，每间隔 60°有一只晶闸管换流。

4）触发方式既可采用单宽脉冲触发，也可采用双窄脉冲触发。

假设三相全控桥式整流电路带的负载是电阻负载，则 α＝60°时的电压波形如图 4-16 所示。

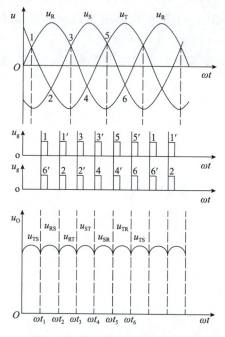

图 4-15　整流输出电压 U_o 波形

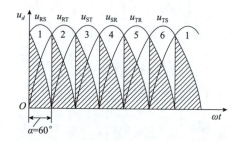

图 4-16　α＝60°时的电压波形

三相桥式可控整流电路所带负载为电感负载时，输出电压平均值可用下式计算：

$$U_d = 2.34 U_2 \cos\alpha$$

2．中间电路

变频器的中间电路有滤波电路和制动电路等。

（1）滤波电路。虽然利用整流电路可以从电网的交流电源得到直流电压或直流电流，但是这种电压或电流含有频率为电源频率 6 倍的纹波，逆变后的交流电压、电流也含有纹波。因此，必须对整流电路的输出进行滤波，以减少电压或电流的波动。这种电路称为滤波电路。根据滤波电路元件的不同，可分为电容滤波和电感滤波两类。

1）电容滤波。通常用大容量电容对整流电路输出电压进行滤波。由于电容量比较大，一般采用电解电容器。采用大电容滤波后再送给逆变器，这样可使加于负载上的电压值不受负载变动的影响，基本保持恒定。该变频电源类似于电压源，因此称为电压型变频器。

电压型变频器的电路框图如图4-17所示。电压型变频器的逆变电压波形为方波，而电流的波形经电动机负载的滤波后接近正弦波。

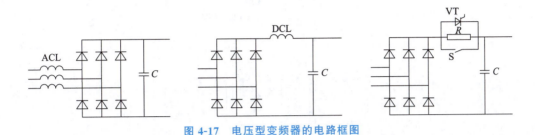

图4-17　电压型变频器的电路框图

电容滤波电路中二极管整流器在电源接通时，电容中将流过较大的充电电流(也称浪涌电流)，有可能烧坏二极管，必须采取相应措施。图4-18给出了几种抑制浪涌电流的方式。

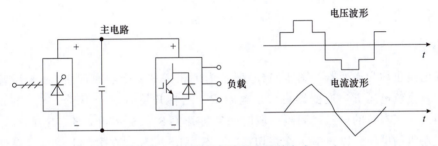

图4-18　几种抑制浪涌电流的方式

2)电感滤波。采用大容量电感对整流电路输出电流进行滤波，称为电感滤波。由于经过电感滤波后加于逆变器的电流值稳定不变，因此输出电流基本不受负载的影响，电源外特性类似电流源，因此称为电流型变频器。图4-19(a)所示为电流型变频器的电路框图，图4-19(b)所示为电流型变频器输出电压及电流波形。

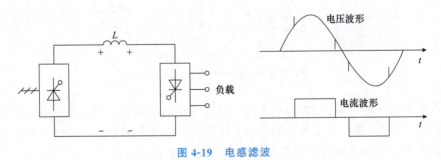

图4-19　电感滤波

(a)电流型变频器的电路框图；(b)电流型变频器输出电压及电流波形

(2)制动电路。利用设置在直流回路中的制动电阻吸收电动机的再生电能的方式称为动力制动或再生制动。图4-20所示为制动电路的原理图。制动电路介于整流器和逆变器之间，图中的制动单元包括晶体管 V_B、二极管 VD_B 和制动电阻 R_B。如果回馈能量较大或要求强制动，还可以选用接于 H、G 两点上的外接制动电阻 R_{ES}。

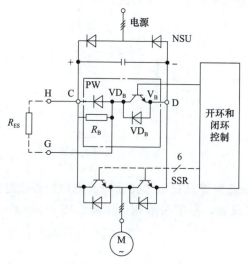

图 4-20 制动电路的原理

3. 逆变电路

逆变电路也称为逆变器，图 4-21(a)所示为单相桥式逆变器原理图，4 个桥臂由开关构成，输入直流电压 E，逆变器负载是电阻 R。当将开关 S_1、S_4 闭合，S_2、S_3 断开时，电阻上得到左正右负的电压；间隔一段时间后将开关 S_1、S_4 打开，S_2、S_3 闭合，电阻上得到右正左负的电压。以频率 f 交替切换 S_1、S_4 和 S_2、S_3，在电阻上就可以得到图 4-21(b)所示的电压。

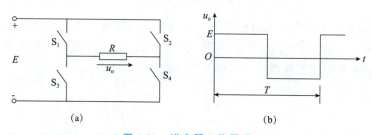

图 4-21 逆变器工作原理

(a)单相桥式逆变器原理图；(b)工作电压波形

(1)半桥逆变电路。图 4-22(a)所示为半桥逆变电路原理图，直流电压 U_d 加在两个串联的足够大的电容两端，并使两个电容的连接点为直流电源的中点，即每个电容上的电压为 $U_d/2$。由两个导电臂交替工作使负载得到交变电压和电流，每个导电臂由一个功率晶体管与一个反并联二极管组成。

(2)全桥逆变电路。电路原理如图 4-22(b)所示。直流电压 U_d 接有大电容 C，电路中有四个桥臂，桥臂 1、4 和桥臂 2、3，工作时，设 t_2 之前 V_1、V_4 导通，负载上的电压极性为左正右负，负载电流 i_o 由左向右。t_2 时刻给 V_1、V_4 关断信号，给 V_2、V_3 导通信号，则 V_1、V_4 关断，但感性负载中的电流 i_o 方向不能突变，于是 VD_2、VD_3 导通续流，负载两端电压的极性为右正左负。t_3 时刻，i_o 降至零时，VD_2、VD_3 截止，V_2、V_3 导通，i_o 开始反向。同样在 t_4 时刻给 V_2、V_3 关断信号，给 V_1、V_4 导通信号后，V_2、V_3 关断，i_o 方向不能突变，由 VD_1、VD_4 导通续流。t_5 时刻 i_o 降至零时，VD_1、VD_4 截止，V_1、V_4 导通，i_o 反向，如此反复循环，两对交替导通。

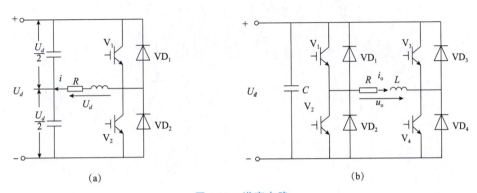

图 4-22 逆变电路

(a) 半桥逆变电路；(b) 全桥逆变电路

4.2.2 交—交变频技术

交—交变频电路是指不通过中间直流环节，而把电网固定频率的交流电直接变换成不同频率的交流电的变频电路。交—交变频器特别适合大容量的低速传动，在轧钢、水泥、牵引等方面应用广泛。

1. 电路组成及基本工作原理

图 4-23 所示为是单相输出交—交变频电路的原理框图，电路由 P（正）组和 N（负）组反并联的晶闸管变流电路构成，两组变流电路连接在同一个交流电源上，Z 为负载。交—交变频器输出的方波如图 4-24 所示。

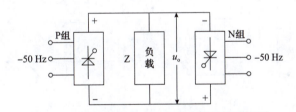

图 4-23 单相输出交—交变频电路的原理框图

图 4-24 交—交变频器输出的方波

为了使输出电压的波形接近正弦波,可以按正弦规律对控制角 α_P 进行调制,即可得到如图 4-25 所示的波形。其调制方法是在半个周期内让变流器的控制角 α_P 按正弦规律从 90°逐渐减小到 0°或某个值,然后逐渐增大到 90°。

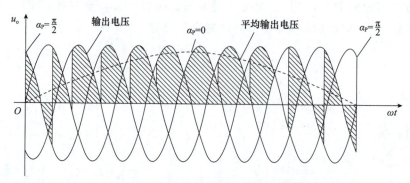

图 4-25 控制角 α_P 调制后的波形

2. 感阻性负载时的相控调制

如果把交－交变频电路理想化,忽略变流电路换相时输出电压的脉动分量,就可以把电路等效为图 4-26(a)所示的正弦波交流电源和二极管的串联电路。其中,交流电源表示变流电路可输出交流正弦电压,二极管只允许电流单方向流过。图 4-26(b)给出了一个周期内负载电压、电流波形及正负两组变流电路的电压、电流波形。

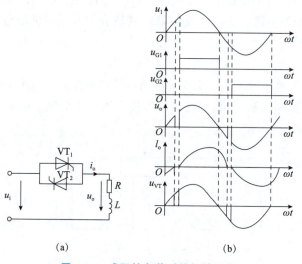

图 4-26 感阻性负载时的相控调制
(a)等效电路;(b)电压、电流波形

3. 矩形波交－交变频

交－交变频根据其输出电压的波形,可分为矩形波和正弦波两种。正弦波交－交变频的工作过程在讲述交－交变频原理中已举例讲过,下面主要介绍矩形波交－交变频的工作原理。

(1) 矩形波交—交变频电路及工作原理。在图 4-27 所示电路中，每一相由两个三相零式整流器组成，提供正向电流的是共阴极组①、③、⑤；提供反向电流的是共阳极组②、④、⑥。为了限制环流，采用了限环流电感 L。

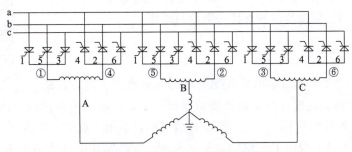

图 4-27　矩形波交—交变频电路

假设三相电源电压 u_a、u_b、u_c 完全对称。当给定一个恒定的触发控制角 α 时，如 $\alpha = 90°$，得组①的输出电压波形如图 4-28 所示。

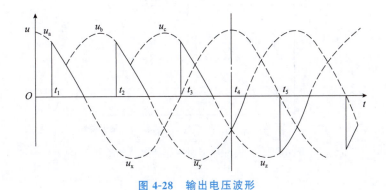

图 4-28　输出电压波形

(2) 换相与换组过程。图 4-29 所示为组①和组④的输出电压波形，组①输出电压片段 u_c，组④输出电压片段 u_y。

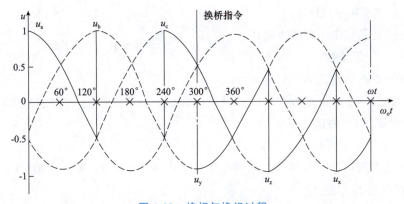

图 4-29　换相与换组过程

4.3 变频器的控制方式

根据不同的变频控制理论,变频器的控制方式主要有 U/f 控制、转差频率控制、矢量控制和直接转矩控制四种。

4.3.1 U/f 控制

U/f 控制是使变频器的输出在改变频率的同时也改变电压,通常是使 U/f 为常数,这样可使电动机磁通保持一定,在较宽的调速范围内,使电动机的转矩、效率、功率因数不下降。U/f 控制比较简单,多用于通用变频器、风机、泵类机械的节能运行及生产流水线的工作台传动等。另外,一些家用电器也采用 U/f 控制的变频器。图 4-30 所示为 U/f 控制输出频率和电压的关系。

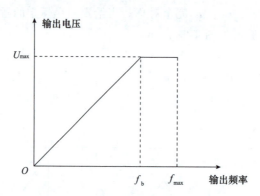

图 4-30 U/f 控制输出频率和电压的关系

1. U/f 控制原理

三相异步电动机定子每相电动势的有效值为

$$U_1 \approx E_1 = 4.44 f_1 W_1 K_{W1} \Phi_m$$

式中 E_1——定子每相由气隙磁通感应的电动势(V);

f_1——定子频率(Hz);

W_1——定子相绕组有效匝数;

K_{W1}——绕组系数;

Φ_m——每极磁通量(Wb)。

由上式可见,Φ_m 的值是由 E_1 和 f_1 共同决定的,对 E_1 和 f_1 进行适当的控制,就可以使气隙磁通 Φ_m 保持额定值不变。

2. 恒 U/f 控制方式的机械特性

(1) 调频比和调压比。调频时,通常是相对于其额定频率 f_N 来进行调节的,那么调频频率 f_x 就可以用下式表示:

$$f_x = k_f f_N \quad (k_f \text{ 可大于 1、等于 1 或小于 1})$$

式中 k_f——频率调节比(也称调频比)。

根据变频也要变压的原则,在变压时也存在着调压比,电压 U_x 可用下式表示:

$$U_x = k_u U_N$$

式中　k_u——调压比;
　　　U_N——电动机的额定电压。

(2)变频后电动机的机械特性。机械特性曲线的特征如下:

1)从 f_N 向下调频时,n_{0x} 下移,T_{Kx} 逐渐减小。

2)f_x 在 f_N 附近下调时:

$k_f = k_u \to 1$,T_{Kx} 减小很少,可近似认为 $T_{Kx} \approx T_{KN}$。f_x 调得很低时,$k_f = k_u \to 0$,T_{Kx} 减小很快。

3)f_x 不同时,临界转差 Δn_{Kx} 变化不是很大,所以稳定工作区的机械特性基本是平行的,且机械特性较硬。

变频后电动机的机械特性如图 4-31 所示。

3. U/f 控制的功能

(1)转矩提升。转矩提升是指通过提高 U/f 比来补偿 f_x 下调时引起的 T_{Kx} 下降。但并不是 U/f 比取大就好。补偿过分,电动机铁芯饱和厉害,励磁电流 I_0 的峰值增大,严重时可能会引起变频器因过电流而跳闸。

(2)U/f 控制功能的选择。为了方便用户选择 U/f 比,变频器通常以 U/f 控制曲线的方式提供给用户,供用户选择,如图 4-32 所示。

选择 U/f 控制曲线时常用的操作方法如下:

1)将拖动系统连接好,带最重的负载。

2)根据所带负载的性质,选择一个较小的 U/f 曲线,在低速时观察电动机的运行情况,如果此时电动机的带负载能力达不到要求,需将 U/f 曲线提高一挡。依此类推,直到电动机在低速时的带负载能力达到拖动系统的要求。

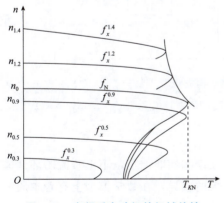

图 4-31　变频后电动机的机械特性

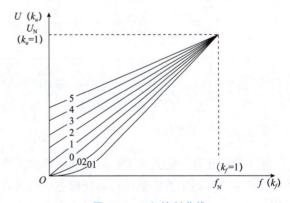

图 4-32　U/f 控制曲线

3)如果负载经常变化,在 2)中选择的 U/f 曲线,还需要在轻载和空载状态下进行检验,方法是:将拖动系统带以最轻的负载或空载,在低速下运行,观察定子电流 I_1 的大小,如果 I_1 过大,或者变频器跳闸,说明原来选择的 U/f 曲线过大,补偿过分,需要适当调低 U/f 曲线。

4.3.2 转差频率控制

转差频率控制变频器是利用闭环控制环节,根据电动机转速差和转矩成正比的原理,通过控制电动机的转差 Δn,来控制电动机的转矩,从而达到控制电动机转速精度的目的。

1. 转差频率控制原理

转差频率与转矩的关系为图 4-33 所示的特性,在电动机允许的过载转矩以下,大致可以认为产生的转矩与转差频率成比例。另外,电流随转差频率的增加而单调增加。所以,如果给出的转差频率不超过允许过载时的转差频率,那么可以具有限制电流的功能。

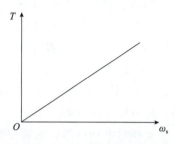

图 4-33 转差频率与转矩的关系

2. 转差频率控制系统的构成

图 4-34 所示为转差频率控制系统构成图。速度调节器通常采用 PI 控制。它的输入为速度设定信号 ω_2^* 和检测的电动机实际速度 ω_2 之间的误差信号。速度调节器的输出为转差频率设定信号 ω_s^*,变频器的设定频率即电动机的定子电源频率 ω_1^* 为转差频率设定值 ω_s^* 与实际转子转速 ω_2 的和。当电动机带负载运行时,定子频率设定将会自动补偿由负载所产生的转差,保持电动机的速度为设定速度。速度调节器的限幅值决定了系统的最大转差频率。

采用转差频率控制可使调速精度大大提高,但该方式必须使用速度传感器求取转差频率,同时要针对具体电动机的机械特性来调整控制参数,因而这种控制方式的通用性较差。通常,采用转差频率控制的调速装置都是单机运转,即一台变频器控制一台电动机。

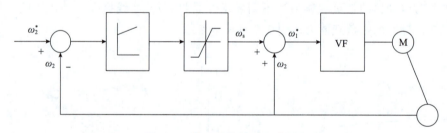

图 4-34 转差频率控制系统构成

4.3.3 矢量控制

采用转速闭环、转差频率控制的变频调速系统,在动态性能上仍赶不上直流闭环调速系统,这主要是因为直流电动机与交流电动机有着很大的差异,在数学模型上有着本质的区别。

1. 矢量控制原理

从外部看,输入为 A、B、C 三相电压,输出是转速 ω 的异步电动机;从内部看,经过 3/2 变换和同步旋转变换,变成一台由 i_m 和 i_t 输入,由 ω 输出的直流电动机。异步电动机经过坐标变换可以等效成直流电动机,那么模仿直流电动机的控制策略,得到直流电动机的控制量，经过相应的坐标反变换，就能够控制异步电动机。由于进行坐标变换的是空间矢量，因此通过坐标变换实现的控制系统就称为矢量控制系统，简称 VC 系统。矢量控制原理框图如图 4-35 所示。

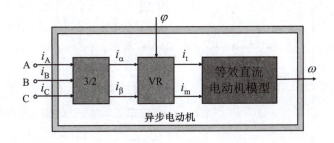

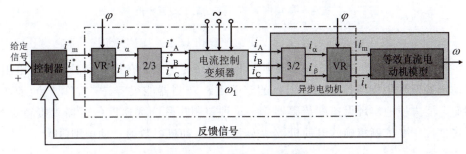

图 4-35　矢量控制原理框图

2. 矢量控制的要求

选择矢量控制模式，对变频器和电动机有以下要求：

（1）一台变频器只能带一台电动机。

（2）电动机的极数要按说明书的要求，一般以四极电动机为最佳。

（3）电动机容量与变频器的容量相当，最多差一个等级。

（4）变频器与电动机间的连接线不能过长，一般应在 30 m 以内。如果超过 30 m，需要在连接好电缆后，进行离线自动调整，以重新测定电动机的相关参数。

矢量控制具有动态的高速响应、低频转矩增大、控制灵活等优点，主要用于要求高速响应、恶劣的工作环境、高精度的电力拖动、要求四象限运转等场合。

4.3.4　直接转矩控制

继矢量控制系统之后发展起来的另一种高动态性能的交流变频调速系统，转矩直接作为控制量来控制。

直接转矩控制是直接在定子坐标系下分析交流电动机的模型，控制电动机的磁链和转矩。它不需要将交流电动机化成等效直流电动机，因而省去了矢量旋转变换中的许多复杂计算，且不需要模仿直流电动机的控制，也不需要为解耦而简化交流电动机的数学模型。

1. 直接转矩控制系统的原理

如图 4-36 所示为按定子磁场控制的直接转矩控制系统原理框图。与矢量控制系统一样,该系统也是分别控制异步电动机的转速和磁链,而且采用在转速环内设置转矩内环的方法,以抑制磁链变化对转子系统的影响,因此,转速与磁链子系统也是近似独立的。

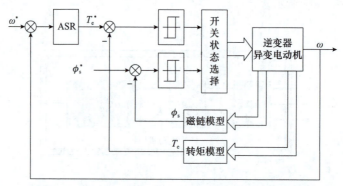

图 4-36 按定子磁场控制的直接转矩控制系统原理框图

2. 直接转矩控制的特点

转矩控制是控制定子磁链,在本质上并不需要转速信息。在控制上对除定子电阻外的所有电动机参数变化鲁棒性好,所引入的定子磁链观测器能很容易地估算出同步速度信息,因而,能方便地实现无速度传感器化。这种控制也称为无速度传感器直接转矩控制。然而,这种控制要依赖精确的电动机数学模型和对电动机参数的自动识别(ID)。

变频器是交流伺服技术的一个重要的应用,它可以将电压和频率固定不变的工频交流电源变换成电压和频率可变的交流电源,提供给交流电动机实现软启动、变频调速、提高运转精度、改变功率因数、实现过流/过压/过载保护等功能。变频器在工业生产自动化控制中有着重要的作用。

本项目主要介绍了变频器的基本概念、电路结构及分类,并着重分析了变频控制技术和变频控制方式。

20 世纪 80 年代,日本的富士、三菱和安川等公司的变频器率先进入我国的变频器市场,之后欧美的 ABB、西门子、施耐德和罗克韦尔等公司的变频器大量涌入我国,形成了欧美与日本品牌共同主导我国变频器市场的竞争格局。多年来,以振兴民族工业为使命,国产品牌英威腾、普传、汇川和蓝海华腾等不断探索变频器国产化的变革之路,通过技术攻关和政策支持,率先在中、低压变频器上取得突破,市场份额不断提升。2019 年,国产品牌超越日本品牌,市场份额占比达到 33%,日本品牌的市场份额占比下降到 12%,西门子、施耐德和 ABB 等凭借资本和历史与经验的优势,市场份额仍占 55%。国产品牌

短时间内尚难与之抗衡，国产变频器从打破垄断到真正逆袭还有很长的一段路要走。因此，青年学生要树立科技报国、科技强国的远大理想，努力学习，勇敢肩负起时代赋予的重任。

项目评价

序号	达成评价要素	权重	个人自评	小组评价	教师评价
1	理解程度：对变频器的基本原理和工作原理的理解程度	20%			
2	应用能力：能否将所学的知识应用到实际的变频器系统中，解决实际问题	30%			
3	实践操作：在试验中的操作技能和试验结果的准确性	10%			
4	创新能力：能否提出创新的应用方案和解决方案，推动变频器的发展和应用	10%			
5	团队合作：在团队合作中的表现和与他人协作的能力	10%			
6	学习态度：对变频器学习的态度和积极性	10%			
7	自主学习能力：能否主动学习和探索新的知识与技能	10%			
效果评估总结：对自己学习效果的评估和反思					

项目 5　西门子 G120 变频器基本操作

变频器应用发展现状

单从变频器本身来看，国产和世界知名品牌如西门子、ABB 的差距在逐步逼近，但变频器在整个自动化系统中还属于底层执行部件，如何让变频器在工业中发挥更好的作用是变频器未来发展的方向。20 年前西门子和 ABB 推动了变频器现场总线的标准和应用，且西门子的 PROFIBUS-DP 和 AB 的 DeviceNet 先后成为国际标准。10 年前西门子和 ABB 又在变频器上开始推广工业以太网，而如今又都转向数字化。国产变频器虽然进步很大，但仍然是追随者，若要跑得更快甚至成为行业的引领者，不但要脚踏实地付出更多的努力和坚持，还要高瞻远瞩看清未来的发展方向！

1. 掌握 G120 变频器的安装与接线技能。
2. 掌握交流机电伺服系统的基本组成和工作原理。
3. 了解交流伺服系统的特点及发展趋势。
4. 掌握交流机电伺服系统的主要部件（电动机、编码器、驱动器）的特点和工作原理。
5. 协作探究，在变频器操作实践中培养分析问题、解决问题的能力。

5.1　G120 变频器安装与接线

购买变频器组件之后，需要进行安装与接线，然后才可以调试和投入使用。本节重点介绍 G120 标准型变频器的安装与接线。

5.1.1　机械安装

对于标准型变频器，在安装之前需要检查所需的变频器组件是否齐全、安装所需的工具和组件及零部件是否齐全，然后按照以下步骤进行安装。

(1)依据安装说明安装功率模块的附件(电抗器、滤波器或制动电阻)。
(2)安装功率模块。
(3)安装控制单元和操作面板。

标准型变频器安装完毕示意如图 5-1 所示。

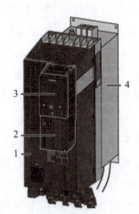

图 5-1　标准型变频器安装完毕示意

1—功率模块；2—控制单元；3—操作面板；4—功率模块附件

1. 安装功率模块的附件

安装功率模块的附件时，可以依照功率模块的外形尺寸进行底部安装和侧面安装。FSA、FSB 和 FSC 型功率模块 PM240 与 PM250，电抗器、滤波器和制动电阻为底座型部件，允许的底座型部件的组合方式如图 5-2 所示。

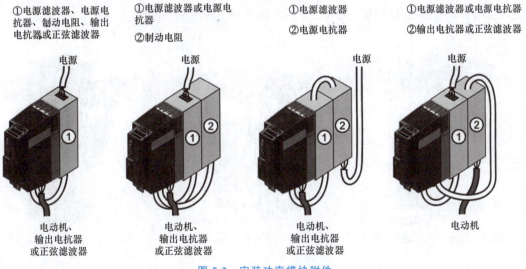

图 5-2　安装功率模块附件

底座型部件也可以与其他组件一样，安装在功率模块的侧面。

2. 安装功率模块

以安装防护等级 IP20 的功率模块为例，安装步骤如下：

(1) 将功率模块安装在控制柜中。

(2) 保持与控制柜中其他组件之间的最小间距。

(3) 垂直安装功率模块。安装方向如图 5-3 所示,电源和电动机端子朝下,不允许安装在其他位置上。

(4) 将功率模块放置在控制柜中,以便根据端子配置连接电动机电缆和电源电缆。

(5) 使用紧固件,按照要求的紧固转矩(3 N·m)功率模块进行固定和安装。

如果安装穿墙式功率模块,则在将穿墙式设备装控制柜内时,需要使用一块安装框架。西门子安装框架配有必要的密封件和外框,保证安装达到防护等级 IP54。

为满足电磁兼容要求,必须将变频器安装在没有喷漆的金属表面上。

3. 安装控制单元

控制单元的安装比较简单。功率模块正面有 4 个狭窄矩形卡槽,安装时,先将控制单元背面凸起部分斜向下卡在功率模块正面下方的两个卡槽上,然后将控制单元平推并卡入功率模块正面的所有卡槽,直到听到"咔嚓"一声。

如果需要拆卸控制单元,则需要按下功率模块上方的蓝色释放按钮,然后向外再向斜上方取下控制单元,如图 5-4 所示。

4. 安装操作面板

使用 BOP-2 基本操作面板或 IOP 智能操作面板对变频器进行调试,可以将操作面板直接连接于变频器的控制单元,也可以通过柜门安装件安装于柜门上,或者使用手持式操作面板。

操作面板的直接安装比较简单。将操作面板 BOP-2 或 IOP 的外壳的底边插入控制单元壳体正面中间的较低凹槽位,然后将操作面板推入控制单元,直至操作面板顶部的蓝色释放按钮卡入控制单元壳体。例如,安装操作面板 IOP 的操作如图 5-5 所示。

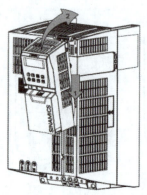

图 5-3 垂直安装功率模块

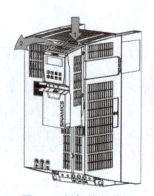

图 5-4 拆卸控制单元

图 5-5 安装操作面板

若要将操作面板从控制单元上移除,只需要按下操作面板上的释放按钮并将操作面板沿斜上方从控制单元取出即可。

通过柜门安装套件连接操作面板如图 5-6 所示。如果使用手持式 IOP 操作面板,可以使用 RS-232(最长为 5 m)将 IOP 操作面板连接于变频器的控制单元,连接示意如图 5-7 所示。

项目 5　西门子 G120 变频器基本操作

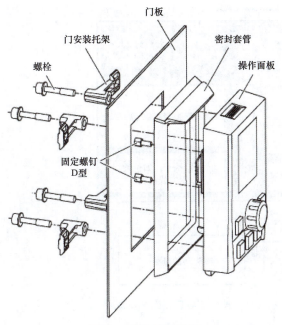

图 5-6　连接操作面板

图 5-7　IOP 操作面板连接于变频器的控制单元

5.1.2　电气连接

对 G120 变频器进行电气连接时，必须保证可靠接地。如果 G120 变频器没有正确接地，可能会出现非常危险的情况。另外，必须保证 G120 变频器接入正确的电源，绝不允许接入超过允许范围上限的电源电压。对电源和电动机使用电缆连接或改动接线时，必须将电源断开。

为确保对变频器的保护，可以通过一个变压器将变频器与电源隔开；也可以使用跳闸电流为 300 mA 的 B 型漏电保护器 RCD 或漏电监视器 RCM（如西门子公司的 SIQUENCE 保护开关），每个 RCD/RCM 只连接一个变频器，电动机电缆必须经过屏蔽且不超过 5 m。

1. 电磁兼容安装

变频器设计用于高电平磁场的工业环境中。因此，在工业上，只有采用电磁兼容安装才能确保运行的可靠与稳定。图 5-8 所示为控制柜与变频器或设备进行电磁兼容区域划分示意。

在图 5-8 中，控制柜内的 A 区为电源端子区；B 区为电子元件区，该区中的设备生成磁场；C 区为控制系统和传感器区，该区中的设备自身不会生成磁场，但其功能受磁场的影响；位于控制柜外的 D 区为电动机和制动电阻等设备区，该区中的设备生成磁场。

将设备安装在控制柜中，不仅要将设备分配在不同区域内，还要保证安全间距 ≥25 cm，并使用独立金属外壳或大面积隔板等其中一种措施对区域进行电磁去耦。另外，应将不同区域的电缆敷设在分开的电缆束或电缆通道中，在区域接口处使用滤波器或隔离放大器，以便实现电磁兼容安装。

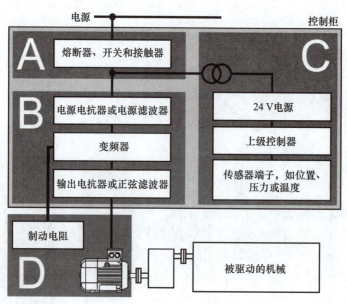

图 5-8 控制柜与变频器或设备进行电磁兼容区域划分示意

详细电磁兼容安装准则请查阅相关手册。

2. 功率模块的接口

所有 G120 变频器的功率模块均配备了 PM-F 接口、过螺钉端子或螺栓连接的电动机接口、2 个 PE/保护接地线接口及屏蔽连接板；有的功率模块还提供了电动机制动器接口和制动电阻器接口。其中，PM-F 接口用于将功率模块连接至控制单元，功率单元通过集成进的电源组件向控制单元供电。例如，集成或未集成进线滤波器的功率模块 PM230、PM240 和 PM250 的接口如图 5-9 所示。

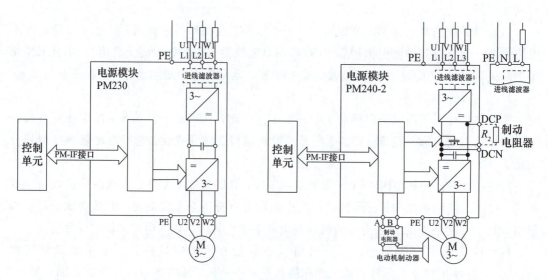

图 5-9 功率模块的接口

项目 5　西门子 G120 变频器基本操作

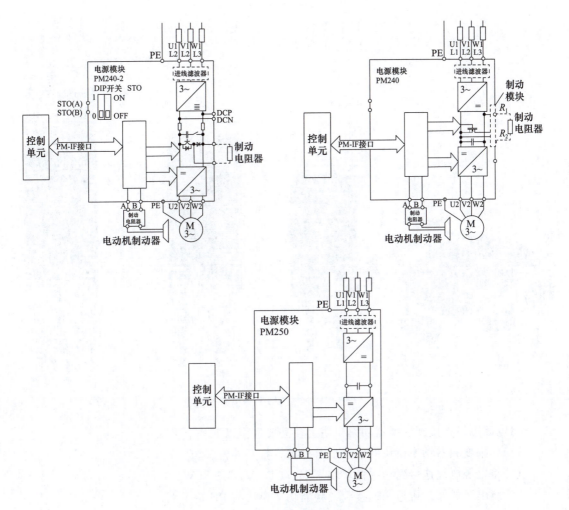

图 5-9　功率模块的接口(续)

FSA/FSB/FSC 型功率模块上有易拆式和可交换端子连接器。FSA/FSB/FSC 型功率模块 PM240-2 的接线端子连接器如图 5-10 所示。图 5-10 中的①为解扣杆，用于取下端子连接器。当按压解扣杆时，可拔出端子连接器。

对于 FSD/FSE/FSF/FSG 型功率模块，为将电源、电动机和制动电阻连接到变频器上，必须拆下接口盖板。另外，对于 FSD 和 FSE 型设备，还需要松开电动机和制动电阻接口上的两个端子螺钉并拔出绝缘插头。对于 FSF 和 FSG 型设备，需要使用定距侧刃或细齿锯从接口盖板中打通功率接口的开孔。FSD/FSE/FSF/FSG 型功率模块上与电源、电动机和制动电阻的接线端子连接器如图 5-10 所示。为了在连接变频器后重新确保变频器接触安全，必须再次装上接口盖板。

3. 变频器功率模块与电源的连接

变频器设计用于以下符合 IEC 60364-1(2005)的供电系统，电网系统的安装海拔高度被限制在 2 000 m 以下。

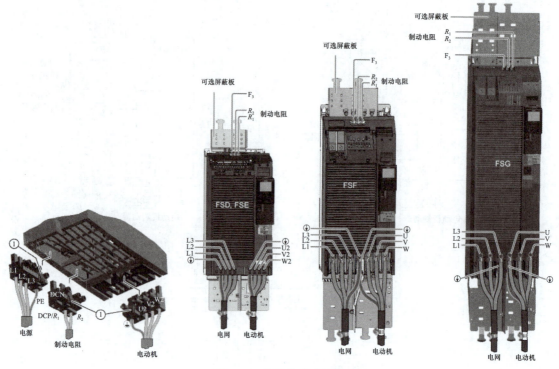

图 5-10　接线端子连接器

将电源电缆连接到变频器功率模块上，需要遵循以下 4 个步骤：
(1)如果变频器功率模块的端子上有外盖，打开外盖。
(2)将电源电缆连接到功率模块端子 U1/L1，V1/L2 和 W1/L3 上。
(3)将电源的保护接地线连接到变频器功率模块的 PE 端子上。
(4)如果变频器功率模块的端子上有外盖，合上外盖。

根据现行的国家标准《低压配电设计规范》(GB 50054—2011)，低压配电系统有三种接地形式，即 TN 系统、TT 系统和 IT 系统。其中，第一个字母表示电源端与地的关系，"T"表示电源变压器中性点直接接地，"I"表示电源变压器中性点不接地，或通过高阻抗接地。第二个字母表示电气装置的外露可导电部分与地的关系，"T"表示电气装置的可导电部分直接接地，此连接点在电气上独立于电源端的接地点；"N"表示电气装置的可导电部分与电源端接地点有直接电气连接。

(1)TN 系统。TN 系统通过接地线传送到安装的设备。TN 系统可以分开或组合传送，中性线 N 和保护线中的星点通常接地，也有带接地外导体的 TN 系统。

其中，内置或带电设备的变频器允许在带有接地星点的 TN 系统上运行，不允许在其他系统上运行；不带电源滤波器的变频器允许在所有 TN 系统上运行。图 5-11 所示为变频器连接分开传送 N 和 PE 带有接地星点的 TN 系统示例。

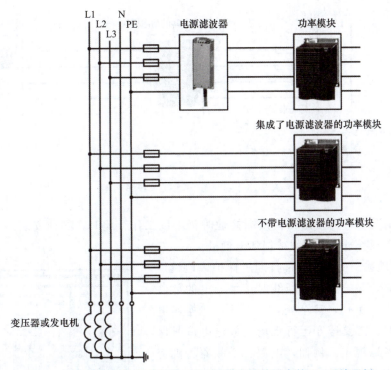

图 5-11　变频器连接分开传送 N 和 PE 带有接地星点的 TN 系统示例

(2)TT 系统。在 TT 系统中，变压器的接地与安装都是独立进行的，包括传送或不传送中性线 N 的两种情况。

其中，内置或带有外部电源滤波器的变频器，允许在带有接地星点的 TT 系统上运行，不允许在不带接地星点的 TT 系统上运行；不带电源滤波器的变频器，允许在 TT 系统上运行。图 5-12 所示为变频器连接传送中性线 N 的 TT 系统示例。

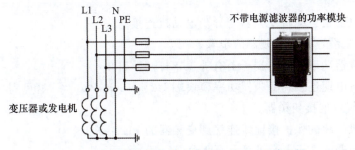

图 5-12　变频器连接传送中性线 N 的 TT 系统示例

(3)IT 系统。IT 系统中的所有导线都与保护接地线进行了隔离或通过一个阻抗与保护接地线相连，包括传送或不传送中性线 N 的两种情况。

其中，内置或带有外部电源滤波器的变频器不允许在 IT 系统上运行；不带电源滤波器的变频器允许在 IT 系统上运行。图 5-13 所示为变频器连接 IT 系统示例。

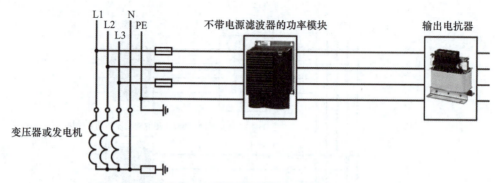

图 5-13　变频器连接 IT 系统示例

在某些情况下，变频器在输出端接地时仍可以工作。此时，必须安装一个输出电抗器，以避免变频器过电流跳闸或损坏电动机。

（4）保护地线。由于驱动部件通过保护接地线传导高放电电流，保护接地线断线时接触导电的部件可能会导致人员重伤，甚至死亡。因此，在连接电源与变频器时，需要遵守运行现场高放电电流时保护接地线的当地规定。例如，电源、变频器、机柜与电动机的保护地线（①～④为黄绿色线）连接如图 5-14 所示。保护接地线①～④的小横截面取决于电源或电动机连接线的横截面的大小。

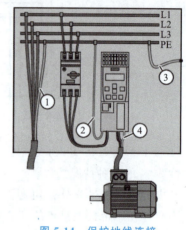

图 5-14　保护地线连接

对于安装海拔高度为 2 000～4 000 m 的情况，只连接在带有接地星点的 TN 系统上，不允许连接在带有接地外置件的地方，可以通过一个隔离变压器为 TN 系统提供接地星点，不可以降低相间电压。

4. 变频器功率模块与异步电动机的连接

需要使用电动机电缆将变频器与异步电动机连接起来。

（1）电动机电缆连接到变频器的步骤。

1）如果变频器功率模块的端子上有外盖，打开外盖。

2）将电动机电缆连接到变频器功率模块端 U2、V2 和 W2 上，这里需要按照电磁兼容（EMC）的布线规定连接变频器。

3）将电动机电缆的保护接地线连接到变频器的 PE 端子上。

4）如果变频器的端子上有外盖，合上外盖。

（2）电动机电缆连接到异步电动机的步骤。

1）打开电动机的接线盒。

2）采用星形接法的电动机接线盒接线和电动机三相绕组对应关系如图 5-15 所示，采用三角形接法的电动机接线盒接线和电动机三相绕组对应关系如图 5-16 所示。

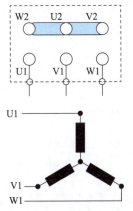
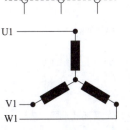

图 5-15　异步电动机的星形接线　　图 5-16　异步电动机的三角形接线

如果需要屏蔽电动机电缆，必须先剥除接线盒进线孔周围电动机电缆的护套，使屏蔽层裸露，然后通过电动机接线盒上合适的电缆密封头使屏蔽层接地。

将电动机电缆连接至异步电动机的接线盒的 U1、V1 和 W1 端子上。

注意：一旦变频器通电，变频器的电动机接口上就有可能带有危险电压。如果电动机已连接到变频器而电动机接线盒打开，则接触电动机接线盒可能引发电击危险。故在接通变频器前关上电动机的接线盒。

5. 连接电动机抱闸

制动继电器（Brake Relay）是功率模块和电动机抱闸线圈之间的接口，如图 5-17 所示。制动继电器可以安装在安装板、控制柜柜壁及变频器的屏蔽连接板上。功率模块与制动继电器的连接如图 5-18 所示。

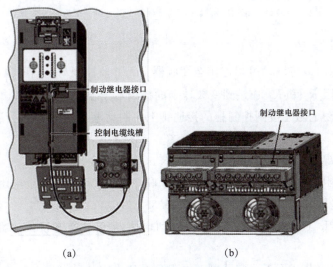

图 5-17　IT 电动机抱闸线圈接口
(a)FSA－FSC 尺寸规格的 PM；(b)FSD－FSF 尺寸规格的 PM

变频与伺服控制技术

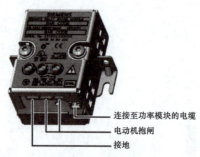

图 5-18　制动继电器

电动机抱闸线圈和变频器之间的连接主要包括以下步骤：

(1)通过产品自带的预制电缆将制动继电器和功率模块连接在一起。其中，FSA/FSB/FSC 尺寸的功率模块与制动继电器的连接接口位于正面，FSD/FSE/FSF 的功率模块上连接制动继电器的接口位于底部。

(2)将电动机抱闸连接到制动继电器的接线端子上，如图 5-19 所示。

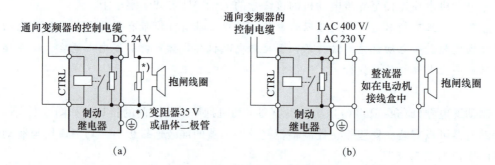

图 5-19　电机抱闸与制动继电器的连接

(a)24 V 抱闸的接线方式；(b)440 V 抱闸的接线方式

6. 连接制动电阻

按照以下步骤可以将制动电阻连接至变频器上，并监控制动电阻的温度。

(1)将制动电阻 R_1 和 R_2 连接到变频器上的接线端子上。

(2)直接将制动电阻连接到控制柜的接地排上，制动电阻不允许通过变频器上的 PE 端子接地。

(3)遵循屏蔽规定，确保符合电磁兼容要求。

(4)将制动电阻的端子(制动电阻的端子 T_1 和 T_2)连接至变频器上空闲的 FSC 端子上。例如，对于数字量输入 DI3，设置 p2106=722.3。

例如，通过 DI3 连接温度监控端子，制动电阻与变频器连接的电路接线如图 5-20 所示。

注意：不适当安装或不正确安装制动电阻可导致火灾，引发生命危险；使用不配套的制动电阻可能引发明火和烟雾，从而导致人员伤亡或财产损失。因此，只允许使用和变频器配套的制动电阻，并且按规定安装制动电阻，同时监控制动电阻的温度。

另外，由于制动电阻的温度在工作期间会急剧上升，接触高温表面可导致烫伤，因此在运行期间不要接触制动电阻。

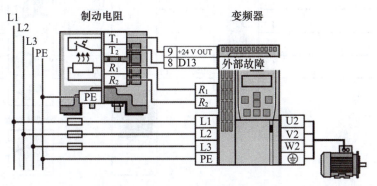

图 5-20　制动电阻与变频器连接示意

7. 电源、电动机和变频器功率模块连接示例

图 5-21 所示为各种变频器功率模块与电源和电动机的连接示例。

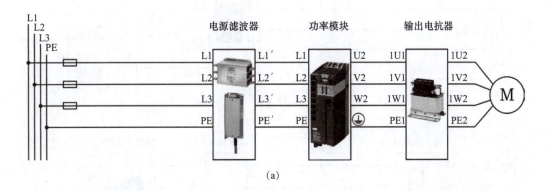

(a)

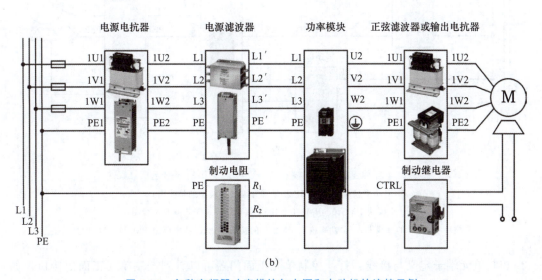

(b)

图 5-21　各种变频器功率模块与电源和电动机的连接示例

变频与伺服控制技术

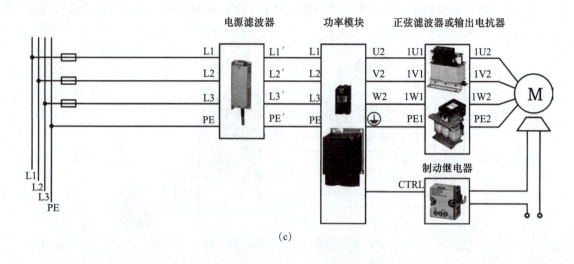

(c)

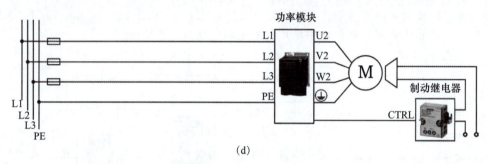

(d)

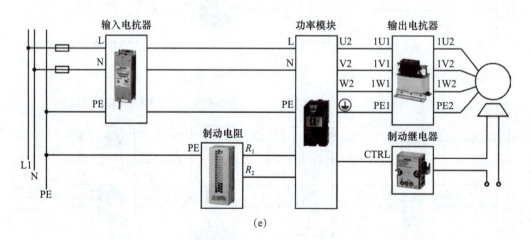

(e)

图 5-21 各种变频器功率模块与电源和电动机的连接示例(续)
(a)功率模块 PM230 IP20 型和穿墙式安装型的接线图；
(b)功率模块 PM240、PM240-2 IP20 型和穿墙式安装型的接线图；
(c)功率模块 PM250 的接线图；(d)功率模块 PM260 的接线图；(e)功率模块 PM340 1AC 的接线图

控制单元端子定义与接线：打开控制单元正面门盖可以看到控制单元正面的接口，如图 5-22 所示。

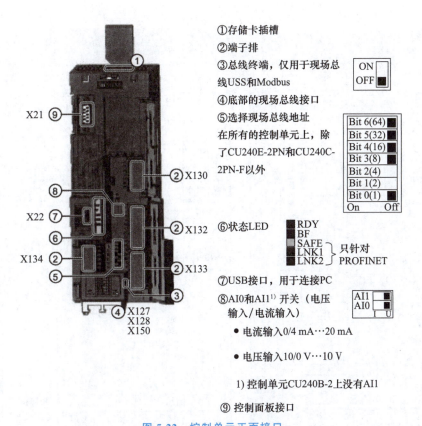

图 5-22 控制单元正面接口

(1)底部的现场总线接口。以控制单元 CU240B-2 和 CU240E-2 为例,底部现场总线接口如图 5-23 所示。

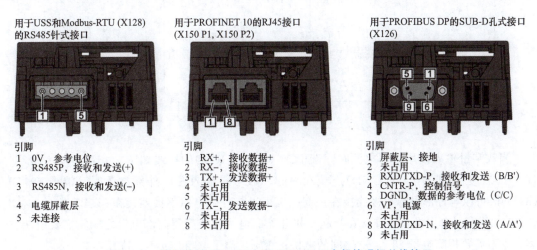

图 5-23 控制单元 CU240B-2 和 CU240E-2 底部的现场总线接口

(2)CU240B-2 系列控制单元端子排接线。控制单元 CU240B-2 系列控制单元上的端子排及接线如图 5-24 所示。

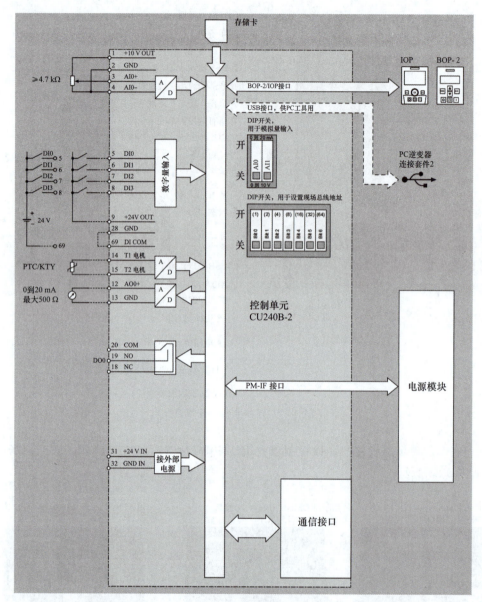

图 5-24 控制单元 CU240B-2 系列控制单元上的端子排及接线

当数字量输入使用内部电源时,端子 9(+24 V OUT)的接线如图 5-25 所示,端子 69(DI COM)必须和端子 28(GND)连接在一起。数字量输入使用外部电源时,端子 69(DI COM)既可以与外部电源负极连接在一起,也可以与外部电源正极连接在一起。端子 69(DI COM)如果与外部电源负极连接在一起,并且外部电源和变频器内部电源之间不需要电流隔离,则不需要拆除端子 28 和 69 之间的电桥;否则,端子 28 和 69 不允许互连在一起。

(3)CU240E-2 系列控制单元端子排接线。数字量输出可以与数字量输入共用一个电源。

端子 31 和端子 32 如果连接外部 DC24 V 电源,则使功率模块从电网断开,控制单元仍保持运行状态，使控制单元能保持现场总线通信。端31和端子32如果连接外部电源，则需要使用带保护性超低电压（Protective Extra Low Voltage，PELV）的24 V直流电源（针对在美国和加拿大的应用：使用NEC2类24 V直流电源），需要将电源的0 V端子和保护接地线连接在一起。如要使用外部电源对端子31、32及数字量输入供电，则端子69（DI COM）必须和端子32（GND IN）连接在一起。

模拟量输入端子3和端子4可以使用内部10 V电源，此必须将端子4（AI0－）与端子2（GND）连接在一起。当然，模拟量输入端子3和端子4也可以使用外部电源。

（4）CU240E-2系列控制单元端子排接线。控制单元CU240E-2系列控制单元上的端子排及接线如图5-25所示。

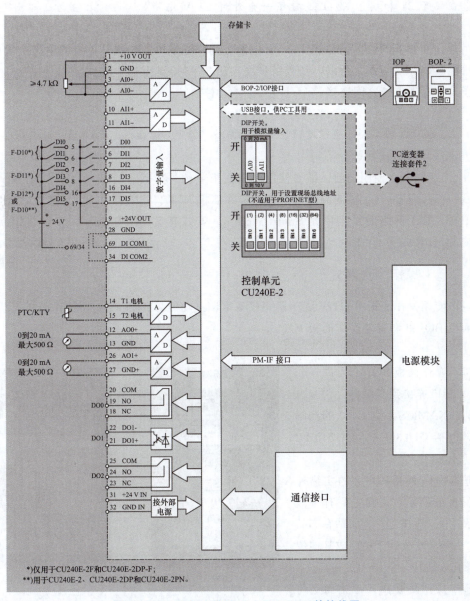

图 5-25　CU240B-2 端子 9(＋24V OUT)的接线图

数字量输出端子、模拟量输入/输出端子、控制单元外部电源端子的接线与 CU240E-2 系列控制单元类同。

注意： 在连接端子排时，如果连接了不合适的电源，所产生的危险电压可能引发生命危险；在出现故障时，接触带电部件可能会造成人员重伤，甚至是死亡。所有的连接和端子只允许使用可以提供安全超低电压（Safety Extra Low Voltage，SELV）或 PELV 的电源。24 V 输出短路会损坏控制单元 CU240E-2PN 和 CU240E-2PN-F，同时出现下列条件时，可能会导致控制单元故障：

①变频器运行时，端子 9 上的 24 V 输出出现短路。

②环境温度超过允许的上限。

③在端子 31 和端子 32 上连接了一个外部 24 V 电源，端 31 上的电压超出允许的上限。

另外，变频器的数字量输入和 24 V 电源上的长电缆可能会在开关过程中产生过电压，因而可能会损坏变频器。所以，当数字量输入和 24 V 电源上的电缆长度大于 30 m 时，应在端子及其参考电位之间连接一个过电压保护元件。

5.2 G120 变频器的基本调试

G120 变频器在使用之前，需要使用操作面板或软件对其进行基本调试和参数设置。G120 变频器可以使用操作面板 BOP、智能操作面板 IOP、基于网络的操作单元 Smart Access、安装有 STARTER 软件或 Startdrive 软件的 PC 进行基本调试。

MM440 变频器调试

5.2.1 操作面板简介

可以使用操作面板对 G120 变频器完成基本调试功能。G120 变频器操作面板包括基本操作面板 BOP-2 和智能操作面板 IOP。

1. 基本操作面板 BOP-2

基本操作面板 BOP-2 通过一个 RS-232 接口连接到变频器，它能自动识别 SINAMICS 系列 G120 的控制单元，包括 CU230P-2、CU240B-2 和 CU240E-2。

基本操作面板 BOP-2 的实物外观如图 5-26 所示，正面主要有一液晶显示屏和 7 个按键，背面贴有产品铭牌，并有 4 个安装于柜门或其他位置的螺孔，还有一个 RS-232 接口。

基本操作面板 BOP-2 正面上的按键功能见表 5-1。

(a)

(b)

图 5-26 基本操作面板 BOP-2 的实物外观
(a)正面；(b)背面

表 5-1 基本操作面板 BOP-2 正面上的按键功能

按键	名称	功能
OK	确认键	(1)浏览菜单时,按确认键确定选择一个菜单项。 (2)进行参数操作时,按确认键允许修改参数。再次按确认键,确认输入的值并返回上一页。 (3)在故障屏幕确认键用于清除故障
▲	向上键	(1)浏览菜单时,按向上键向上移动选择。 (2)编辑参数值时增加显示值。 (3)如果激活手动模式和点动,同时长按向上键和向下键,则当反向功能开启时,关闭反向功能;当反向功能关闭时,开启反向功能
▼	向下键	(1)浏览菜单时,按向下键向下移动选择。 (2)编辑参数值时减小显示值
ESC	退出键	(1)如果按下时间不超过 2 s,则 BOP-2 返回到上一页;如果正在编辑数值,新数值不会被保存。 (2)如果按下时间超过 3 s,则 BOP-2 返到状态屏幕。 在参数编辑模式下使用退出键时,除非先按确认键,否则数据不能被保存
I	开机键	(1)在自动模式下,开机键未被激活,即使按下它也会被忽略。 (2)在手动模式下,变频器启动,变频器将显示驱动器运行图标
O	关机键	(1)在自动模式下,关机键不起作用,即使按下它也会被忽略。 (2)如果按下时间超过 2 s,变频器将执行 OFF2 命令,电动机将关闭停机。 (3)如果按下时间不超过 3 s,变频器将执行以下操作:如果两次按关机键不超过 2 s,将执行 OFF2 命令;如果在手动模式下,变频器将执行 OFF1 命令,电动机将在参数 p1121 中设置的减速时间内停机
HAND AUTO	手动/自动键	切换 BOP(手动)和现场总线(自动)之间的命令源。 (1)在手动模式下,按手动/自动键将变频器切换到自动模式,并禁用开机和关机键。 (2)在自动模式下,按手动/自动键将变频器切换到手动模式,并启用开机和关机键。 在电动机运行时也可切换手动模式和自动模式

从手动模式切换至自动模式时,如果开机信号激活,新的设定值启用,模式切换后变频器自动将电动机更改为新设定值。从自动模式切换至手动模式时,变频器不会停止电动机运行,将以按下键之前的相同速度运行电动机,令正在进行中的斜坡函数停止。

为防止错误操作,同时按退出键和确认键 3 s 或以上,则锁定 BOP-2 键盘;同时按退出键和确认键 3 s 或以上,则解锁键盘。

基本操作面板 BOP-2 在显示屏的左侧显示表示变频器当前状态的图标,这些图标的含义见表 5-2。

表 5-2　图标含义

符号	功能	状态	备注
✋	命令源	手动	当手动模式启用时，显示该图标；当自动模式启用时，无图标显示
◓	变频器状态	变频器和电动机运行	这是一个静态图标，不旋转
JOG	点动	点动功能激活	
✖	故障/报警	故障或报警等待：闪烁的符号＝故障 稳定的符号＝警告	如果检测到故障，变频器将停止，用户必须采取必要的纠正措施，以清除故障。报警是一种状态（如过热），它并不会停止变频器运行

基本操作面板 BOP-2 是一个菜单驱动设备，菜单结构如图 5-27 所示，主要有监控"MONITOR"菜单、控制"CONTROL"菜单、诊断"DIAGNOS"菜单、参数"PARAMS"菜单、设置"SETUP"菜单和附加"EXTRAS"菜单共 6 个菜单，可以通过向下键浏览菜单，通过确定键选择进入该菜单。

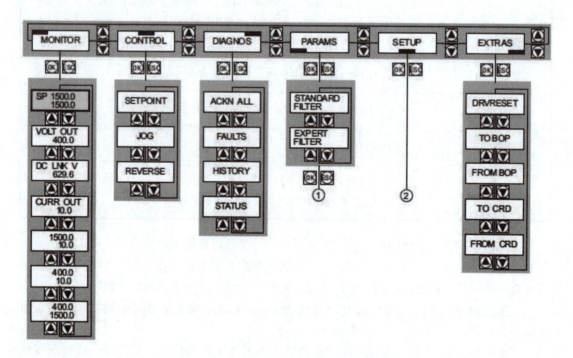

图 5-27　基本操作面板 BOP-2 菜单结构

(1)监控"MONITOR"菜单。"MONITOR"菜单允许用户轻松访问各种变频器/电动机系统实际状态,如电动机转速设定值、电动机转速实际值、变频器输出到电动机的实际输出电压、直流母线端子的实际直流电压、变频器输出到电动机的实际输出电流及电动机运行的实际频率等。通过使用向上键和向下键移动菜单栏至所需的菜单,按键确认选择并显示该菜单。在监控屏幕上显示的信息是只读信息,不能修改。

(2)控制"CONTROL"菜单。"CONTROL"菜单允许用户访问变频器的设定值、点动和反向等功能。在访问任何功能前,变频器必须为手动模式。如没有选择手动模式,屏幕会显示变频器未启动手动模式的信息。如果在变频器自动模式下按手动/自动键,则用户直接进入设定值屏幕。

(3)诊断"DIAGNOS"菜单。"DIAGNOS"菜单允许用户访问以下功能:确认所有故障、历史记录及状态。在此期间的任何时候按退出键超过3 s,BOP-2将返回到状态屏幕。短暂按确认键,BOP-2将返回到上一页。

(4)参数"PARAMS"菜单。"PARAMS"菜单允许用户查看和更改变频器参数。第一次使用(当BOP-2被安装到控制单元并通电)时,显示的第一个参数是编号最低的参数,即r0002或安装有BOP-2的特定类型控制单元上编号最低的参数。下次访问参数时,最后一次查看的参数将显示在屏幕上。

有两个过滤器可用于协助选择和搜索所有变频器参数,它们是标准过滤器和专家过滤器。标准过滤器可以访问安装有BOP-2的特定类型控制单元最常用的参数,而专家过滤器可以访问所有变频器参数。

访问参数的步骤如下:
1)使用向上键和向下键导航到参数菜单。
2)按确认键选择参数菜单。
3)使用向上键和向下键选择所需的过滤器。
4)按确认键确认参数过滤器的选择。

选择一个参数有两种方法。方法一:使用向上键和向下键在显示参数上滚动。方法二:长按确认键(超过3 s),将允许用户输入所需要的参数。使用任何一种方法,按一次确认键将显示所需的参数和参数的当前值。在此期间的任何时候按确认键3 s以上,BOP-2将返回到顶层菜单;短暂按确认键将返回上一页,不会保存任何更改。

当选择一个参数后,就可以对它进行编辑。如使用方法一选择参数,仅需要编辑参数当前值;如果使用方法二选择参数,则需要编辑参数编号和参数当前值两部分。

编辑参数编号的步骤如下:
1)按住确认键直至参数数字闪烁。
2)使用向上键和向下键修改第一个数字值。
3)按确认键接受修改值。
4)编号中的下一个数字开始闪烁。
5)按步骤2)、3)的方法,完成参数编号所有数字的修改。
6)最后按确认键,显示参数当前值或与输入参数值最接近的参数值。然后按住确认键直至参数值闪烁，就可以对该参数的当前值进行编辑了。编辑参数当前值的步骤如下：

①使用向上键或向下键在所需的参数值数字上滚动。

②按确认键接受修改值。

③参数值中的下一个数字开始闪烁。

④按照步骤①、②完成参数值中所有数字的修改。

注意：在对参数编号或参数值输入时，按一次退出键，将返回到该参数编号或参数值第一位数字重新开始编辑。在参数编号或参数值编辑时按两次退出键，则退出参数编号或参数值编辑模式。

(5)设置"SETUP"菜单。"SETUP"菜单是按固定顺序显示屏幕，从而允许用户执行变频器的基本调试。一旦一个参数值被修改，就不可能取消基本调试过程。这种情况下，必须完成基本调试过程。如果没有修改参数值，短暂按退出键返回上一页，长按退出键（超过 3 s）返回到顶层监控菜单。

当一个参数值被修改，新的数据通过按确认键确认之后将自动显示基本调试顺序中的下一个参数。

基本调试过程中要求输入与变频器相连的电动机的具体数据。连接电动机的相关数据可以从电动机的铭牌上获取。由于电动机的最大转速在电动机基本调试计算过程中自动计算，因此在基本调试过程中不需要用户输入电动机的最高转速。如果用户想查看或编辑电动机的最高转速参数 p1082，仍可以通过"参数"菜单进入。

"设置"菜单下包括复位、控制方式、电动机数据、电动机电压、电动机电流、电动机功率、电动机转速、电动机识别、命令源、主设定值、附加设定值、最低转速、加速时间、减速时间及结束等子菜单。

1)"复位"子菜单：按确认键，将执行复位变频器操作。复位操作可确保在应用调试新参数值之前，将所有参数值设置为默认值。

2)"控制方式"子菜单：按确认键，可设置变频器的开环和闭环控制模式。

3)"电动机数据"子菜单：设置电动机的区域数据，如千瓦和赫兹。

4)"电动机电压"子菜单：设置电动机输入电压、电动机铭牌的输入电压必须与电动机的接线（星形/三角形）相符。

5)"电动机电流"子菜单：根据电动机铭牌上的信息设置电动机电流值（单位：A）。

6)"电动机功率"子菜单：根据电动机铭牌上的信息设置电动机功率值（单位：kW 或 hp）。

7)"电动机转速"子菜单：根据电动机铭牌上的信息设置电动机转速值（单位：r/min）。

8)"电动机识别"子菜单：设置电动机数据识别和速度控制器优化。

9)"命令源"子菜单：设置变频器命令源。对于不带现场总线通信的变频器，命令源默认为终端(2)；对于带现场总线通信的变频器，则默认设置为现场总线(6)。

10)"主设定值"子菜单：设置变频器的设定值源。

11)"附加设定值"子菜单：设置变频器的第二个定值源。设置的默认值是 0，即没有二次设定值源。

12)"最低转速"子菜单:设置电动机不受频率设定值影响而运行的最低速度。

13)"加速时间"子菜单:设置电动机从静止加速到参数设置为 p1082 的最高转速所需的时间(单位:s)。

14)"减速时间"子菜单:设置电动机从最高转速(p1082)到静止所需的时间(单位:s)。

15)"结束"子菜单:确认调试过程结束。变频器将进行电动机计算,更改控制模块内的所有相关参数。

在更改变频器信息参数过程中,显示器显示"BUY"。调试过程完成后,BOP-2 将显示"DONE"。如果发生问题或最后进程被中断,则 BOP-2 显示"FAILURE",此时,变频器被视为不稳定,必须查明失败原因并重新启动调试过程。

(6)附加"EXTRAS"菜单。"EXTRAS"菜单主要有以下子菜单,允许用户执行以下功能。

1)DRVRESET:变频器复位到出厂默认设置。

2)RAM→ROM:从变频器随机存取内存复制数据到变频器光盘。

3)TO BOP:从变频器内存写参数数据到 BOP-2 上。

4)FROM BOP:从 BOP-2 读取参数数据到变频器内存中。

5)TO CRD:从变频器内存写参数数据到记忆卡上。

6)FROM CRD:从记忆卡读取参数数据到变频器内存中。

2. 智能操作面板 IOP

变频器智能操作面板 IOP 的实物外观如图 5-28 所示。其正面有一显示屏,显示屏下方有 6 个按键,即确定(OK)滚轮键、开启/运行键(开机键)、关闭键(关机键)、退出(ESC)键、帮助(INFO)键和手动/自动(HAN/AUTO)键。这些按键的功能见表 5-3。

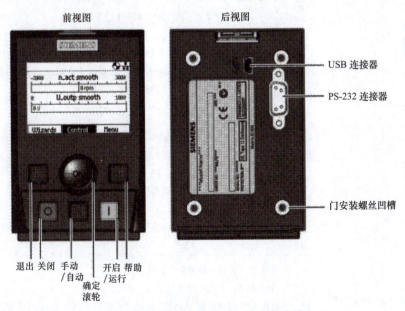

图 5-28 智能操作面板 IOP 的实物外观

表 5-3　智能操作面板 IOP 按键的功能

按键	名称	功能
OK	确定滚轮键	(1)在菜单中通过旋转滚轮改变选择。 (2)当选择突出显示时，按压滚轮确认选择。 (3)编辑一个参数时，旋转滚轮改变显示值；顺时针增加显示值和逆时针减少显示值。 (4)编辑参数或搜索值时，可以选择编辑单个数字或整个值。长按滚轮（>3 s），在两个不同的值编辑模式之间切换
HAND AUTO	手动/自动键	该键切换手动(HAND)和自动(AUTO)模式之间的命令源。 (1)HAND 设置到 IOP 的命令源。 (2)AUTO 设置到外部数据源的命令源，如现场总线
I	开启/运行键	(1)在 AUTO 模式下，屏幕显示为一个信息屏幕，说明该命令源为 AUTO，可通过按 HAND/AUTO 按键改变。 (2)在 HAND 模式下启动变频器，变频器状态图标开始转动。 注意： 对于固件版本低于 4.0 的控制单元：在 AUTO 模式下运行时，无法选择 HAND 模式，除非变频器停止。 对于固件版本为 4.0 或更高的控制单元：在 AUTO 模式下运行时，可以选择 HAND 模式，电动机将继续以最后选择的设定速度运行。 如果变频器在 HAND 模式下运行，切换至 AUTO 模式时电动机停止
O	关闭键	(1)如果按下时间超过 3 s，变频器将执行 OFF2 命令：电动机将关闭停机。 注意：在 3 s 内按 2 次 OFF 键也将执行 OFF2 命令。 (2)如果按下时间不超过 3 s，变频器将执行以下操作：在 AUTO 模式下，屏幕显示为一个信息屏幕，说明该命令源为 AUTO，可使用 HAND/AUTO 按键改变，变换器不会停止；如果在 HAND 模式下，变频器将执行 OFF1 命令，电动机将以参数设置为 p1121 的减速时间停机
ESC	退出键	(1)如果按下时间不超过 3 s，则 IOP 返回到上一页，或者如果正在编辑数值，新数值不会被保存。 (2)如果按下时间超过 3 s，则 IOP 返回到状态屏幕。 (3)在 IOP 重启时长按 ESC 按键，会使 IOP 进入 DEMO 模式。重启 IOP 即可退出 DEMO 模式。 在参数编辑模式下使用退出按键时，除非先按确认键，否则数据不能被保存
INFO	帮助键	(1)显示当前选定项的额外信息。 (2)再次按下 INFO 按键会显示上一页。 (3)在 IOP 启动时按下 INFO 按键，会使 IOP 进入 DEMO 模式。重启 IOP 即可退出 DEMO 模式

IOP 操作面板的 DEMO 模式可实现 IOP 演示且不影响相连的变频器。在此模式下，可进行菜单浏览和功能选择，但与变频器的所有通信都被封锁，以确保变频器不会对 IOP 发出的信号做出响应。

在 IOP 操作面板启动完成后，同时按 ESC 按键和 INFO 按键 3 s 或以上可以锁定 IOP 按键，同时按 ESC 按键和 INFO 按键 3 s 或以上解锁 IOP 按键。如果 IOP 按键在启动完成前处于锁定状态，则 IOP 会进入 DEMO 模式。

IOP 在显示屏的右上角边缘显示许多图标，表示变频器的各种状态或当前情况。

IOP 操作面板是一个菜单驱动设备，菜单结构如图 5-29 所示。

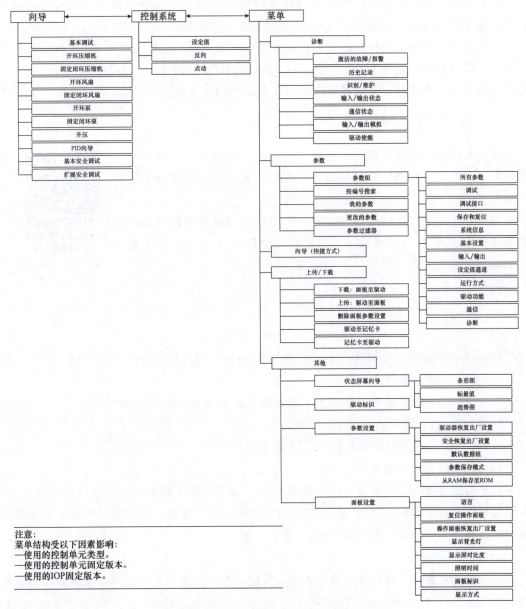

图 5-29　IOP 操作面板菜单结构

旋转 IOP 操作面板上的确定滚轮按键，选择需要的菜单项，然后按下确定滚轮按键进入该菜单的下一级菜单选项，直到找到需要的选项进行浏览或设置。

IOP 安装并通电后会自动检测已安装的控制单元的类型和电源模块。

在首次使用时，IOP 会自动显示选择默认语言的选项，并允许设置日期和时间（如果安装 IOP 的控制单元配有实时时钟）。

显示初始启动屏幕后，IOP 将显示控制单元的型号和电源模块的详细信息，包括订货码。识别屏幕显示后，显示语言选择屏幕。选择语言后，显示向导菜单。如果不需要向导菜单，按退出键返回到正常状态屏幕。

IOP 升级工具允许用户升级 IOP 固件和管理 IOP 语言。IOP 升级工具中包含必要的驱动，使 IOP 能够通过一根迷你 USB 电缆连接至 PC 的 USB 端口。

可从西门子服务与支持网站上下载 IOP 升级工具软件（IOP Updater）、硬件文件和语言文件，网站链接地址为 http：/support..automation..siemens..com/CN/view/zh/。网站中包含入门指南文件，介绍了 IOP 升级工具软件的安装与使用。

5.2.2 变频器参数

对变频器进行调试和设置，需要了解变频器的参数。参数包括参数号和参数值。对变频器的参数进行设置，就是将参数值赋值给参数号。

MM440 变频器的参数设置

参数号由一个前置的"p"或者"r"、参数编号和可选用的下标或位数组组成。其中，"p"表示可调参数（可读写），"r"表示显示参数（只读）。

例如：

(1)p0918：可调参数 918。

(2)p2051[0…13]：可调参数 2051，下标 0～13。

(3)p1001[0…n]：可调参数 1001，下标 0～n（n＝可配置）。

(4)r0944：显示参数 944。

(5)r2129.0…15：显示参数 2129，位数组从位 0（低位）到位 15（最高位）。

(6)p1070[1]：设置参数 1070，下标 1。

(7)p2098[1].3：设置参数 2098，下标 1，位 3。

(8)p0795.4：可调参数 795，位 4。

对于可调参数，出厂交货时的参数值在"出厂设置"项下列出，方括号内为参数单位。参数值可以在通过"最小值"和"最大值"确定的范围内进行修改。如果某个可调参数的修改会对其他参数产生影响，这种影响称为"关联设置"。

1. BICO 参数

在变频器参数中，有一类参数用于信号互联，为 BIC 参数，在该类参数名称的前面有"BI："" BO："" CI："" CO："" CO/BO："字样，具体含义见表 5-4。图 5-30 展示了五种 BICO 参数。

表 5-4 参数的含义

参数	含 义
BI	二进制互联输入(Binector Input)，该参数用来选择数字量信号源
BO	二进制互联输出(Binector Output)，该参数可作为数字量信号供继续使用
CI	模拟量互联输入(Connector Input)，该参数可用来选择模拟量信号的来源
CO	模拟量互联输出(Connector Output)，该参数可作为模拟量信号供继续使用
CO/BO	模拟量/二进制互联输出(Connector/Binector Output)，该参数可作为"模拟量"信号，也可作为数字量信号供继续使用

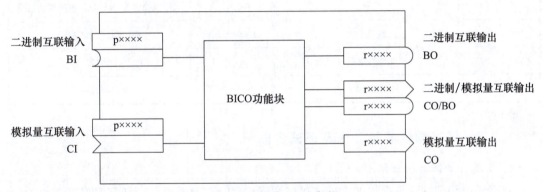

图 5-30 五种 BICO 参数

例如，p2103=722.1。

2. 参数的序号范围

SINAMICS 驱动系列的参数序号范围见表 5-5。

表 5-5 SINAMICS 驱动系列的参数序号范围

参数范围	功能说明	参数范围	功能说明
0000~0099	显示与操作	2010~2099	通信(现场总线)
0100~0199	调试	2100~2139	故障和报警
0200~0299	功率单元	2140~2199	信号和监控
0300~0399	电动机	2200~2359	工艺控制器
0400~0499	编码器	2360~2399	预备、休眠
0500~0599	工艺和单位、电动机专用数据等	2500~2699	位置闭环控制(LR)和简单定位(EPOS)
0600~0699	热监控、最大电流、电动机数据等	2700~2719	基准值显示
0700~0799	控制单元端子、测量插口	2720~2729	负载齿轮箱
0800~0839	CDS 数据组、DDS 数据组、电动机转接	2800~2819	逻辑运算

续表

参数范围	功能说明	参数范围	功能说明
0840～0879	顺序控制（如 ON/OFF1 的信号源）	2900～2930	固定值（如百分比，转矩）
0880～0899	ESR，驻留功能，控制字和状态字	3000～3099	电动机识别结果
0900～0999	PROFIBUS/PROFIDrive	3100～3109	实时钟（RTC）
1000～1199	设定值通道（如斜坡函数发生器）	3110～3199	故障和报警
1200～1299	功能（如电动机抱闸）	3200～3299	信号和监控
1300～1399	U/f 控制	3400～3659	供电闭环控制
1400～1799	控制器	3660～3699	电压监控模块（VSM），内部制动模块
1800～1899	选通单元	3700～3779	高级定位控制（APC）
1900～1999	功率部件与电动机识别	3780～3819	同步
2000～2009	基准值	3820～3849	摩擦特性曲线

5.2.3 调试前的准备工作及调试步骤

1. 需要注意的警告事项

只有经过培训并认证合格的人员才可以调试或启动变频器设备。任何时候都应该遵守说明书中要求采取的安全措施和给予的警告。需要注意的警告事项主要包括以下几点：

(1) SINAMICS G120 变频器是在高电压下运行。

(2) 电气设备运行时，设备的某些部件上存在危险电压。

(3) 变频器不运行时，电源、电动机及相关的端子仍可能带有危险电压。

(4) 按照 EN60204 IEC204（VDE0113）的要求，"紧急停车设备"必须在控制设备的所有工作方式下保持可控性。无论紧急停车设备是如何停止运转的，都不能导致电气设备不可控地或者未曾预料地再次启动。

(5) 无论短路故障出现在控制设备的什么地方，都有可能导致重大的设备损坏，甚至是严重的人身伤害（即存在潜在的危险故障）。因此，还必须采取附加的外部预防措施或者另外安装用于确保安全运行的装置（如独立的限流开关、机械联锁等）。

(6) 在输入电源故障并恢复后，一些参数设置可能会造成变频器的自动再启动。

(7) 为了保证电动机的过载保护功能正确动作，电动机的参数必须准确配置。

(8) 本设备可按照 UL508C 标准在变频器内部提供电动机过载保护。电动机的过载保护功能也可以采用外部 PTC 或 KTY84 温度传感器来实现。

2. 调试前的准备工作

在开始调试前，需要明确变频器的数据、被控电动机的数据、变频器需要满足的工艺要求及上级控制系统通过哪个接口控制变频器。

(1) 需要明确被控的电动机要在哪个地区使用，不同地区的供电频率和功率单位可能不同。例如，如果是欧洲（IEC），则供电电源频率为 50 Hz，功率单位为 kW；如果是北美洲（NEMA），则供电电源频率为 60 Hz，功率单位为 hp 或 kW。

（2）需要记住电动机铭牌上的数据。例如，某电动机铭牌上的数据如图 5-41 所示。需要注意的是，根据电动机铭牌输入电动机数据时，必须和电动机的接线［星形接线（Y）或三角形接线（△）］相符。对于西门子电动机，使用调试工具 TARTER 软件调试变频器时，只需要选择该电动机的订货号。

（3）需要了解电动机运行所在地的温度。如果电动机实际环境温度与变频器出厂设置温度（20 ℃）不符，则需要修改。

（4）需要明确电动机的应用场合，根据电动机的应用场合，确定电动机的控制方式。

异步电动机有两种不同的控制方式：U/f 控制（借助特性曲线计算电动机的电压）和矢量控制（磁场定向控制）。U/f 控制可覆盖大多需要异步电动机变速工作的应用场合，典型应用有电泵、风机、压缩机和水平输送机。矢量控制和 U/f 控制相比，负载变化时转速更稳定，设定值变化时加速时间更短，可以按照设置的最大转矩加/减速，为电动机提供更完善的保护，在静止状态下能达到满转矩。矢量控制的典型应用有起重机、垂直输送机、卷取机和挤出机。

（5）确定电动机应用的更多要求。如图 5-31 所示，需要确定电动机的最小转速、最大转速、加速时间和减速时间等。

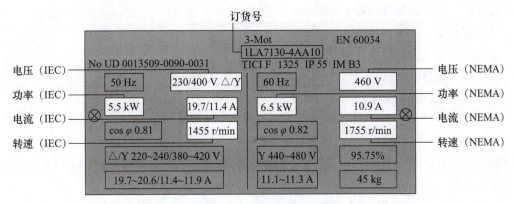

图 5-31　电动机铭牌上的数据

3. 调试步骤

对于 G120 变频器，可以按以下步骤进行调试：

（1）确定应用对变频器的要求。

（2）如果需要，将变频器恢复为出厂设置。

（3）检查变频器的出厂设置是否满足应用要求，如不满足，则执行快速调试。

（4）如果快速调试不能满足需要，则进行扩展调试，如调整端子排的功能、调整变频器上的通信接口及设置变频器中的其他功能等。

（5）保存设置。

4. 恢复出厂设置

在某些情况下,可能会导致 G120 变频器的调试出现异常。例如,调试期间突然断电,使调试无法结束。此时,需要将 G120 变频器恢复至出厂设置。另外,对于因某些原因无法继续设置变频器参数,或对变频器已经做了哪些参数的修改还不清楚,均可以考虑将变频器恢复至出厂设置。

恢复出厂设置不会影响通信设置和电动机标准设置(EC/NEMA),这两个设置仍保持不变。

(1)恢复 G120 变频器安全功能的出厂设置。如果已使用变频器的安全功能,如 STO(Safe Torque Off)或 SLS(Safely Limited Speed),则必须先复位安全功能。安全功能的设置有密码保护,必须输入密码才能恢复安全功能的出厂设置。

利用参数设置完成变频器的复位操作应用广泛,可以在软件、BOP 及 IOP 等多种情况下进行变频器的复位操作。

使用操作面板,利用参数将 G120 变频器的安全功能恢复为出厂设置,主要按照以下步骤进行:

1)设置变频器参数 p0010=30,激活恢复出厂设置。

2)进入变频器参数 p9761,输入安全功能的密码。

3)设置变频器参数 p0970=5,开始恢复出厂设置。

4)等待,直至变频器设置 p0970=0。

5)设置 p0971=1。

6)等待,直至变频器设置 p0971=0。

7)切断变频器的电源。

8)等待片刻,直到变频器上所有的 LED 灯都熄灭。

9)给变频器重新上电。

此时,G120 变频器的安全功能恢复为出厂设置。

(2)恢复 G120 变频器的出厂设置(无安全功能)。将 G120 变频器恢复至出厂设置,可以使用操作面板 BOP-2 或 IOP 实现,还可以使用变频器调试软件实现。

1)使用操作面板利用参数复位实现。在安全功能恢复为出厂设置后,利用参数将 G120 变频器恢复为出厂设置,主要按照以下步骤进行:

①设置变频器参数 p0010=30,激活恢复出厂设置。

②设置变频器参数 P0970=1,开始复位。

③等待变频器完成恢复出厂设置,对变频器做重新上电操作。

2)使用 BOP-2 操作面板的菜单操作,也可以实现将 G120 变频器恢复出厂设置,主要按照以下操作步骤进行:

①在菜单"EXTRAS"中选择"DRVRESET"。

②按下"OK"键,确认将变频器恢复出厂设置。

③等待。在此过程中 BOP-2 将显示"BSY",直至 BOP-2 显示"DONE",变频器恢复出厂设置完成。

④按 OK 键或 ESC 键返回"EXTRAS"顶层菜单。

⑤对变频器做重新上电操作。

3)使用 IOP 操作面板的菜单复位实现。使用智能操作面板 IOP 将 G120 变频器恢复出厂设置,主要按照以下步骤进行:

①通过滚轮键选择"菜单"选项,确认进入。

②选择"工具"选项,确认进入。

③选择"参数设置"菜单命令,确认进入。

④选择第一项"恢复驱动出厂设置",确认,进行恢复出厂设置。

⑤等待,直到弹出"恢复出厂设置完成"界面,按下 OK 键确定,并对变频器做重新上电操作。

4)变频器的出厂设置。出厂时,变频器已在异步电动机上根据功率模块的额定功率进行了匹配设置。在出厂设置中,变频器的输出和现场总线接口都具备一定的功能。

如图 5-32 所示为 CU240B-2 接口端子出厂设置(PROFIBUS 接口),图 5-33 所示为 CU240B-2 接口端子出厂设置(USS 接口),图 5-34 所示为 CU240E-2 接口端子的出厂设置(PROFIBUS 或 PROFINET 接口),图 5-35 所示为 CU240E-2 的出厂设置(USS 接口)。

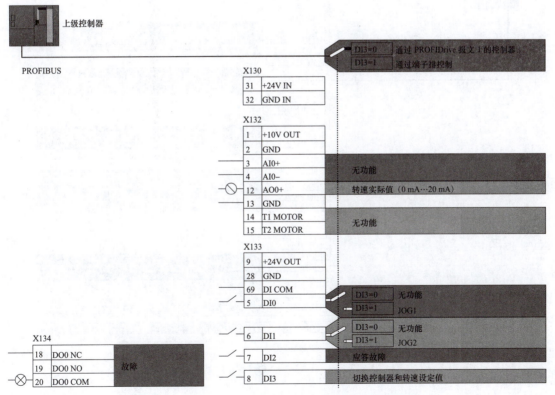

图 5-32 CU240B-2 接口端子出厂设置(PROFIBUS 接口)

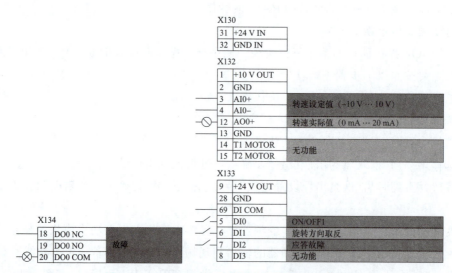

图 5-33　CU240B-2 接口端子出厂设置（USS 接口）

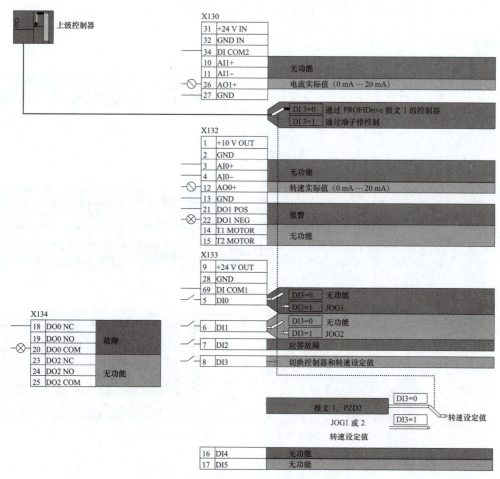

图 5-34　CU240E-2 接口端子的出厂设置（PROFIBUS 或 PROFINET 接口）

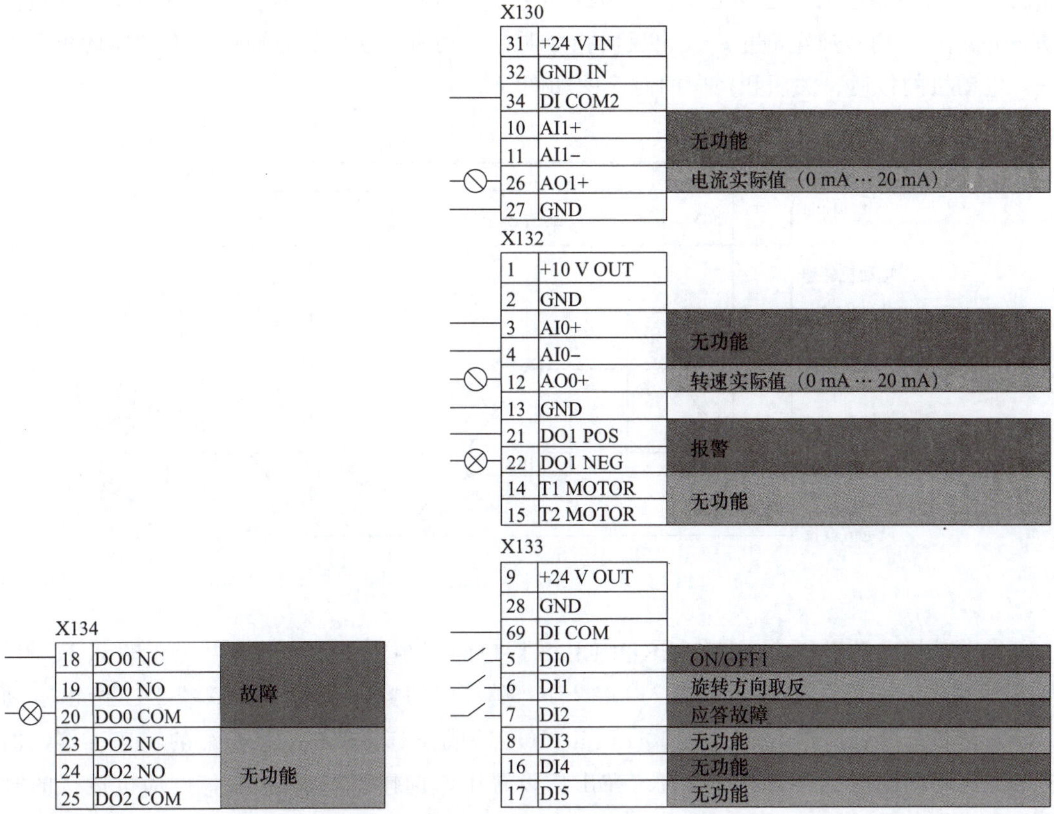

```
X130
31  +24 V IN
32  GND IN
34  DI COM2
10  AI1+       无功能
11  AI1−
26  AO1+       电流实际值（0 mA … 20 mA）
27  GND

X132
1   +10 V OUT
2   GND
3   AI0+       无功能
4   AI0−
12  AO0+       转速实际值（0 mA … 20 mA）
13  GND
21  DO1 POS    报警
22  DO1 NEG
14  T1 MOTOR   无功能
15  T2 MOTOR

X133
9   +24 V OUT
28  GND
69  DI COM
5   DI0        ON/OFF1
6   DI1        旋转方向取反
7   DI2        应答故障
8   DI3        无功能
16  DI4        无功能
17  DI5        无功能

X134
18  DO0 NC
19  DO0 NO     故障
20  DO0 COM
23  DO2 NC
24  DO2 NO     无功能
25  DO2 COM
```

图 5-35 CU240E-2 的出厂设置（USS 接口）

①CU240B-2 接口的出厂设置。CU240B-2 接口端子排的出厂设置取决于控制单元（CU）支持哪种现场总线。

a. 对于配有 PROFIBUS 接口的控制单元，现场总线接口和数字量输入 DI0、DI1 的功能取决于 DI3。当 DI3＝1 时，转速设定值和点动功能通过端子排对变频器控制；当 DI3＝0 时，转速设定值通过现场总线由控制器对变频器控制。参数 p1070[0]＝2050[1]，表示转速设定值由 PZD 报文设定。

b. 对于配有 USS 接口的控制单元（CU），现场总线口无效。参数 p1070[0]＝7550，表示转速设定值由 CU 接口端子 AI0 进行设置。

②CU240E-2 接口的出厂设置。CU240E-2 接口端子排的出厂设置也取决于控制单元（CU）支持哪种现场总线。

a. 对于配有 PROFIBUS 或 PROFINET 接口的控制单元，现场总线接口和数字量输入 DI0、DI1 的功能取决于 DI3。参数 p100[0]＝2050[1]，即转速设定值由 PZD 报文设定。

b. 对于配有 USS 接口的控制单元（CU），现场总线接口无效。p1070[0]＝755[0]，表示转速设定值由 CU 接口端子 AI0 进行设置。

③接通和关闭电动机。在变频器的出厂设置中，变频器发出 ON 指令后电动机会在接

通后的 10 s 内加速到转速设定值(1 500 r/min)；发出 OFF1 指令后，变频器会使电动机制动，并在 10 s 内减速至静止；发出反向指令时，电动机转换旋转方向应用变频器的出厂设置，电动机的接通、关闭和换向的时序图如图 5-36 所示。

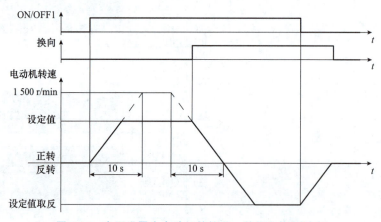

图 5-36　出厂设置中电动机的接通、关闭和换向时序

④电动机点动运行。在带有 PROFIBUS 接口的变频器上，可通过数字量输入 DI3 切换操作模式。如果选择数字量输入 DI3＝1，则对应的数字量输入 DI0 或 DI1 给出点动(JOG)控制指令后，电动机以＋150 r/min(JOG1)或－150 r/min(JOG2)的转速工作，加速和减速时间同接通和关闭电动机。在出厂设置中，选择 JOG 模式后，电动机运行的时序图如图 5-37 所示。

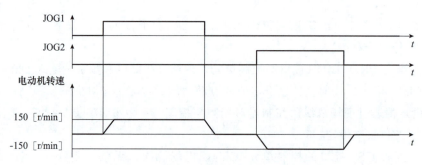

图 5-37　出厂设置中电动机的 JOG 模式时序

⑤最小转速和最大转速。最小转速参数指的是电动机最小的转速，出厂设置值为 0 r/min，不受转速设定值的影响。例如，在风机和电泵应用中最小转速＞0。

最大转速参数指的是电动机最大的转速，出厂设置为 1 500 r/min。变频器将电动机转速控制在最大转速以下。

⑥以出厂设置运行变频器。若以出厂设置运行变频器，一般需要进行快速开机调试。进行快速开机调试时，需要在变频器中设置电动机数据，才能将变频器与所连接的电动机相匹配。

在带标准异步电动机的简单应用中，可以尝试对额定功率＜18.5 kW 的驱动不经调试直接运行,但需要检查不经调试时驱动的控制质量是否能达到应用的要求。

5.2.4 使用 STARTER 软件进行快速调试

调试前,准备好已安装完毕的传动系统(电动机和变频器)、安装了 Windows7 系统和 STARTER 软件的计算机。初次调试 G120 变频器时,优先使用 USB 连接方式。使用配套的 USB 电缆,一端连接计算机的 USB 端口,另一端连接变频器控制单元的 USB 端口;也可以通过 PROFIBUS 或 PROFINET 网络方式将两者进行连接。变频器与 PC 连接示意如图 5-38 所示。

图 5-38 变频器与 PC 连接示意
(a)USB 接口;(b)PROFIBUS 或 PROFINET 网络接口方式

1. 将变频器接收到 STARTER 项目

首先接通变频器的电源,检查 USB 电缆是连接到 PC 和变频器上。

在 STARTER 菜单中选择"Project"→"New…",开始新建项目,并对新建项目进行命名,如命名为"ProjectG120-Test"。

在 STARTER 软件中,单击工具条中的"Accessable nodes"(可访问节点)图标,如图 5-39 所示。

图 5-39 "Accessable nodes"图标

如果 USB 接口设置不正确,系统会弹出信息提示框,显示"No further node found";关闭提示框,如图 5-40 所示,在工作区显示"Accessable nodes"可访问节点视图。

通过单击"Accessable nodes"可访问节点视图中的"PG/PC"按钮,弹出"设置 PG/PC 接口"对话框,将接口参数设置为"USB. S7USB. 1",如图 5-41 所示。

单击"Accessable nodes"可访问节点视图中的"Access point"按钮,将访问点设置为"DEVICE(STARTER,SCOUT)",如图 5-42 所示。

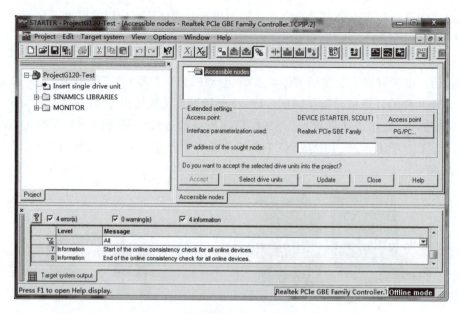

图 5-40　工作区显示界面

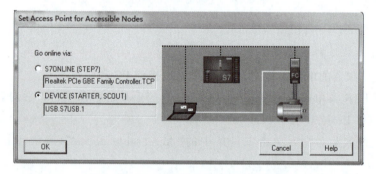

图 5-41　将接口参数设置为 USB.S7USB.1

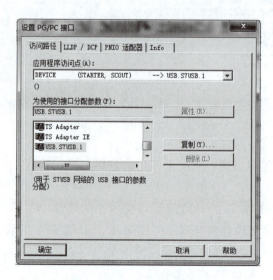

图 5-42　"设置 PG/PC 接口"对话框

设置完接口参数和访问点参数后,单击"Accessible nodes"可访问节点视图中的"date"按钮。如果上述通信接口参数设置正确,在"Accessible nodes"可访问节点视图中会显示可访问的变频器,如图5-43所示。

选中可访问节点视图中搜索到的变频器,单击"Accept"(确定)按钮,则弹出"transfer drive units to the project"提示框,提示已将变频器传输到项目中,且在项目视图的项目下,增加了一个G120驱动设备,如"G120_CU240E_2_PN",如图5-44所示。

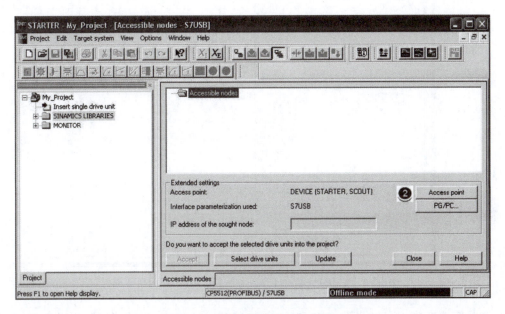

图5-43 节点视图中的"date"按钮

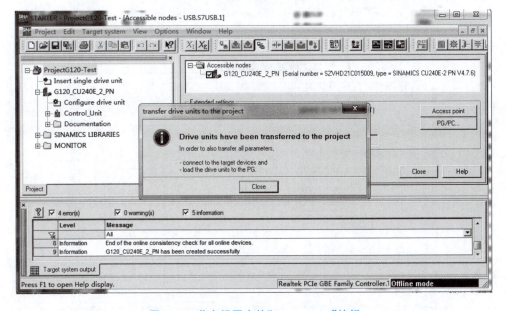

图5-44 节点视图中的"Access point"按钮

2. 进入"在线"模式

在 STARTER 软件界面左侧的项目树中，选择项"ProjectG120-Test"，单击工具条中的"在线"按钮，进入在线模式。首先弹出"Assign Target Devices"分配目标设备的对话框，如图 5-45 所示。

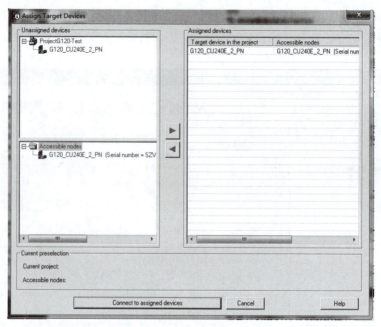

图 5-45 "Assign Target Devices"分配目标设备的对话框

选择需要在线访问的设备，单击"Connect to assigned devices"连接分配设备按钮，弹出"Online/offline comparison"在线/离线比对话框，如图 5-46 所示。

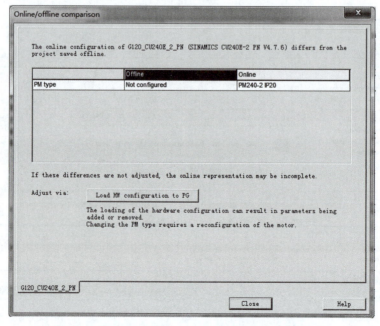

图 5-46 "Connect to assigned devices"连接分配设备按钮

项目 5　西门子 G120 变频器基本操作

此时，可以单击"Load HW configuration to PG"载硬件组态到编程器按钮，将在线连接的 G120 变频器的硬件配置载入到当前项目（PG 或 PC）中，结果如图 5-47 所示。其中，左侧项目树下的变频器名称左侧出现图标，表示该变频器已成功与实际 G120 变频器一致，并实现在线连接；窗口右下角显示"Online mode"，表示进入在线模式。

项目视图中，驱动设备或控制单元左边如果有出现的图标（绿色），而且出现的图标一半红色一半绿色，则表示项目中设备与实际设备不符；若出现图标（红色），则表示该设备没有与实际设备建立连接。

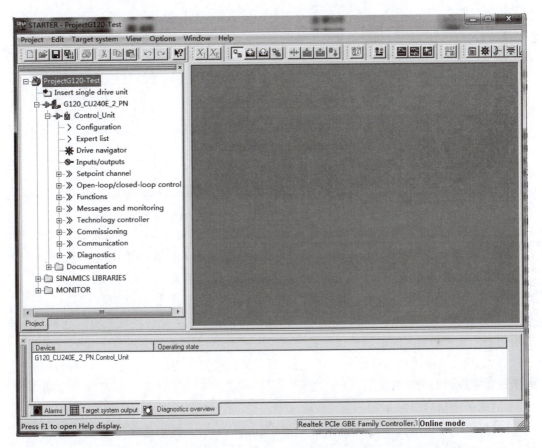

图 5-47　"Load HW configuration to PG"载硬件组态到编程器按钮

3. 基本调试

如果变频器设备已进入在线模式，双击该变频器下的"Control Unit"（控制单元），则在工作区显示"Control _Unit"控制单元视图。可以在该视图中单击"Wizard"向导按钮进行基本调试的参数设置；还可以单击"Configuration""Drive data sets""Command data sets""Units""Reference variables-setting"或"I/O configuration"标签进行标签选项卡切换，并在相应选项卡中进行参数设置，从而实现 G120 变频器的基本调试，如图 5-48 所示。

变频器的运转指令方式

131

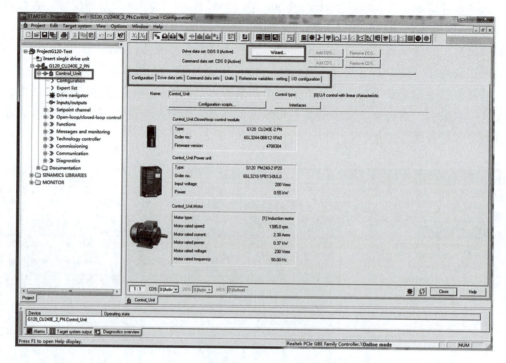

图 5-48 工作区显示"Control _ Unit"控制单元视图

基本调试主要包括以下步骤，可以通过单击"Control _ Unit"控制单元视图中的"Wizard"向导按钮，利用向导依次对相关参数进行设置与调试。

(1)选择控制模式(Control structure)。

(2)选择变频器接口的设定点(Defaults of the setpoint)。允许的配置方式包括输入输出端的出厂设置和输入输出端的预设置。

(3)选择变频器的应用(Drive setting)。低动态的轻过载应用，如电泵或风机；高动态的重过载应用，如传送带。

(4)选择电动机(Motor)。

(5)根据电动机的铭牌输入电动机数据(Motor data)。如果选择了电动机的订货号，则电动机数据自动录入。

(6)设置设备功能(Drive functions)。控制方式设置为"矢量控制"时，推荐设置"[1]Identify motor data at standstill and with motor rotating"。此时，变频器会对转速控制器进行优化；如果控制方式设置为"矢量控制"，但是电动机不能自由旋转(如受到机械限位限制)，或者控制方式选择了"U/f 控制"，选择设置"[2]Identify motor data at standstill"。

(7)根据实际应用设置重要参数(Important parameters)。

(8)设置电动机数据计算选项(Calculation of the motor)，建议设置"Calculate motor dataonly"。

(9)设置编码器。如果电动机的中心轴上装有一个编码器用来测量转速，选择一个标准编码器或直接输入编码器数据。

最后，勾选"Copy RAM to ROM"，将数据保存在变频器中，结束基本调试。在变频器基本调试过程中，如果选择了一个与实际编码器不完全相符的编码器类型，已配置了驱动，则可以使用 STARTER 软件调整。

在 STARTER 软件界面的指令树中，双击在线设备的"控制单元"→"开环/闭环控制"→"电动机编码器"（"Control _Unit"→"open-loop/closed-loop cont"→"Motor encoder"）选项，在弹出的对话框中单击"编码器数据（Encoder data）"按钮，如图 5-49 所示。在"编码器数据"（"Encoder data"）中，可以更改所有编码，也可以选择其他编码器类型。通过上述操作即可完成编码器数据调整。

注意：STARTER 只提供允许用于已配置接口的编码器类型。如果想要设置其他编码器接口，则需要重新配置变频器。

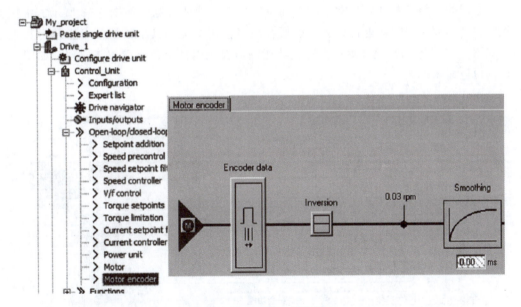

图 5-49　STARTER 软件界面

4．电动机数据检测

在基本调试中，如果已经选择了电动机数据检测（MOT ID），则变频器在结束基本调试后会发出报警 A07991。此时，需要在电动机冷却到环境温度后进行数据检测。

注意：接通电动机后进行电动机数据检测会引起危险的电动机运动，故在开始电动机数据检测前，需要确保危险设备部件和人身安全。

根据以下步骤启动电动机数据检测和电动机控制优化：

(1) 如图 5-49 所示，在 STARTER 软件界面的指令树中在线模式下双击需要操作变频器下的控制面板（"Control _Unit"→"Commissioning"→"Control panel"），在 STARTER 软件界面下方的对话框中单击"Assume control priority"，获取对变频器的控权，并勾选"Enables"，然后单击图标，接通电动机，变频器开始启动电动机数

变频器的启动、制动方式

据检测过程可能持续数分钟，检测完成后，变频器会自动关闭电动机。

（2）在电动机检测结束后，单击"Give up control priority"按钮，重新交还控制权给变频器。

（3）单击工具条中"Copy RAM to ROM"图标，进行保存。

如果除静态电动机数据检测外，还选择了包含矢量控制自动优化的旋转电动机检测，必须再次给变频器通电，按上述步骤执行优化。

5.3 变频器操作与设置

5.3.1 变频器的功能

变频器的功能主要可分为常用功能和特殊功能。功能一览图如图5-50所示。常用功能通常在基本调试期间就进行设置，以便在很多应用中无须其他设置便可直接运行电动机，如图5-50所示的灰色显示；而特殊功能则需要根据需求调整参数来实现，如图5-50所示的白色显示。

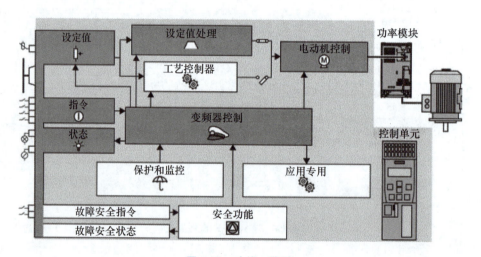

图5-50 功能一览图

1. 常用功能

常用功能主要包括变频器控制、指令、状态、设定值、设定值处理及电动机控制。

（1）变频器控制。变频器控制的权限大于所有其他功能，它定义了变频器如何响应上级控制器指令。

（2）指令。上级控制器的指令通过数字量输入或现场总线发送给变频器。

（3）状态。变频器将它的状态信息反馈给控制单元输出端或现场总线。

（4）设定值。必须确定一个设定值，如转速设定值。

（5）设定值处理。设定值处理用于避免斜坡函数发生器使转速剧烈变化，并将转速控制在最大值以下。

(6)电动机控制。电动机控制用于使电动机跟踪转速设定值。控制方式可以选择矢量控制或 U/f 控制。

2. 特殊功能

特殊功能主要包括保护和监控、应用专用、安全功能、故障安全指令及故障安全状态等。

(1)保护和监控。保护和监控功能可以避免损坏电动机、变频器和工作机械,如通过温度监控或转矩监控。

(2)应用专用。应用专用功能可控制如电动机抱闸,或通过工艺控制器实现功能上位压力控制或温度控制。

(3)安全功能。安全功能用于对变频器功能的安全性有高要求的应用场合。扩展的安全功能监控驱动转速。

(4)故障安全指令。上级控制器的故障安全指令通过故障输入或现场总线发送给变频器。

(5)故障安全状态。变频器将故障安全的状态信息反馈给控制单元输出端或现场总线。

5.3.2 设置 I/O 端子

变频器 G120 的 I/O 端子类型主要包括数字量输入(DI)端子、数字量输出(DO)端子、模拟量输入(AI)端子和模拟量输出(AO)端子。

变频器 G120 的 I/O 端子的功能都是可以设置的。为了避免逐一地更改端子,可通过预设置同时对多个端子进行设置,也称为默认设置。

1. I/O 端子默认设置

对于配有 USS 接口的 CU 端子的出厂设置符合默认设置 12(双线制控制,方法 1),对于配有 PROFIBUS 或 PROFINET 接口的 CU 端子的出厂设置符合默认设置 7(通过 DI3 在现场总线和 JOG 之间切换)。

CU240B-2 端子的默认设置主要有以下 8 种。其中,DI0~DI3 的状态参数分别为 0722.0~0722.3,DO0 的设置参数为 p0730,AI0 的状态参数为 r0755[0],AO0 的设置参数为 p0771[0]。

(1)默认设置 7。通过 DI3 在现场总线和 JOG 之间切换选择方式。

该默认设置与带 PROFIBUS 接口的变频器出厂设置相同。对于 STARTER 软件,该默认设置的名称为"带数据组切换的现场总线",对于 BOP-2 操作面板,该默认设置名称为"FBCDS"。I/O 端子的默认设置如图 5-51 所示。

在默认设置 7 中,转速设定值(主设定值)p1070[0]=2050[1],JOG1 转速设定值 p1058 对应出厂设置值 150 r/min,JOG2 转速设定值 p1059 对应出厂设定值-150 r/min。

(2)默认设置 9。电动电位器(MOP)选择方式。

该默认设置对于 STARTER 软件,其默认设置的名称为"带 MOP 的标准 I/O",对 BOP-2 操作面板,其默认设置名称为"STDMOP"。I/O 端子的默认设置如图 5-52 所示。

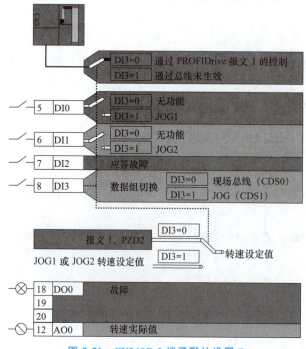

图 5-51 CU240B-2 端子默认设置 7

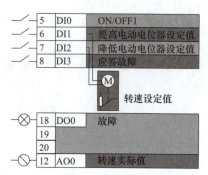

图 5-52 CU240B-2 端子默认设置 9

在默认设置 9 中，电动电位器斜坡功能发生器后设定值可查看参数 r1050，转速设定值（主设定值）p1070[0]=1050。

(3) 默认设置 12。双线制控制，方法 1 选择方式。

该默认设置与带 USS 接口的变频器的出厂设置相同。对于 STARTER 软件，该默认设置的名称为"带模拟量设定值的标准 I/O"，对于 BOP-2 操作面板，该默认设置名称为"SDASP"。I/O 端子的默认设置如图 5-53 所示。

在默认设置 12 中，转速设定值（主设定值）p1070[0]=755[0]。

(4) 默认设置 17。双线制控制，方法 2 选择方式。

对于 STARTER 软件，该默认设置的名称为"2 线（向前/向后 1）"，对于 BOP-2 操作面板，该默认设置名称为"2-WIRE1"。I/O 端子的默认设置如图 5-54 所示。

图 5-53 CU240B-2 端子的默认设置 12

图 5-54 CU240B-2 端子的默认设置 17

在默认设置 17 中,转速设定值(主设定值)p1070[0]=755[0]。

(5)默认设置 18。双线制控制,方法 3 选择方式。

对于 STARTER 软件,该默认设置的名称为"2 线制(向前/向后 2)",对于 BOP-2 操作面板,该默认设置名称为"2-WIRE2"。I/O 端子的默认设置如图 5-55 所示。

在默认设置 18 中,转速设定值(主设定值)p1070[0]=755[0]。

(6)默认设置 19。三线制控制,方法 1 选择方式。

对于 STARTER 软件,该默认设置的名称为"3 线制(使能/向前/向后)",对于 BOP-2 操作面板,该默认设置名称为"3-WIRE1"。I/O 端子的默认设置如图 5-56 所示。

图 5-55　CU240B-2 端子的默认设置 18　　　图 5-56　CU240B-2 端子的默认设置 19

在默认设置 19 中,转速设定值(主设定值)p1070[0]=755[0]。

(7)默认设置 20。三线制控制,方法 2 选择方式。

对于 STARTER 软件,该默认设置的名称为"3 线制(使能/正转/反转)",对于 BOP-2 操作面板,该默认设置名称为"3-WIRE2"。I/O 端子的默认设置如图 5-57 所示。

在默认设置 20 中,转速设定值(主设定值)p1070[0]=755[0]。

(8)默认设置 21。USS 现场总线选择方式。

对于 STARTER 软件,该默认设置的名称为"USS 现场总线",对于 BOP-2 操作面板,该默认设置名称为"FB USS"。I/O 端子的默认设置如图 5-58 所示。

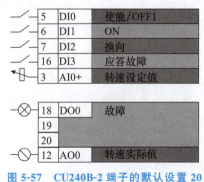
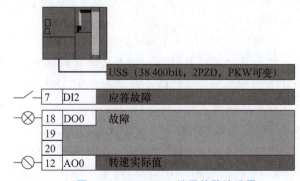

图 5-57　CU240B-2 端子的默认设置 20　　　图 5-58　CU240B-2 端子的默认设置 21

在默认设置 21 中,转速设定值(主设定值)p1070[0]=2050[1]。

2. CU240E-2端子的默认设置

CU240E-2端子的默认设置主要有以下18种。其中，DI0～DI5的状态参数分别为0722.0～0722.5，DO0和DO1的设置参数分别为p0730和p0731，AI0的参数为0755[0]，AO0和AO1的信号类型设置参数分别为p0771[0]和p0771[1]。另外，默认设置1～3中转速固定设定值1～4的参数分别为p1001～p1004，转速固定设定值生效参数为r1024；默认设置8、9、14、15中电动电位器斜坡功能发生器后的设定值参数为r1050。

(1) 默认设置1。两个固定转速选择方式。

对于STARTER软件，该默认设置名称为"采用2种固定频率的输送技术"，对BOP-2操作面板，该默认设置名称为"CON2SP"。I/O端子的默认设定值如图5-59所示。

在默认设置1中，使用转速固定设定值3和转速固定设定值4，转速设定值（主设定值）参数p1070101=1024。当DI4和DI5为高电平时，意味着变频器将两个固定设定值相加。

(2) 默认设置2。两个固定转速、带安全功能选择方式。

对于STARTER软件，该默认设置的名称为"采用基本安全功能的输送技术"，对于BOP-2操作面板，该默认设置名称为"CON SAFE"。I/O端子的默认设置如图5-60所示。

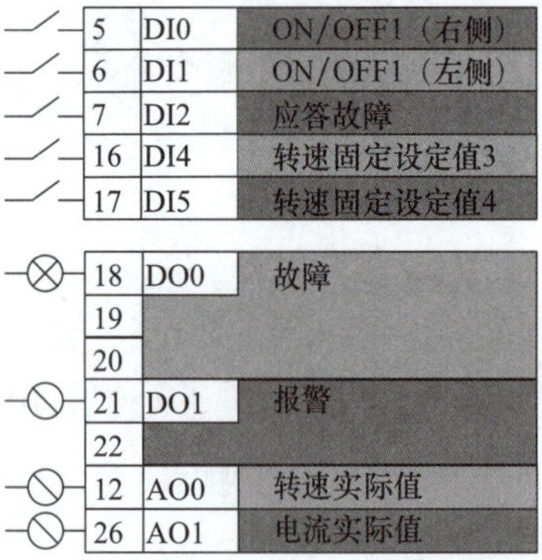

图5-59　CU240E-2端子的默认设置1

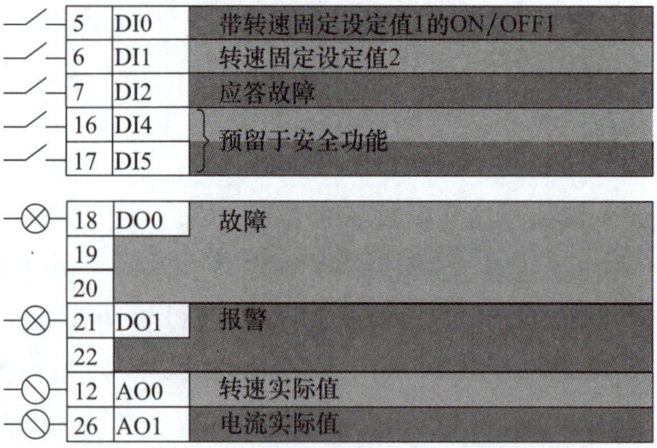

图5-60　CU240E-2端子的默认设置2

在默认设置2中，使用转速固定设定值1和转速固定设定值2，转速固定设定值（主设定值）参数p1070[0]=1024。当DI0和DI1为高电平时，意味着变频器将两个转速固定设定值相加。

(3) 默认设置3。4个固定转速选择方式。

对于STARTER软件，该默认设置的名称为"采用4种固定频率的输送技术"，对于BOP-2操作面板，该默认设置名称为"CON4S"。I/O端子的默认设置如图5-61所示。

在默认设置3中，使用转速固定设定值1、转速固定设定值2、转速固定设定值3和转速固定设定值4，转速固定设定值（主设定值）参数p1070[0]=1024。当DI0、DI1、DI4和DI5中多个DI为高电平时，变频器将相应的各个转速固定设定值相加。

(4) 默认设置4。PROFIBUS或PROFINET选择方式。

对于STARTER软件，该默认设置的名称为"采用现场总线的传输技术"，对于BOP-2操作面板，该默认设置名称为"CON FB"。I/O端子的默认设置如图5-62所示。

项目 5　西门子 G120 变频器基本操作

	5	DI0	带转速固定设定值1的ON/OFF1
	6	DI1	转速固定设定值2
	7	DI2	应答故障
	16	DI4	转速固定设定值3
	17	DI5	转速固定设定值4
	18	DO0	故障
	19		
	20		
	21	DO1	报警
	22		
	12	AO0	转速实际值
	26	AO1	电流实际值

图 5-61　CU240E-2 端子的默认设置 3

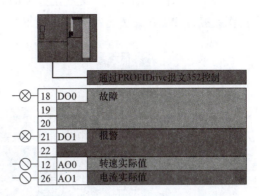

图 5-62　CU240E-2 端子的默认设置 4

在默认设置 4 中，转速设定值（主设定值）参数 p1070[0]＝2050[1]。

（5）默认设置 5。PROFIBUS 或 PROFINET，带安全功能选择方式。

对于 STARTER 软件，该默认设置的名称为"采用现场总线和基本安全功能的传输技术"，对于 BOP-2 操作面板，该默认设置名称为"CON FBS"。I/O 端子的默认设置如图 5-63 所示。

在默认设置 5 中，转速设定值（主设定值）参数 p1070[0]＝2050[1]。

（6）默认设置 6。PROFIBUS 或 PROFINET，带两种安全功能选择方式（只针对配备 CU240E-2F、CU240E-2DP-F 和 CU240E-2PN-F 的变频器）。

对于 STARTER 软件，该默认设置的名称为"带扩展安全功能的现场总线"，对于 BOP-2 操作面板，该默认设置名称为"FB SAFE"。I/O 端子的默认设置如图 5-64 所示。

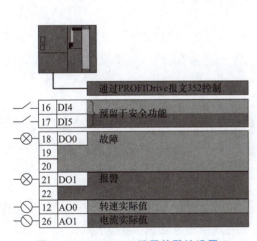

图 5-63　CU240E-2 端子的默认设置 5　　　图 5-64　CU240E-2 端子的默认设置 6

在默认设置 6 中，转速设定值（主设定值）p1070[0]＝2050[1]。

（7）默认设置 7。通过 DI3 在现场总线和 JOG 之间切换选择（带 PROFIBUS 或 PROFINET 接口的变频器的出厂设置）。

139

对于 STARTER 软件,该默认设置的名称为"带数据组转换的现场总线",对于 BOP-2 操作面板,该默认设置名称为"FB CDS"。I/O 端子的默认设置如图 5-65 所示。

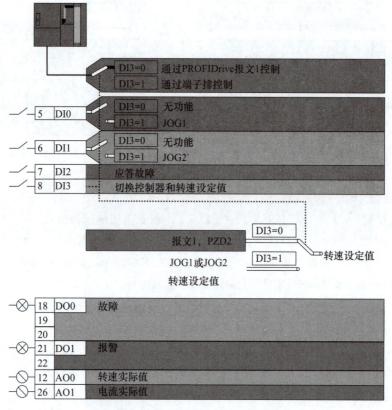

图 5-65　CU240E-2 端子的默认设置 7

在默认设置 7 中,转速设定值(主设定值)p1070[0]=2050[1],JOG1 转速设定值 p1058 对应出厂设定值,即 150 r/min,JOG2 转速设定值 p1059 对应出厂设置值,即 −150 r/min。

(8)默认设置 8。电动电位器(MOP),带安全功能选择方式。

对于 STARTER 软件,该默认设置的名称为"采用基本安全功能的 MOP",对于 BOP-2 操作面板,该默认设置名称为"MOP SAFE"。I/O 端子的默认设置如图 5-66 所示。

在默认设置 8 中,转速设定值(主设定值)p1070[0]=1050。

(9)默认设置 9。电动电位器(MOP)选择方式。

对于 STARTER 软件,该默认设置的名称为"带 MOP 的标准 I/O",对于 BOP-2 操作面板,该默认设置名称为"STD MOP"。I/O 端子的默认设置如图 5-67 所示。

在默认设置 9 中,转速设定值(主设定值)参数 p1070[0]=1050。

(10)默认设置 12。双线制控制,方法 1 选择方式(带 USS 接口的变频器的出厂设置)。

对于 STARTER 软件,该默认设置的名称为"带模拟设定值的标准 I/O",对于 BOP-2 操作面板,该默认设置名称为"STD ASP"。I/O 端子的默认设置如图 5-68 所示。

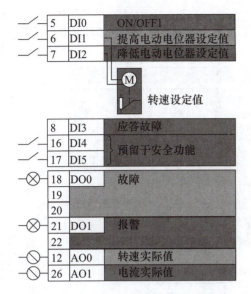

图 5-66 CU240E-2 端子的默认设置 8

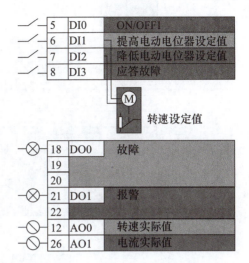

图 5-67 CU240E-2 端子的默认设置 9

在默认设置 12 中，转速设定值（主设定值）参数 p1070[0]=755[0]。

(11) 默认设置 13。通过模拟量输入给定设定值，带安全功能选择方式。

对于 STARTER 软件，该默认设置的名称为"带模拟量设定值和安全功能的标准 I/O"，对于 BOP-2 操作面板，该默认设置名称为"ASPS"。I/O 端子的默认设置如图 5-69 所示。

图 5-68 CU240E-2 端子的默认设置 12

图 5-69 CU240E-2 端子的默认设置 13

在默认设置 13 中，转速设定值（主设定值）参数 p1070[0]=755[0]。

(12) 默认设置 14。通过 DI3 在现场总线和电动电位器（MOP）之间切换选择方式。

对于 STARTER 软件，该默认设置的名称为"带现场总线的过程工业"，对于 BOP-2 操作面板，该默认设置名称为"PROC FB"。I/O 端子的默认设置如图 5-70 所示。

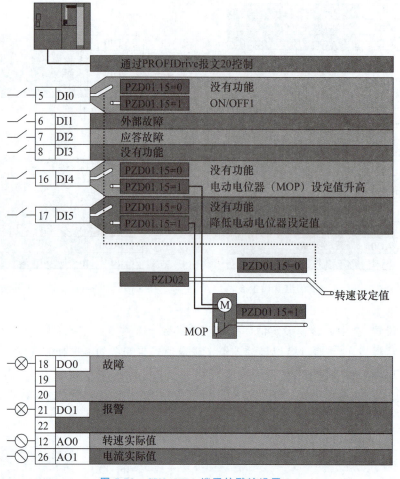

图 5-70 CU240E-2 端子的默认设置 14

在默认设置 14 中，转速设定值（主设定值）参数 p1070[0]＝2050[1]，p1070[1]＝1050，通过 PZD01 位 15 来切换控制参数，p0810＝r2090.15。

(13)默认设置 15。通过 DI3 在模拟量设定值和电动电位器(MOP)之间切换选择方式。

对于 STARTER 软件，该默认设置的名称为"过程工业"，对于 BOP-2 操作面板，该默认设置名称为"PROC"。I/O 端子的默认设置如图 5-71 所示。

在默认设置 15 中，转速设定值（主设定值）参数 p1070[0]＝75[0]，p1070[1]＝1050。

(14)默认设置 17。双线制控制，方法 2 选择方式。

对于 STARTER 软件，该默认设置的名称为"2 线制(同前/同后 1)"，对于 BOP-2 操作面板，该默认设置名称为"2-WIRE1"。I/O 端子的默认设置如图 5-72 所示。

在默认设置 17 中，转速设定值（主设定值）参数 p1070[0]＝755[0]。

(15)默认设置 18。双线制控制，方法 3 选择方式。

对于 STARTER 软件，该默认设置的名称为"2 线制(向前/向后 2)"，对于 BOP-2 操作面板，该默认设置名称为"2-WIRE2"。I/O 端子的默认设置如图 5-73 所示。

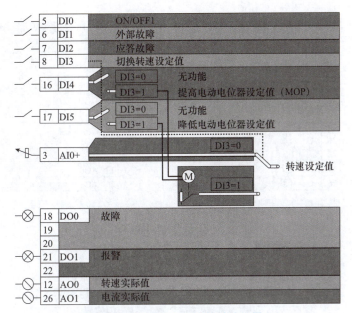

图 5-71 CU240E-2 端子的默认设置 15

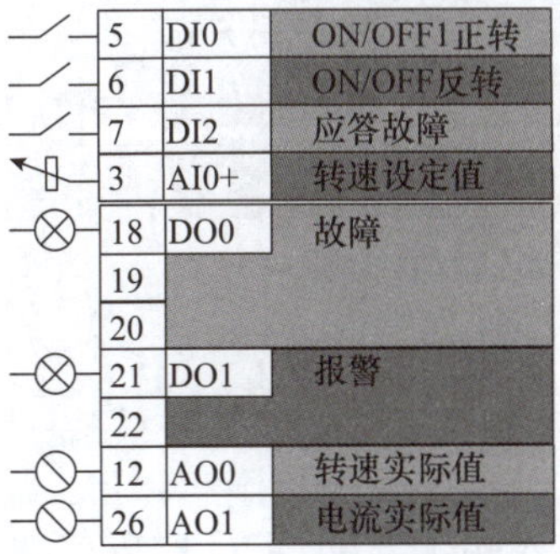

图 5-72 CU240E-2 端子的默认设置 17 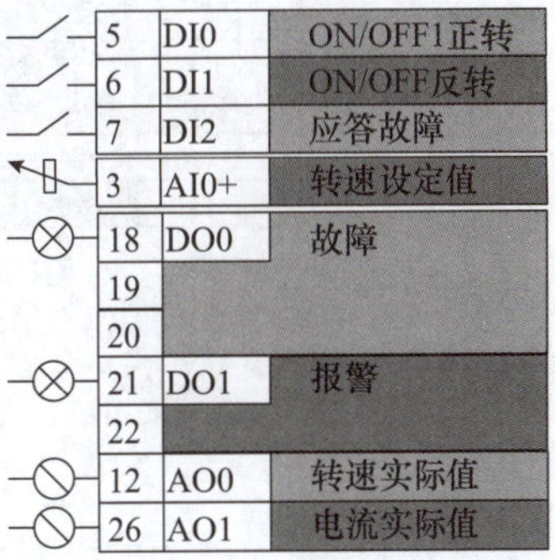　　图 5-73 CU240E-2 端子的默认设置 18

在默认设置 18 中，转速设定值（主设定值）参数 p1070[0]=755[0]。

(16) 默认设置 19。三线制控制，方法 1 选择方式。

对于 STARTER 软件，该默认设置的名称为"3 线制（使能/向前/向后）"，对于 BOP-2 操作面板，该默认设置名称为"3-WIRE1"。I/O 端子的默认设置如图 5-74 所示。

在默认设置 19 中，转速设定值（主设定值）参数 p1070[0]=755[0]。

(17) 默认设置 20。三线制控制，方法 2 选择方式。

对于 STARTER 软件，该默认设置的名称为"3 线制（使能/正转/反转）"，对于 BOP-2 操作面板，该默认设置的名称为"3-WIRE2"。I/O 端子的默认设置如图 5-75 所示。

在默认设置 20 中，转速设定值（主设定值）参数 p1070[0]=755[0]。

(18) 默认设置 21。USS 现场总线选择方式。

对于 STARTER 软件，默认设置的名称为"USS 现场总线"，对于 BOP-2 操作面板，该默认设置名称为"FB USS"。I/O 端子的默认设置如图 5-76 所示。

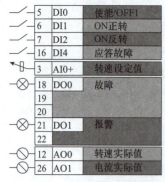
图 5-74 CU240E-2 端子的默认设置 19

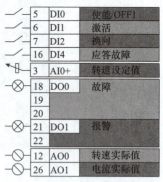
图 5-75 CU240E-2 端子的默认设置 20

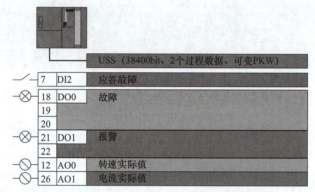
图 5-76 CU240E-2 端子的默认设置 21

在默认设置 21 中，转速设定值（主设定值）参数 p1070[0]=2050[1]。

3. 数字量输入 DI

(1) 数字量输入 DI 端子功能的设置。数字量输入端子 DI0～DI5 对应的状态参数分别为 r0722.0～r0722.5，如图 5-77 所示（控制单元 CU240B-2 和 CU240B-2DP 没有 DI4 和 DI5 端子）。

要设置或修改数字量输入 DI 的功能，必须将 DI 的状态参数与选中的二进制互联输入（BI）连接在一起。部分 BI 参数数字量输入端子的状态参数含义见表 5-6。完整的 BI 列表可以查阅参数手册。

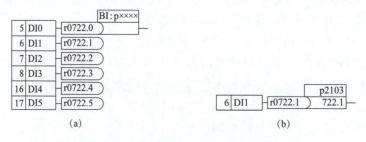

图 5-77 数字量输入 DI 端子功能的设置
(a) 数字量输入端子的状态参数；(b) 设置数字量输入 DI 端子功能示例

表 5-6 状态参数含义

BI	含义	BI	含义
p0810	指令数据组选择 CDS 位 0	p1036	电动电位器设定值降低
p0840	ON/OFF1	p1055	JOG 位 0
p0844	OFF2	p1056	JOG 位 1
p0848	OFF3	p1113	设定值取反
p0852	使能运行	p1201	捕捉再启动使能的信号源
p0855	强制打开抱闸	p2103	应答故障
p0856	使能转速控制	p2106	外部故障 1
p0858	强制闭合抱闸	p2112	外部警告 1
p1020	转速固定设定值选择位 0	p2200	工艺控制器使能
p1021	转速固定设定值选择位 1	p3330	双线/三线控制的控制指令 1
p1022	转速固定设定值选择位 2	p3331	双线/三线控制的控制指令 2
p1023	转速固定设定值选择位 3	p3332	双线/三线控制的控制指令 3
p1035	电动电位器设定值升高		

例如，要实现数字量输入 DI1 具有应答变频器故障信息的功能，则需要设置 p2103＝722.1，将数量输入 DI1 的功能设置为应答故障(p2103)。

对于 DI 信号，可以通过设置参数 p0724(数字量输入去抖时间)消除 DI 信号的抖动。

通过设置 BI 参数，还可以实现将模拟量输入 AI 用作附加的数字量输入 DI，或者将 DI 设置为安全输入。

(2)将模拟量输入用作附加的数字量输入。通过设置 BI 参数，可以实现将模拟量输入 AI0 和 AI1 用作附加的数字量输入 DI11 和 DI12，其状态参数分别为 r0722.11 和 r0722.12，外部连接如图 5-78 所示。使用 DI11 或 DI12 端子时，将状态参数 r0722.11 或 r0722.12 与选中的 BI 连接在一起。注意：控制单元 CU240B-2 和 CU240B-2DP 上没有 AI1＋和 AI1－端子。

(3)安全输入 FDI。需要使用 STO 安全功能时，必须首先在基本调试中配置一个安全输入。例如，对于 CU240E-2，设置 p0015(O 端子默认设置)＝2，变频器会将 DI4 和 DI5 组合成一个安全输入，如图 5-79 所示，将 DI 设置为 FDI 如图 5-80 所示。安全输入上可以连接安全传感器，如急停指令；也可以连接预处理的设备，如安全控制器或安全开关设备。

变频器的故障安全数字量输入会等待带有相同状态的信号。其中，高位信号表示安全功能已撤销，低位信号表示安全功能已选中。变频器比较故障安全数字量输入上的两个信号是否一致，因此可检测出断线或传感器失效等故障，无法检测出两个电缆短接或信号电缆和 24 V 电源之间短路的故障。为了降低正在运行的机器或设备出现电缆故障的风险，进行长距离布线时，可以使用带有接地屏蔽层的电缆，或者在钢管内敷设信号电缆。

安全输入的接线示例如图 5-81～图 5-83 所示，这些示例适用于所有的组件都安装在一个控制柜内的情况。

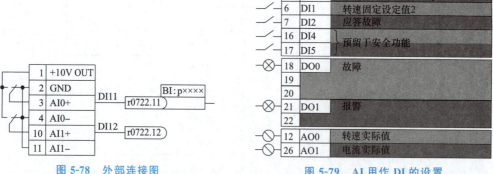

图 5-78　外部连接图　　　　　　　图 5-79　AI 用作 DI 的设置

图 5-80　将 DI 设置为 FDI

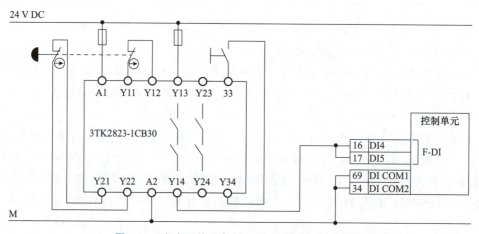

图 5-81　安全开关设备(如 SIRIUS 3TK28)的接线

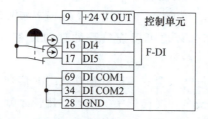

图 5-82　传感器(如急停按钮、限位开关)的接线

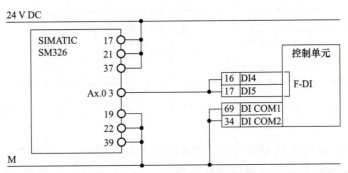

图 5-83 故障安全的数字量输出模块(如 SIMATIC F 模块)的接线

4. 数字量输出 DO

数字量输出端子 DO0、DO1 和 DO2 对应的参数分别为 p0730、p0731 和 p0732，如图 5-84 所示(控制单元 CU240B-2 和 CU240B-2DP 没有 DO1 和 DO2 端子)。

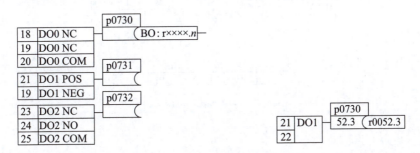

图 5-84 数字量输出端子的参数

要设置或修改数字量输出 DO 的功能，必须将 DO 的参数与选中的二进制互联输出(BO)连接在一起。部分二进制互联输出参数 BO 含义见表 5-7。完整的 BO 列表可以查阅参数手册。

表 5-7 输出参数 BO 含义

BO	含义	BO	含义
0	禁用数字量输出	r0052.9	PZD 控制
r0052.0	就绪	r0052.10	实际频率≥p1082(最大频率)
r0052.1	变频器运行就绪	r0052.11	报警：电动机电流/转矩限制
r0052.2	变频器正在运行	r0052.12	制动生效
r0052.3	出现变频器故障	r0052.13	电动机过载
r0052.4	OFF2 生效	r0052.14	电动机正转
r0052.5	OFF3 生效	r0052.15	变频器过载
r0052.6	"接通禁止"生效	r0053.0	直流制动生效

续表

BO	含义	BO	含义
r0052.7	出现变频器报警	r0053.2	实际频率＞p1080(最小频率)
r0052.8	设定值与实际值之差	r0053.6	实际频率≥设定值(设定频率)

例如，要实现数字量输出 DO1 输出变频器的故障信息，则需要设置 p0731＝52.3，如图 5-85 所示。

另外，还可以使用参数 p0748.0(对 DO0 取反)、p0748.1(对 DO1 取反)或 p0748.2(对 DO2 取反)来取反对应数字量输出的信号。

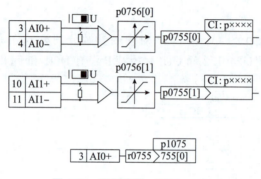

图 5-85　设置参数 p0731＝52.3

5. 模拟量输入 AI

对模拟量输入 AI 端子进行设置，首先需要设置模拟量输入类型，然后确定模拟量输入 AI 端子的功能。模拟量输入 AI0 和 AI1 的状态参数分别为 r0755[0]和 r0755[1]，测量类型设置参数分别为 p0756[0]和 p0756[1]。注意：控制单元 CU240B-2 和 CU240B-2DP 没有 AI1 端子。

(1)设置模拟量输入类型。设置模拟量输入类型，首先需要将 AI 类型设置开关拨至正确位置。AI 类型设置开关位于控制单元正面保护盖的后面，拨至左侧为电流输入类型 I，拨至右侧为电压输入类型 U(出厂设置)。

设置模拟量输入类型，需要参照表 5-8 对参数 p0756[x]进行设置。

表 5-8　参数 p0756[x]设置参照表

类型	测量范围	AI0 通道	AI1 通道
单极电压输入	0 V～10 V	p0756[0]＝0	p0756[1]＝0
单极电压输入，受监控	2～10 V	p0756[0]＝1	p0756[1]＝1
单极电流输入	0 mA～20 mA	p0756[0]＝2	p0756[1]＝2
单极电流输入，受监控	4 mA～20 mA	p0756[0]＝3	p0756[1]＝3
双极电压输入	－10 V～10 V	p0756[0]＝4	p0756[1]＝4
未连接传感器	0 V～10 V	p0756[0]＝8	p0756[1]＝8

(2) 确定模拟量输入端的功能。将模拟量输入 AI 的参数与模拟互联输入参数 CI 相连，即可确定模拟量输入端的功能。部分模拟参数 CI 的含义见表 5-9。完整的 CI 列表可以查阅参数手册。

例如，要实现通过模拟量输入 AI0 给定附加设定值的功能，则需要设置 p1075=755[0]。

(3) 调整定标曲线。用 p0756 修改了模拟量输入的类型后，变频器会自动调整模拟量输入的定标。线性的定标曲线由两个坐标即（p0757，p0758）和（p0759，p0760）确定，如图 5-86 所示，参数含义见表 5-9。

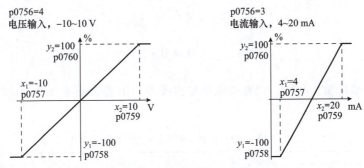

图 5-86 线性的定标曲线

表 5-9 参数含义

AI0 通道定标参数	AI1 通道定标参数	含义
p0757[0]	p0757[1]	曲线第 1 个点的 x 坐标[V 或 mA]
p0758[0]	p0758[1]	曲线第 1 个点的 y 坐标[p200×的% 值]，p200× 是基准参数，例如：p2000 是基准转速
p0759[0]	p0759[1]	曲线第 2 个点的 x 坐标[V 或 mA]
p0760[0]	p0760[1]	曲线第 2 个点的 y 坐标[p200×的% 值]
p0761[0]	p0761[1]	断线监控的动作阈值

当预定义的类型和实际应用不符时，需要自行调整定标曲线。

例如，实际应用中的模拟量输入 AI0 为"6~12 mA"的电流类型，与预定义不符，需要将"6~12 mA"的信号换算成"−100%~100%"的%值（低于 6 mA 时会触发变频器的断线监控）。

要实现上述功能，首先设置 p0756[0]=3，将模拟量输入 AI0 设为带断线监控的电流输入，然后设置 p0757[0]=6.0，p0758[0]=−100.0，P0759[0]=12.0，p0760[0]=100.0，完成定标曲线的调整。

6. 模拟量输出 AO

对模拟量输出 AO 端子进行设置，首先需要设置模拟量输出类型，然后确定模拟量输出 AO 端子的功能。模拟量输入 AO0 和 AO1 的功能设置参数分别为 p0771[0] 和 p0771[1]，测量类型设置参数分别为 p0776[0] 和 p0776[1]，如图 5-87 所示。注意：控制单元

CU240B-2 和 CU240B-2DP 没有 AO1 端子。

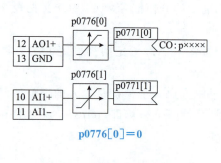

图 5-87　测量类型设置参数

(1)设置模拟量输出类型。设置模拟量输出类型，需要参照表 5-10 对参数 p0776[×] 进行设置。

表 5-10　参数 P0776[×] 的设置

类型	输出范围	AO0 通道	AO1 通道
电流输出(出厂设置)	0～20 mA	p0776[0]＝0	p0776[1]＝0
电压输出	0～10 V	p0776[0]＝1	p0776[1]＝1
电流输出	4～20 mA	p0776[0]＝2	p0776[1]＝2

(2)确定模拟量输出端的功能。将模拟量输出 AO 的参数 p0771 与模拟量互联输出参数 CO 相连，即可确定模拟量输出端的功能。部分模拟量互联输出参数 CO 的含义见表 5-11。完整的 CO 列表可以查阅参数手册。

表 5-11　参数 CO 含义

CO	含义	CO	含义
r0021	实际频率	r0026	直流母线电压实际值
r0024	输出实际频率	r0027	输出电流
r0025	输出实际电压		

例如，要实现通过模拟量输出 AO0 输出变频器的输出电流，则需设置 p0771＝27。

(3)调整定标曲线。用 p0776 修改了模拟量输出的类型后，变频器会自动调整模拟量输出的定标。线性的定标曲线由两个坐标即(p0777，p0778)和(p0779，p0780)确定，如图 5-88 所示，参数含义见表 5-12。

当预定义的类型和实际应用不符时，需要自行调整定标曲线。

例如，实际应用中的模拟量输出 AO0 为"6～12 mA"的电流类型，与预定义不符，需要将"0%～100%"的信号换算成"6～12 mA"的输出信号。

要实现上述功能，首先设置 p0776[0]＝2，将模拟量输出 AO0 设为电流输出，然后设置 p0777[0]＝0.0，p0778[0]＝6.0，p0779[0]＝100.0，p0780[0]＝12.0，完成定标曲线的调整。

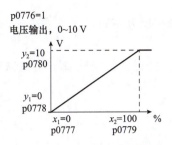
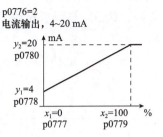

图 5-88 调整定标曲线

表 5-12 AO0 通道定标参数含义

AO0 通道定标参数	AO1 通道定标参数	含义
p0777[0]	p0777[1]	曲线第 1 个点的 x 坐标[p200×的 % 值] p200× 是基准参数，p2000 是基准转速
p0778[0]	p0778[1]	曲线第 1 个点的 y 坐标[V 或 mA]
p0779[0]	p0779[1]	曲线第 2 个点的 x 坐标[p200×的 % 值]
p0780[0]	p0780[1]	曲线第 2 个点的 y 坐标[V 或 mA]

5.3.3 变频器控制

G120 变频器接通电源电压后，通常会进入"接通就绪"状态。在该状态变频器会一直等待接通电动机的指令。

1. 接通和关闭电动机指令

变频器进入"接通就绪"状态后，收到 ON 指令，变频器会接通电动机，进入"运行"状态。

关闭电动机有 OFF1、OFF2、OFF3 3 种指令。

OFF1：发出 OFF1 指令后，变频器对电动机进行制动，在电动机静止后，变频器会将其关闭，变频器又回到"接通就绪"状态。

OFF2：发出 OFF2 指令后，变频器立即关闭电动机，不先对其进行制动。

OFF3：该指令的含义是"快速停止"。发出 OFF3 指令后，变频器以 OFF3 减速时间使电动机制动；在电动机静止后，变频器会将其关闭。该指令经常在非正常运行情况下使用，以使电动机快速制动。

电动机接通和关闭时变频器的内部顺序控制如图 5-89 所示。

在图 5-89 中，"禁止运行"指的是变频器关闭电动机并封锁设定值，"使能运行"指的是变频器接通电动机并使能设定值。用于标识变频器状态的缩写"S1""S2""S3""S4""S5a""S5b"在 PROFIDrive 协议中加以规定。

S1：接通禁止状态，在该状态下，变频器对 ON 指令没有反应。

S2：接通就绪状态，该状态是接通电动机的前提。

S3：运行就绪状态，变频器等待运行使能。

S4：运行状态，电动机接通。

S5a：正常停止状态，电动机已被 OFF3 指令关闭并在斜坡函数发生器的斜坡下降时间状态内制动。

S5b：快速停止状态，电动机已被 OFF3 指令关闭并以 OFF3 减速时间减速制动。

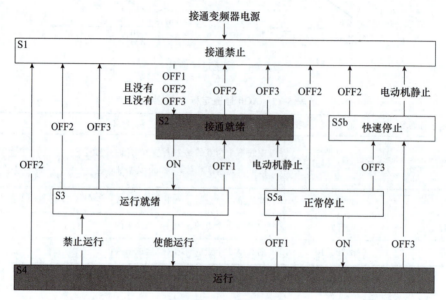

图 5-89　内部顺序控制

2. 数字量输入控制电动机

通过数字量输入控制电动机，可以使用双线控制方法(共 3 种)，也可以使用三线制控制方法(共 2 种)。

(1)双线制控制方法 1。在这种控制方法中，控制指令(ON/OFF1)控制电动机的启停，通过另一个控制指令(反向)控制电动机的正转和反转。双线制控制方法 1 的电动机工作时序如图 5-90 所示，控制指令信号值对应的功能见表 5-13。

当设置 p0015＝12 时，使用变频器的数字量输入 DI0 和 DI1 来控制电动机。其中，DI0 为 ON/OFF1 信号，DI1 为反向信号。

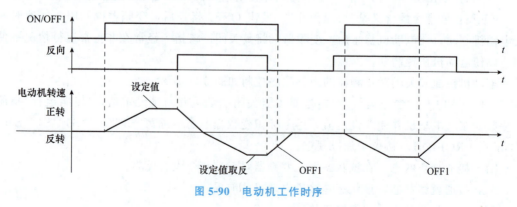

图 5-90　电动机工作时序

表 5-13 控制指令信号值对应的功能

ON/OFF1	反向	功能
0	0	OFF1：电动机启动
0	1	OFF1：电动机启动
1	0	ON：电动机正转
1	1	ON：电动机反转

也可以将控制指令和选中的数字量输入互联在一起。设置 p0840[0…n]=722.×，指定某数字量输入为 ON/OFF1；设置 p1113[0…n]=722.×，指定某数字量输入将设定值取反（反向）。

例如，设置 p0840[0]=722.3，p1113[0]=722.4，意味着当指令数据组选择 CDS 位 0（CDS0）时，定义 DI3 接收 ON/OFF1 命令，定义 DI4 作为设定值取反（反向）信号。

（2）双线制控制方法 2。在这种控制方法中，第 1 个控制指令（ON/OFF1 正转）用于接通和关闭电动机，并同时选择电动机的正转；第 2 个控制指令（ON/OFF1 反转）同样用于接通和关闭电动机，但选择电动机的反转。双线制控制方法 2 的电动机工作时序如图 5-91 所示，控制指令信号值对应的功能见表 5-14。

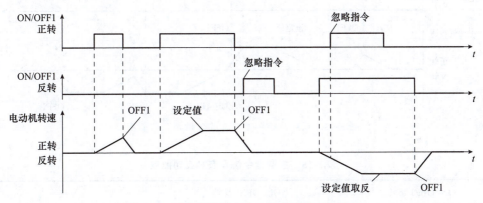

图 5-91 双线制控制方法 2 的电动机工作时序

表 5-14 控制指令信号值对应的功能

ON/OFF1 正转	ON/OFF1 反转	功能
0	0	OFF1：电动机停止
0	1	ON：电动机正转
1	0	ON：电动机反转
1	1	ON：电动机旋转方向以第一个为"1"的信号为准

需要注意：仅在电动机静止时变频器才会接收新指令。

当设置 p0015=17 时，使用变频器的数字量输入 DI0 和 DI1 来控制电动机，其中 DI0 为 ON/OFF1 正转信号，DI1 为 ON/OFF1 反转信号。

也可以将控制指令和选中的数字量输入互联在一起。设置 p3330[0…n]=722.×，指定某数字量输入为 ON/OFF1 正转；设置 p3331[0…n]=722.×，指定某数字量输入为 ON/OFF1 反转。

例如，设置 p3330[0]=722.3，p3331[0]=722.4，意味着当指令数据组选择 CDS 位 0(CDS0)时，定义 DI3 接收 ON/OFF1 正转命令，定义 DI4 接收 ON/OFF1 反转命令。

(3)双线制控制方法 3。在这种控制方法中，第 1 个控制指令(ON/OFF1)用于接通和关闭电动机，并同时选择电动机的正转；第 2 个控制指令同样用于接通和关闭电动机，但选择电动机的反转。

与双线制控制方法 2 不同的是，在这种方法中变频器可随时接收控制指令，与电动机是否旋转无关；当正反转控制指令均为 1 时，电动机停止。

双线制控制方法 3 的电动机工作时序如图 5-92 所示。控制指令信号值对应的功能见表 5-15。

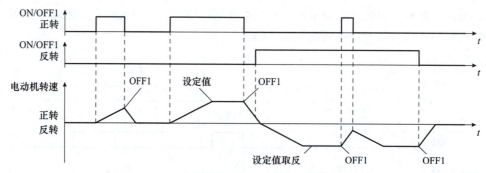

图 5-92　双线制控制方法 3 的电动机工作时序

表 5-15　控制指令信号值对应功能表

ON/OFF1 正转	ON/OFF1 反转	功能
0	0	OFF1：电动机停止
0	1	ON：电动机正转
1	0	ON：电动机反转
1	1	OFF1：电动机停止

当设置 p0015=18 时，使用变频器的数字量输入 DI0 和 DI1 来控制电动机。其中，DI0 为 ON/OFF1 正转信号，DI1 为 ON/OFF1 反转信号。

也可以将控制指令和选中的数字量输入互联一起。其参数设置同双线制控制方法 2。

(4)三线制控制方法 1。在这种控制方法中，第 1 个控制指令(使能/OFF1)用于使能另外两个控制指令，取消使能后，电动机关闭(OFF1)；第 2 个控制令(ON 正转)的上升沿将电动机切换至正转，若电动机处于未接通状态，则会接通电动机(ON)；第 3 个控制指令(ON 反转)的上升沿将电动机切换至反转,若电动机处于未接通状态,则会接通电动机(ON)。

三线制控制方法 1 的电动机工作时序如图 5-93 所示。控制指令信号值对应的功能见表 5-16。

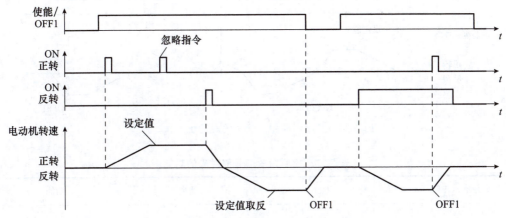

图 5-93　三线制控制方法 1 的电动机工作时序

表 5-16　控制指令信号值对应的功能

使能/OFF1	ON 正转	ON 反转	功能
0	0 或 1	0 或 1	OFF1:电动机停止
0	0→1	0	ON:电动机正转
1	0	0→1	ON:电动机反转
1	1	1	OFF1:电动机停止

当设置 p0015＝19 时,使用变频器的数字量输入 DI0、DI1 和 DI2 来控制电动机。其中,DI0 为使能/OFF1 信号,DI1 为 ON 正转信号,DI2 为 ON 反转信号。

也可以将控制指令和选中的数字量输入互联在一起。设置 p3330[0…n]＝722.×,指定数字量输入为使能/OFF1 信号;设置 p3331[0…n]＝722.×,指定数字量输入为 ON 正转信号;设置 p3332[0…n]＝722.×,指定某数字量输入为 ON 反转信号。

例如,设置 p3330[0]＝722.3,p3331[0]＝722.4,p3332[0]＝722.5,意味着当指令数据组选择 CDS 位 0(CDS0)时,则定义 DI3 接收使能/OFF1 命令,定义 DI4 接收 ON 正转命令,定义 DI5 接收 ON 反转命令。

(5)三线制控制方法 2。在这种控制方法中,第 1 个控制指令(使能/OFF1)用于使能另外两个控制指令,取消使能后,电动机关闭(OFF1);第 2 个控制指令(ON)的上升沿接通电动机;第 3 个控制指令(换向)确定电动机的旋转方向。

三线制控制方法 2 的电动机工作时序如图 5-94 所示。控制指令信号值对应的功能见表 5-17。

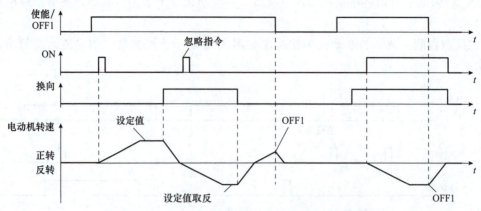

图 5-94 三线制控制方法 2 的电动机工作时序

表 5-17 控制指令信号值对应的功能

使能/OFF1	ON	换向	功能
0	0 或 1	0 或 1	OFF1：电动机停止
0	0→1	0	ON：电动机正转
1	0→1	1	ON：电动机反转

当设置 p0015＝20 时，使用变频器的数字量输入 DI0、DI1 和 DI2 来控制电动机。其中，DI0 为使能/OFF1 信号，DI1 为 ON 信号，DI2 为换向信号。

也可以将控制指令和选中的数字量输入互联在一起，设置 $p3330[0…n]＝722.×$，指定某数字量输入为使能/OFF1 信号；设置 $p3331[0…n]＝722.×$，指定某数字量输入为 ON 信号；设置 $p3332[0…n]＝722.×$，指定某数字量输入为换向信号。

例如，设置 $p3330[0]＝722.3$，$p3331[0]＝722.4$，$p3332[0]＝722.5$，意味着当指令数据组选择 CDS 位 0（CDS0）时，定义 DI3 接收使能/OFF1 命令，定义 DI4 接收 ON 命令，定义 DI5 接收换向命令。

3. 电动机点动(JOG 功能)

"JOG"功能可实现电动机点动控制，可以通过数字量输入来接通和关闭电动机，通常是用于缓慢移动一个机械部件，如移动传送带。

通过"JOG"功能接通电动机，电动机将加速到 JOG 设定值。变频器提供两个 JOG 设定值（JOG1 转速设定值，JOG2 转速设定值），这两个设定值可作为电动机点动正转设定值和电动机点动反转设定值。JOG 的斜坡函数发生器和 ON/OFF1 的指令相同。运用 G120 变频器"JOG"功能时电动机的工作时序如图 5-95 所示。

需要注意的是，在给出"JOG"控制指令前，变频器应在接通就绪状态下。如果电动机已接通，"JOG"指令将不会生效。

与电动机点动（JOG 功能）相关的参数功能见表 5-18。

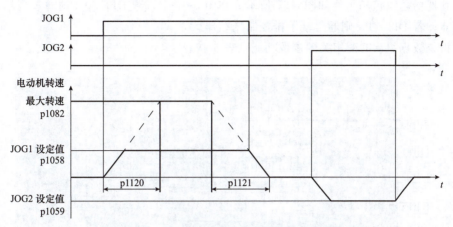

图 5-95 运用"JOG"功能时电动机的工作时序

表 5-18 与电动机点动(JOG 功能)相关的参数功能

参数	功能描述
p1058	JOG1 转速设定值(出厂设置:150 r/min)
p1059	JOG2 转速设定值(出厂设置:−150 r/min)
p1082	最大转速(出厂设置:1 500 r/min)
p1110	禁止负向。当该参数值为 0 时,表示负旋转方向已使能;当该参数值为 1 时,表示负旋转方向已禁止
p1111	禁止正向。当该参数值为 0 时,表示正旋转方向已使能;当该参数值为 1 时,表示正旋转方向已禁止
p1113	设定值取反。当该参数值为 0 时,表示设定值未取反;当该参数值为 1 时,表示设定值已取反
p1120	斜坡函数发生器加速时间(出厂设置:10 s)
p1121	斜坡函数发生器减速时间(出厂设置:10 s)
p1055 = 722.0	JOG 位 0:通过数字量输入 0 选择 JOG1
p1056 = 722.1	JOG 位 1:通过数字量输入 1 选择 JOG2

4. 切换变频器控制(指令数据组)

在某些应用中,变频器需要由不同的上级控制器作用。例如,可以通过现场总线由控制器控制电动机,也可以通过开关柜来操作电动机。这可以通过指令数据组(Command Data Set,CDS)实现,如图 5-96 所示。

指令数据组(CDS)可将不同的变频器控制方式区分开。通过指令数据组(CDS)切换变频器控制,需要先通过参数 p0810 选择指令数据组,再将参数 p0810 与选择的一个控制指令(如一个数字量输入)互联。例如,控制方式从端子

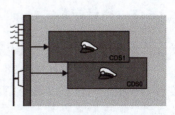

图 5-96 通过现场总线由控制器控制电动机

排切换到现场总线控制示例如图 5-97 所示。在图 5-97 中，若 DI3＝0，则通过现场总线控制变频器；若 DI3＝1，则通过端子排控制变频器。

与指令数据组(CDS)相关的参数功能见表 5-19。

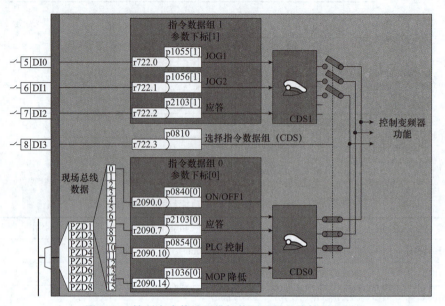

图 5-97　控制方式从端子排切换到现场总线控制示例

表 5-19　与指令数据组(CDS)相关的参数功能描述

参数	功能描述
p0010 = 15	变频器调试：数据组
p0170	指令数据组的数量(出厂设置：2)，p0170 = 2、3 或 4
p0010 = 0	变频器调试：就绪
p0809[0]	复制源 CDS 编号
p0809[1]	复制目标 CDS 编号
p0809[2] = 1	启动复制。复制结束后，变频器会设置 p0809[2] = 0
p0810	指令数据组选择 CDS 位 0
p0811	指令数据组选择 CDS 位 1
r0050	显示当前生效的 CDS 的编号

5.3.4　设定值

变频器将设定值源设为主设定值。主设定值通常是电动机转速。

变频器设定值源如图 5-98 所示。其中，主设定值的来源包括变频器的现场总线接口、变频器模拟的电位器以及变频器内保存的固定设定值。这些来源也可以是附加设定值的来源。

在以下条件下，变频器控制会从主设定值切换为其他设定值：相应互联的工艺控制器激活时，工艺控制器的输出会给定电动机转速；JOG 激活时，由操作面板或 PC 工具

(STARTER)控制。

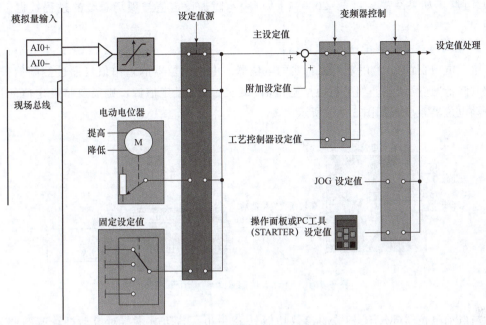

图 5-98　变频器设定值源

1. 模拟量输入设为设定值源

当选择不带模拟量输入功能的标准设置时,必须将主设定值的参数和一个模拟量输入互联在一起,如图 5-68 所示。

在图 5-99 中,p1070＝755[0],表示主设定值与模拟量输入 AI0 互联。如果设置 p1075＝755[0],则表示附加设定值与模拟量输入 AI0 互联。

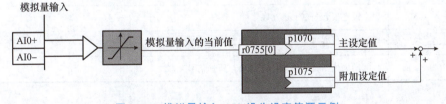

图 5-99　模拟量输入 AI0 设为设定值源示例

2. 现场总线设为设定值源

如果选择现场总线设为设定值源,则需要将设定值的参数和现场总线互联。将现场总线标准报文的第二个过程数据 PZD2 转速设定值与设定值互联,如图 5-100 所示。

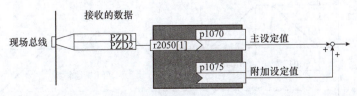

图 5-100　现场总线设为设定值源示例

在图 5-100 中，如果设置 p1070＝2050[1]，表示主设定值与现场总线的过程数据 PZD2 互联。如果设置 p1075＝2050[1]，则表示附加设定值与现场总线的过程数据 PZD2 互联。

3. 电动电位器(MOP)设为设定值源

电动电位器(MOP)用来模拟真实的电位器。电动电位器的输出值可通过控制信号"升高"和"降低"连续调整。如果将电动电位器(MOP)设为设定值源，则需要将设定值的参数与电动电位器互联，如图 5-101 所示。

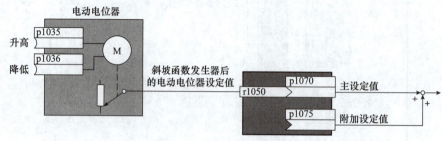

图 5-101 电动电位器设为设定值源示例

与电动电位器(MOP)相关的参数功能见表 5-20。电动电位器对电动机转速的调节控制如图 5-102 所示。

表 5-20 与电动电位器(MOP)相关的参数功能

参数	功能描述
p1047	MOP 加速时间(出厂设置：10 s)
p1048	MOP 减速时间(出厂设置：10 s)
p1040	MOP 初始值(出厂设置：0 r/min)，定义了在电动机接通时生效的初始值
p1070 = 1050	主设定值，与 MOP 互联
p1035	电动电位器设定值升高，需要与所选信号互联
p1036	电动电位器设定值降低，需要与所选信号互联

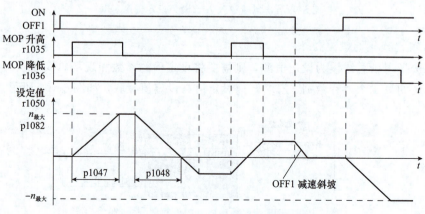

图 5-102 电动电位器对电动机转速的调节控制

电动电位器的扩展设置参数功能见表 5-21。

表 5-21　电动电位器的扩展设置参数功能

参数	功能描述
p1030	MOP 配置(出厂设置：00110 Bin)，使用 5 个相互独立的位设置参数值。 位 0：在电动机关闭后保存设定值。 0：在电动机通电后，p1040 作为设定值生效。 1：在电动机关闭后，保存设定值，在下一次通电后，保存值作为设定值生效。 位 1：在自动运行模式下配置斜坡函数发生器(BI：p1041 的 1 信号)。 0：在自动运行模式下不采用斜坡函数发生器(加速/减速时间 = 0)。 1：在自动运行模式下采用斜坡函数发生器，在手动运行模式(BI：p1041 的 0 信号)下，发生器始终有效。 位 2：配置起始圆弧。 0：无起始圆弧。 1：带起始圆弧。起始圆弧可以对设定值进行微调。 位 3：掉电保持设定值。 0：不掉电保持设定值。 1：掉电保持设定值(位 00 = 1)。 位 4：斜坡函数发生器始终激活。 0：设定值只在脉冲使能后计算。 1：设定值独立于脉冲使能进行计算
p1037	MOP 最大转速(出厂设置：0 r/min)，在调试时自动给定
p1038	MOP 最小转速(出厂设置：0 r/min)，在调试时自动给定
p1043	接收电动电位器设定值(出厂设置：0)。在信号切换 p1043 = 0 → 1 时，电动电位器接收设定值 p1044
p1044	MOP 设定值(出厂设置：0)

4. 固定转速设为设定值源

在很多应用中，只需要电动机在通电后以固定转速运转，或在不同的固定转速之间来回切换，如果将固定转速设为设定值，则需要将设定值参数与固定设定值互联，如图 5-103 所示。

在图 5-103 中，设置 p1070 = 1024，表示主设定值与固定转速互联。如果设置 p1075 = 1024，则附加设定值与固定转速互联。图 5-104 所示为转速固定设定值的直接选择，图 5-105 所示为转速固定设定值的二进制选择。

固定转速设置参数见表 5-22。

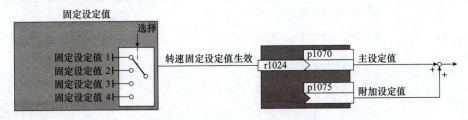

图 5-103　固定转速设为设定值源

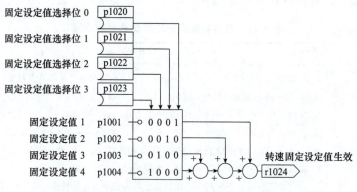

图 5-104 转速固定设定值的直接选择

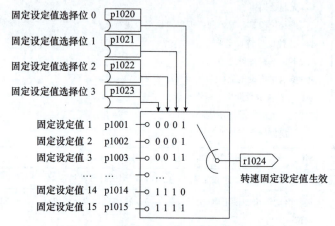

图 5-105 转速固定设定值的二进制选择

表 5-22 固定转速设置参数

参数	功能描述
p1001	转速固定设定值1(出厂设置：0 r/min)
p1002	转速固定设定值2(出厂设置：0 r/min)
…	…
p1015	转速固定设定值15(出厂设置：0 r/min)
p1016	转速固定设定值模式(出厂设置：1)： 该参数值为1时，对应直接选择方式；该参数值为2时，对应二进制选择方式
p1020	转速固定设定值选择位0(出厂设置：0)
p1021	转速固定设定值选择位1(出厂设置：0)
p1022	转速固定设定值选择位2(出厂设置：0)
p1023	转速固定设定值选择位3(出厂设置：0)

续表

参数	功能描述
r1024	转速固定设定值生效
r1025.0	转速固定设定值模式。当该参数为1时，表示转速固定设定值已选中

G120变频器提供了两种选择固定设定值的方法：一种是直接选择；另一种是二进制选择。

(1) 直接选择。设置4个不同的固定设定值，通过添加1～4个固定设定值，可得到最多16个不同的设定值。

(2) 二进制选择。设置16个固定设定值，通过4个选择位的不同组合，可以准确地从16个固定设定值中选择一个固定设定值。

例如，设置参数如下。

p1001=300.000，表示转速固定设定值1为300 r/min。p1002=2000.000，表示转速固定设定值2为2 000 r/min。

p0840=722.0，表示使用数字量输入DI0作为ON/OFF1信号，控制电动机。p1070=1024，表示将主设定值与转速固定设定值互联。

p1020=722.0，表示转速固定设定值选择位0固定设定值1与数字量输入DI0互联；p1021=722.1，表示转速固定设定值选择位1固定设定值2与数字量输入DI1互联；p1016=1，表示转速固定设定值模式为直接选择。

此时，如果DI0=0，电动机停止；如果DI0=1，DI1=0，电动机以300 r/min速度旋转；如果DI0=1，DI1=1，则电动机以2 300 r/min速度旋转。

5. 设定值处理

G120变频器的设定值处理功能包括取反设定值（反转）、禁止正/负旋转方向、抑制带（用于抑制机械谐振）、设置最大转速限制及设置斜坡函数发生器（控制电动机的加速和减速过程，输出理想转矩），如图5-106所示。

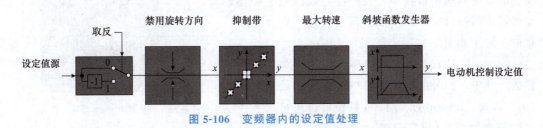

图5-106 变频器内的设定值处理

(1) 取反设定值。将参数p1113和一个二进制信号（如数字量输入）互联，可取反设定值。例如，如果设置p1113=722.1，表示数字量输入DI1=0时，设定值保持不变，DI1=1时，则变频器对设定值取反。

如果设置p1113=2090.11，表示通过控制字的位11取反设定值，见表5-23。

表 5-23　设置 p1113=2090.11

参数	说明	设置
p1113[0…n]	BI：设定值取反	设定值取反的信号源 1 信号：取反设定值 出厂设置取决于现场总线接口

(2) 禁止旋转方向。在变频器出厂设置中，电动机的正负旋转方向都已使能。如需要禁用旋转方向，应将相应的参数设为 1。

设置 p1111=1，则禁用正旋转方向；设置 p1110=1，则禁用负旋转方向。例如，设置 p1110=722.3，则当 DI3=0 时，表示负旋转方向已使能；当 DI3=1 时，表示负旋转方向已禁止。禁止旋转方向，见表 5-24。

表 5-24　禁止旋转方向

参数	说明	设置
p1110[0…n]	BI：禁止负向	禁止负向的信号源 0 信号：旋转方向已使能 1 信号：旋转方向已禁止 出厂设置：0
p1111[0…n]	BI：禁止正向	禁止正向的信号源 0 信号：旋转方向已使能 1 信号：旋转方向已禁止 出厂设置：0

(3) 抑制带和最小转速。变频器有 4 个抑制带，防止电动机长期在某个转速范围内运行。

设置最小转速后，变频器可防止电动机长期以低于最小转速的转速运行，只有在电动机的加速或减速过程中，变频器才允许电动机转速（绝对值）短时间低于最小转速。设置最小转速如图 5-107 所示。

p1080 和 p1106 是设置最小转速的相关参数。其中，p1080 是设置最小转速的参数（出厂设置：0 r/min），p1106 是设置最小转速信号源的参数（出厂设置：0）。设置最小转速的相关参数见表 5-25。

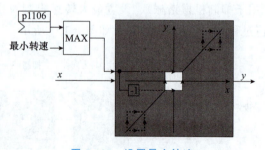

图 5-107　设置最小转速

表 5-25　设置最小转速的相关参数

参数	描述
p1080	最小转速（出厂设置：0 r/min）
p1106	CI：最小转速信号源（出厂设置：0） 动态设定最小转速

(4)最大转速。最大转速可以限制两个旋转方向的转速设定值。一旦超出该值,变频器便输出报警或故障信息。当需要依方向而定来限制转速时,可以确定每个方向的最大转速,如图 5-108 所示。用于限制转速的参数见表 5-26。

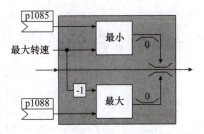

图 5-108　设置最大转速

表 5-26　限制转速的参数

参数	功能描述
p1082	最大转速(出厂设置:1 500 r/min)
p1083	正向最大转速(出厂设置:210 000 r/min)
p1085	CI:正向最大转速(出厂设置:1 083)
p1086	负向最大转速(出厂设置:−210 000 r/min)
p1088	CI:负向最大转速(出厂设置:1 086)

(5)斜坡函数发生器。设定值通道中的斜坡函数发生器用于限制转速设定值的变化速率。这样,电动机就可以平滑地加速、减速且生产设备也得到了保护。

G120 变频器的斜坡函数发生器有扩展斜坡函数发生器和简单斜坡函数发生器两种类型。

1)扩展斜坡函数发生器。扩展斜坡函数发生器限制加速度和紧急制动,加速和减速时间是可以单独设置的,可以设置为几百毫秒(如传输带传动),也可以设置为几分钟(如离心机)。使用扩展斜坡函数发生器的效果如图 5-109 所示。

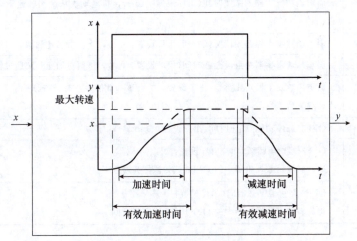

图 5-109　扩展斜坡函数发生器

在图 5-109 中,起始段圆弧和结束段圆弧可以实现平滑加速与减速。电动机的加速时间加上圆弧时间构成电动机的有效加速时间,电动机的减速时间加上圆弧时间构成电动机的有效减速时间。

2)简单斜坡函数发生器。简单斜坡函数发生器限制加速度,但不限制紧急制动。与扩展斜坡函数发生器相比,简单斜坡函数发生器不使用圆弧时间,如图 5-110 所示。

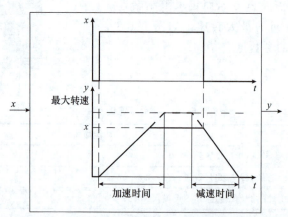

图 5-110　简单斜坡函数发生器

用于设置扩展斜坡函数发生器和简单斜坡函数发生器的参数见表 5-27。

表 5-27　设置扩展斜坡函数发生器和简单斜坡函数发生器的参数

参数	功能描述
p1115	斜坡函数发生器选择(出厂设置:1)。该参数值为 0 时,选择简单斜坡函数发生器;该参数值为 1 时,选择扩展斜坡函数发生器
p1120	斜坡函数发生器的加速时间(出厂设置:10 s),指电动机从零加速到最大转速 p1082 的时间,单位:s
p1121	斜坡函数发生器的减速时间(出厂设置:10 s),指电动机从最大转速下降到零的时间,单位:s
p1130	斜坡函数发生器起始段圆弧时间(出厂设置:0 s),该值对加速和减速过程都有效
p1131	斜坡函数发生器结束段圆弧时间(出厂设置:0 s),该值对加速和减速过程都有效
p1134	斜坡函数发生器圆弧类型(出厂设置:0),该参数值为 0 时,持续平滑;该参数值为 1 时,不持续平滑
p1135	OFF3(急停功能)减速时间(出厂设置:0 s)
p1136	OFF3 起始段圆弧时间(出厂设置:0 s) 扩展斜坡函数发生器中的 OFF3 起始段圆弧时间
p1137	OFF3 结束段圆弧时间(出厂设置:0 s) 扩展斜坡函数发生器中的 OFF3 结束段圆弧时间

对于扩展斜坡函数发生器的加减速时间和圆弧时间,在实际操作中,可以通过反复测试来获得,以便进行合理设置。一般先给出一个尽可能大的转速设定值,接通电动机,检查电动机的运转情况;如果电动机加速过慢,缩短加速时间(不能过短,否则会导致电动机在加速时达到电流限值且暂时无法再跟踪转速设定值,变频器超出所设时间);如果电动机加速过快,延长加速时间;如果加速过急,延长起始段圆弧时间。建议将结束段圆弧

时间设置为与起始段圆弧时间相同的值,然后关闭电动机,检查电动机的运转情况;如果电动机减速过慢,缩短减速时间(不能过短,否则会使变频器超出电动机的电流限值,变频器内的直流母线电压会变得过高,实际制动时间会超出所设置的减速时间或变频器在制动时发生故障);如果电动机制动过快或制动时变频器发生故障,需要延长减速时间。重复上述操作,最终可获得符合电动机或设备要求的驱动特性。

在运行中可以修改比例系数,也可以修改斜坡函数发生器的加速时间和减速时间,如图 5-111 所示。比例系数值可由现场总线得出。

用于设置比例系数的参数为 p1138 和 p1139。其中,p1138 为加速时间的比例系数(出厂设置:1)的信号源;p1139 为减速时间的比例系数(出厂设置:1)的信号源。

例如,上级控制器在变频器之间已实现 PROFIBUS 通信,并设置了自由报文 999,则上级控制通过 PROFIBUS 在 PZD3 中将比例系数发送给变频器,从而设置变频器的加速时间和减速时间,如图 5-112 所示。

在图 5-112 中,设置 p1138=2050[2],将加速时间的比例系数和 PZD 接收数字 3 互联在一起;设置 p1139=2050[2],将减速时间的比例系数和 PZD 接收数字 3 互联在一起。

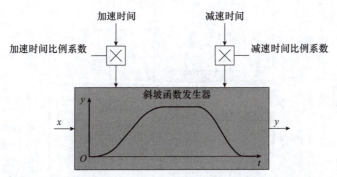

图 5-111 运行中修改斜坡函数发生器的加速时间和减速时间

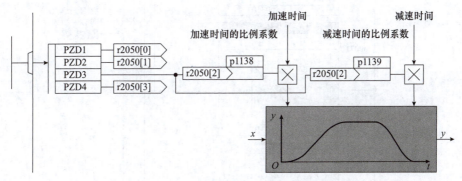

图 5-112 运行中修改斜坡函数发生器时间的示例

6. 电动机控制

G120 变频器对电动机的控制方式主要分为 U/f 控制和矢量控制。变频器控制方式为变频器的核心算法,直接决定了变频器对电动机的控制性能。参数 p1300 确定了特性曲线。

(1)U/f 控制。U/f 控制方式是根据给定的转速设定值来调节电动机的输出电压。U/f 控制可覆盖大多数需要异步电动机调速工作的应用场合，如水泵风机、压缩机和水平输送机等。

U/f 控制并不是精确控制电动机的转速，闭环控制转速设定值和电动机轴上的实际转速之间总是有细小的偏差，偏差大小由电动机负载大小决定。如果电动机以额定转矩工作，电动机实际转速会低于设定转速，差值为额定转差；如果负载带动电动机转动，也就是说，电动机作为发电机工作，电动机实际转速会超出设定转速。

U/f 控制方式中转速设定值和定子电压之间的关系由特性曲线计算得出。所需的输出频率通过转速设定值和电动机极对数计算得出（$f = n \times$ 极对数$/60$；$f_{最大} = p1082 \times$ 极对数$/60$）。变频器可使用多个 U/f 特性曲线。根据特性曲线，频率提高，变频器不断提高电动机上的电压。通过 p1300 参数设置，变频器可选不同的 U/f 特性曲线，如图 5-113 所示。p1300 参数说明见表 5-28。

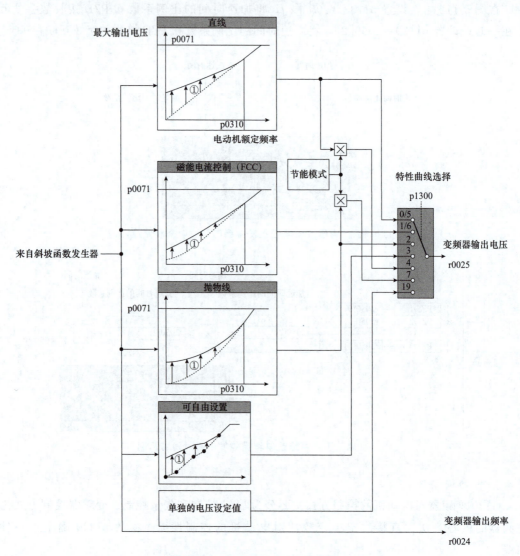

图 5-113 直线特性曲线的升压功能

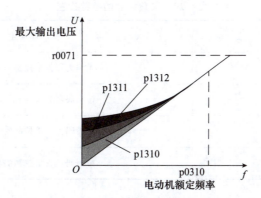

图 5-113 直线特性曲线的升压功能(续)

表 5-28 p1300 参数说明

参数	功能描述
p1310	持续升压值(出厂设置为 50%)，补偿因电缆太长而导致的电压损耗和电动机的欧姆损耗
p1311	加速时的升压值(出厂设置为 0%)，在电动机加速时提供额外可用的转矩
p1312	启动时的升压值(出厂设置为 0%)，只为电动机接通后的第一个加速过程提供额外可用的转矩("启动力矩")

变频器也可超出电动机的额定转速，将其输出电压升至最大输出电压。电源电压越大，变频器的最大输入电压也就越大。当变频器已达到最大输出电压时，就只能提高其输出频率。从此时起，电动机将进入弱磁运行，可用转矩会随转速的升高而线性下降。

升压可优化高启动力和过载的控制特性，对 U/f 特性曲线都起效。

在实际应用中，为了设置合适的升压值，需要小幅、逐步地提高升压值。如果设得过高，可能会导致电动机过热，变频器因过电流而停车可以按照以下步骤进行设置：

1)以中速接通电动机。

2)将转速降低到每分钟几转的水平。

3)检查电动机是否自由运转。

4)如果电动机没有自由运转或是停止不转动，提高升压 p1310，直到使电动机达到满意的运行状态。

5)接入最大负载，将电动机加速到最大转速，并检查电动机是否跟踪转速设定值。

6)如果电动机在加速过程中失速，提高升压 p1311，直到电动机加速到最大转速。只有在需要达到额定启动力矩的应用中才需要提高 p1312，以使电动机达到令人满意的状态。

(2)矢量控制。G120 变频器的矢量控制主要包括无编码器矢量控制和带编码器矢量控制。带编码器矢量控制与无编码器矢量控制最大的区别在于速度闭环控制时，速度的来源不同。带编码器时为编码器的实测值，不带编码器时为内部模型的速度预估值。矢量控制的参数设置见表 5-29。

表 5-29　矢量控制的参数设置

参数	功能描述
p1300 = 20	无编码器矢量控制的速度控制
p1300 = 21	带编码器矢量控制的速度控制
p1300 = 22	无编码器矢量控制的转矩控制
p1300 = 23	带编码器矢量控制的转矩控制

1) 无编码器矢量控制。无编码器矢量控制依据一个电动机模型计算出电动机的负载和转差,简易功能图如图 5-114 所示。这种计算方法,变频器指定输出电压和频率,使电动机实际转速跟踪设定转速,而不受负载的影响。

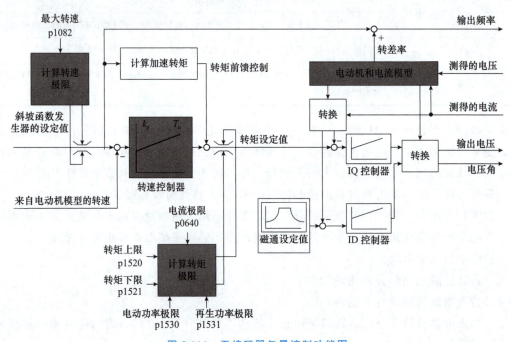

图 5-114　无编码器矢量控制功能图

要达到良好的控制性能,必须对图 5-114 中的灰色部分进行调整。如果在基本调试中选择控制方式为"矢量控制",变频器就会自动设置适合应用的最大转速、电动机模型和电流模型、计算转矩极限值,并在自动优化的过程中预设速度控制器(电动机数据旋转检测)。当变频器上的电动机数据和电动机铭牌上的数据相符时,变频器中的电动机模型和电流模型可正确工作,矢量控制可达到令人满意的状态。

2) 优化转速控制器。电动机在转速控制器自动优化后如果显示出如图 5-115 和图 5-116 所示的启动性能,均属于最理想的控制性能,无须手动优化转速控制器。

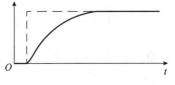

图 5-115 无超调的控制性能　　　　图 5-116 上升和调节时间短的控制性能

其中,图 5-115 显示实际值接近设定值,无明显超调;图 5-116 显示上升时间短,受到干扰时调节时间短,实际值接近设定值并出现轻微的超调(最大为设定值阶跃的 10%)。

在某些情况下不能进行自动优化(如电动机在不能自由旋转的设备中,不允许进行自动优化),或者自动优化不理想(包括自动优化时因变频器发生故障而中断的情况),此时需要手动优化转速控制。可以按照以下步骤手动优化转速控制器:

①暂时设置斜坡函数发生器的加速时间(p1120=0)和减速时间(p1121=0)。
②暂时设置转速控制器的前馈 p1496=0。
③给定一个设定值,观察相应的实际值(可以使用 STARTER 中的跟踪功能)。
④调整控制器比例参数 K(p1470)和积分参数 T(p1472),优化控制器。需要提高比例参数 K,降低积分参数 T。
⑤将斜坡函数发生器的加速/减速时间恢复为初始值。
⑥设置转速控制器的前馈 p1496=100%。

3)转矩控制。转矩控制是矢量控制的一部分,一般从转速控制器的输出端获得设定值。禁用转速控制器,并直接给定转矩设定值后,转速控制变为转矩控制,变频器不再控制电动机的转速,而是控制电动机输出的转矩。

转矩控制适用于电动机转速由相连的生产设备给定的应用。例如,转速由主机控制的从机或卷取机等。

只有在基本调试中正确设置了电动机数据,并且完成了电动机数据静态检测后,转矩控制才能正常工作。

转矩控制的重要参数设置见表 5-30。

表 5-30 转矩控制重要参数设置

参数	功能描述
p0300~p0360	电动机数据会在基本调试时从电子铭牌中输出,通过电动机数据检测计算得出
p1511	附加转矩
p1520	转矩上限
p1521	转矩下限
p1530	电动方式功率极限值
p1531	发电方式功率极限值

5.4　G120 变频器的故障检测与维护

西门子 G120 变频器提供多种故障诊断方式。在使用过程中，根据实际情况或变频器的信息显示，对变频器进行维护。

5.4.1　报警与故障

G120 变频器可以通过正面的 LED 指示灯提供最重要的变频器状态信息。另外，通过查看变频器的系统运行时间、报警和故障等信息，了解变频器的使用情况和故障报警信息。

每个报警和每个故障都有一个唯一的编号。变频器通过现场总线、进行了相应设置的端子、BOP-2 或 IOP 操作面板、STARTER 或 Startdrive 软件界面等接口输出报警和故障信息。

1. LED 显示状态

G120 变频器的控制单元有一列 IED 指示灯，如 CU240E-2PN 正面有 RDY、BF、SAFE、LNK1 及 LNK2 共 5 个 LED 指示灯。

（1）RDY 指示灯指示变频器的基本状态。

（2）SAFE 指示灯指示变频器安全功能的状态。

（3）LNK 指示灯是针对支持 PROFINET 现场总线、集成两个 PN 接口（分别对应 LNK1 和 LNK2）的变频器，指示 PROFINET 通信的状态。

（4）BF 指示灯指示现场总线状态。支持通过 RS-485 接口实现现场总线通信的 G120 变频器及具有现场总线 PROFINET 和 PROFIBUS 的 G120 变频器。对于 Modbus RTU 或 USS 通信，设置 p2040=0 断开现场总线监控时，无论通信状态如何，BF 指示灯都保持熄灭状态。

2. 系统运行时间

系统运行时间自变频器通电开始初次调试计算。读取变频器的系统运行以决定是否需要更换易损部件，如风扇、电动机和齿轮箱等。变频器一旦上电，便开始计算系统运行时间，断电停止计时。系统运行时间不能归零。

系统运行时间由 r2114[0]（毫秒数）和 r2114[1]（天数）组成。

系统运行时间＝r2114[1]×天数＋r2114[0]×毫秒数。

r2114[0] 的值达到 8 640 000 ms，也就是 24 h，变频器会将 r2114[0] 设为 0，r2114[1] 加 1。

依据系统运行时间，可以确定故障、报警的时间顺序。在出现一条信息时，变频器会将 r2114 的值传送到报警缓冲器中的对应参数。

3. 检测和维护的数据（I&M）

G120 变频器记录检测和维护的数据（I&M），包括变频器专用数据和设备专用数据。根据要求，G120 变频器通过 PROFIBUS 或 PROFINET，将 I&M 数据发送给上级控制器或安装了 STEP7 或 TIA 博途软件的 PC（编程器）。

其中,I&MO 数据为变频器专用数据,主要包括制造商识别号、制造商 ID 号、设备订货号、设备序列号、硬件修改版本号及软件修改版本号等。

4. 报警

G120 变频器出现的报警不会在变频器内产生直接影响,在排除原因后会自动消失,无须应答。报警可以通过状态字 1(r0052)中的位 7 显示,也可以在带 A×××××的操作面板上显示,还可以在 Startdrive 或 STARTER 软件界面中显示。报警代码和报警值阐明了报警原因。

(1)报警缓冲器。变频器将出现的报警保存在报警缓冲器中。报警中包含报警代码、报警值、出现报警的时间和排除报警的时间。报警缓冲器最多可以保存 8 个报警。报警缓冲器按照"出现报警的时间"进行排序。

其中,报警值 r2124 使用定点格式"I32",r2134 使用浮点格式"Float"。出现报警的时间=r2145+r2123,排除报警的时间=r2146+r2125。其中,r2145 和 r2146 的单位为 ms。变频器采用内部时间算法保存报警时间。

(2)报警日志。G120 变频器除有报警缓冲器外,还有报警日志。

变频器将出现的报警以最新的报警保存在报警缓冲器中。如果报警缓冲器存满,而又出现了一条报警,变频器会将已排除的报警转移到报警日志中目前尚未占用的位置上;而未排除的报警仍保留在报警缓冲器中,变频器通过"向上"转移尚未排除的报警,以填补报警缓冲器中因转移报警到报警日志中而出现的空单元。在报警日志中,报警按"出现报警的时间"排序,最新的报警的索引为[8]。如果有最新报警需要存到日志中[8]的位置,变频器会将已保存在报警日志[8]中的报警"向下"移动一个或多个位置。报警日志最多可以存储 56 条报警。如果报警日志存满,变频器会删除最旧的报警。

(3)常见报警主要参数。G120 的常见报警参数见表 5-31。

表 5-31 G120 的常见报警参数

代码	原因	解决办法
A01028	配置错误	所读入的参数设置是通过其他类型(订货号、MLFB)的模块生成的。应检查模块的参数,必要时,重新配置
A01900	PROFIBUS 配置报文出错	PROFIBUS 主站尝试用错误的配置报文来建立连接,应检查主站和从站的配置
A01920	PROFIBUS 循环连接中断	与 PROFIBUS 主站的循环连接中断,建立 PROFIBUS 连接,并激活可以循环运行的 PROFIBUS 主站
A05000 A05001 A05002 A05004 A05006	功率模块过热	—检测环境温度是否在定义的限值内 —检测负载条件和工作周期配置 —检测冷却是否有故障
A07015	电动机温度传感器的报警	—检查传感器是否正确连接 —检查参数设置(p0600,p0601)

续表

代码	原因	解决办法
A07910	电动机超温	— 检查电动机负载 — 检查电动机的环境温度和通风情况 — 检查 PTC 或者双金属常闭触点 — 检查监控限值(p0604，p0605) — 检查电动机温度模型的激活情况(p0612) — 检查电动机温度模型的参数(p0626 及后续参数)
A30049	内部风扇损坏	检查内部风扇，必要时更换风扇
A30920	温度传感器异常	检查传感器是否正确连接

5. 故障与维护

G120 变频器的故障，是指通常会导致电动机关闭的不良事件。对于故障，必须应答。故障显示方式主要有 4 种：通过显示状态字 1(r0052)中的位 3 进行显示；通过变频器 CU 上的 RDY 指示灯进行显示；在带"F×××××"的操作面板上显示；在 Startdrive 或 STARTER 软件界面中显示。

(1)故障缓冲器。变频器将出现的故障保存在故障缓冲器中。故障中包含故障代码、故障值、出现故障的时间和排除故障的时间。

故障缓冲器最多可以保存 8 个故障。故障缓冲器按照"出现故障的时间"进行排序。

其中，故障代码(r0945)和故障值(r0949 和 r2133)阐明了故障原因。故障值 r0949 使用定点格式"I32"，故障值 r2133 使用浮点格式"Float"。

变频器采用内部时间算法保存故障时间。出现故障的时间＝r2130＋r0948，排除故障的时间＝r2136＋r2109。

(2)故障应答。对变频器的故障，可以通过 PROFIDrive 控制字 1 的第 7 位(r2090.7)、变频器的数字量输入、操作面板及重新给变频器上电等方式进行应答。而对于由变频器内部的硬件监控、固件监控功能报告的故障，只能通过重新上电的方式应答故障信息。

(3)故障日志。G120 变频器除有故障缓冲器外，还有故障日志。故障日志最多可以记录 56 条故障。在排除故障后，然后应答故障信息。此时，变频器将故障缓冲器的内容复制到故障日志的存储空间[8]～[15]中。同时，变频器将删除故障缓冲器中已经排除的故障。

可以看出，变频器将故障缓冲器的内容复制到故障日志的存储空间[8]～[15]之前，会将故障日志中应答前保存的数值向后分别移动 8 个下标，而应答前下标为[56]～[63]的故障信息将被删除。因此，未排除的故障同时出现在故障缓冲器和故障日志中。已排除的故障的应答时间点被写入"排除故障的时间"中，而未排除故障"排除故障的时间"的值为 0。

如果将参数 p0952 设为 0，则变频器从故障日志中删除所有信息。

(4)故障缓冲器和故障日志的主要参数。对于故障缓冲器和故障日志所使用的主要参数，请参见变频器设备使用手册。

6. 报警和故障代码

当变频器发生报警或故障时,以"A×××××"表示报警代码,以"F×××××"表示故障代码。例如,常见报警代码 A07991 表示电动机数据检测已激活,提示用户接通电动机,以进行电动机数据检测。报警代码 A08526 表示无周期性通信,提示用户激活控制器周期性通信,并检测站名称参数(r61000)和站 IP 地址参数(r61001)。

其他故障和报警参数参见变频器设备使用手册。

5.4.2 维护

变频器维护包括提高设备耐用性及因部件报废而采取的硬件变更措施。

1. 更换变频器组件

未按规定维修变频器可导致功能故障,或导致火灾或电击危险。因此,当需要更换变频器件时,只能委托西门子公司服务部门、西门子公司授权的维修中心或彻底熟悉变频器的物业人员进行变频器的维修,维修时只允许使用原厂备件。为保护环境,替换下来的废旧设备根据当地相应法规进行处置。

(1)允许更换的组件。在出现持续的功能故障后,必须更换变频器的功率模块或控制单元模块。变频器的功率模块和控制单元模块可以单独更换。

更换功率模块时,要求使用型号和功率相同的模块,或使用型号和外形尺寸相同的更大功率的功率模块,保证电动机和功率模块的额定功率之比大于 1/4。

更换控制单元模块时,要求使用型号和固件版本均相同的模块,或使用型号相同而固件版本更高的模块。更换控制单元模块后必须将变频器恢复为出厂设置。

如果更换功率模块或控制单元模块时,使用了不同类型的变频器,则可能会导致变频器设置不完整或不合适,从而导致机器意外运动。例如,出现转速振动、过转速或旋转方向错误等故障。而机器意外运动可能会导致人员死亡、受伤或财产损失。

更换完成后,要将旧变频器中的设置传输至新变频器中。

(2)在没有备份数据的情况下更换控制单元模块。如果没有备份数据,必须在更换控制单元模块后重新调试变频器,具体操作步骤如下:

1)断开功率模块的主电源。如果控制单元模块的数字量输出使用外部 24 V 电源,也要断开该电源。

2)拔出控制单元模块的信号电缆。

3)从功率模块上拔出失灵的控制单元模块。

4)在功率模块上装入新的控制单元模块。

5)重新接上控制单元模块的信号电缆。

6)重新接通主电源。

7)重新调试变频器。

调试完成后,控制单元模块的更换结束。

(3)更换控制单元模块(原数据备份在存储卡上)。对于已备份数据的控制单元模块的更换,需要区分两种情况:未使能安全功能模块和已使能安全功能模块。

更换未使能安全功能的控制单元模块时,如果数据备份在存储卡上,具体操作步骤如下：

1）断开功率模块的主电源。如果控制单元模块的数字量输出使用外部 24 V 电源，也要断开该电源。

2）拔出控制单元模块的信号电缆。

3）从功率模块上拔出失灵的控制单元模块。

4）在功率模块上装入新的控制单元模块（型号必须与旧的控制单元模块一样，固件版本需要相同或更高）。

5）从旧控制单元模块中拔出存储卡，将其插入新的控制单元模块。

6）重新接上控制单元模块的信号电缆。

7）重新接通主电源。

8）变频器从存储卡上读入设置。

9）变频器在读入设置后是否发出报警（报警代码 A01028）。如果存在报警（报警代码 A01028），则表示读入的设置与变频器不兼容。此时需要设置 p0971=1，删除报警，然后重新调试变频器。如果无报警（报警代码 A01028），则变频器接收了载入的设置。

这样，就成功完成了未使能安全功能的控制单元模块的更换。更换已使能安全功能的控制单元模块时，如果数据备份在存储卡上，具体操作步骤同上，只是在第 9）步读入设置后，可能会显示故障代码 F01641，此时需要对该显示信息进行应答，并执行简化的验收测试。

（4）更换控制单元模块（原数据备份在 PC 上）。对于更换未使能安全功能的控制单元模块，如果待更换控制单元模块的当前设置备份在安装有 STARTER 软件或 Startdrive 软件的 PC 上，则具体操作步骤如下：

1）断开功率模块的主电源。如果控制单元模块的数字量输出使用外部 24 V 电源，也要断开该电源。

2）拔出控制单元模块的信号电缆。

3）从功率模块上拔出失灵的控制单元模块。

4）在功率模块上装入新的控制单元模块。

5）重新接上控制单元模块的信号电缆。

6）重新接通主电源。

7）使用 STARTER 软件或 Startdrive 软件将备份驱动设备数据执行在线下载操作，并执行"Copy RAM to ROM"操作以保存设置至变频器。

8）断开在线连接。

这样就完成了未使能安全功能的控制单元模块的更换，并将设置从 PC 中传送到新的控制单元模块上。

对于更换已使能安全功能的控制单元模块，如果待更换控制单元模块的当前设置备份在安装有 STARTER 软件或 Startdrive 软件的 PC 上，则具体操作步骤如下：

1）断开功率模块的主电源。如果控制单元模块的数字量输出使用外部 24 V 电源，也要断开该电源。

2）拔出控制单元模块的信号电缆。

3)从功率模块上拔出失灵的控制单元模块。

4)在功率模块上装入新的控制单元模块。

5)重新接通控制单元模块的信号电缆。

6)重新接通主电源。

7)使用 STARTER 软件或 Startdrive 软件将备份驱动设备数据执行在线下载操作,下载结束后,变频器会输出故障信息。忽略该信息,因为后续步骤会自动应答该信息。

8)单击"Start Safety Commissioning"按钮,输入安全功能的口令,并保存设置(Copy RAM to ROM),然后断开在线连接。

9)切断变频器的电源,等待片刻,直到变频器上所有的 LED 都熄灭。

10)重新接通变频器的电源,并执行简化的验收测试。

这样就完成了已使能安全功能的控制单元模块的更换,并将安全功能的设置从 PC 中传送到了新的控制单元模块上。

(5)更换控制单元模块(原数据备份在操作面板中)。对于更换未使能安全功能的控制单元模块,如果在操作面板上已备份了待更换控制单元模块的当前设置,则具体操作步骤如下:

1)断开功率模块的主电源。如果控制单元模块的数字量输出使用外部 24 V 电源,也要断开该电源。

2)拔出控制单元模块的信号电缆。

3)从功率模块上拔出失灵的控制单元模块。

4)在功率模块上安装新的控制单元模块(型号必须和旧的控制单元模块一样,固件版本需要相同或更高)。

5)重新接通控制单元模块的信号电缆。

6)重新接通主电源。

7)将操作面板插到控制单元模块上,或将操作面板的手持单元与变频器连接在一起。

8)使用操作面板的菜单命令,将设置从操作面板传送到变频器中。

9)等待,直至传送结束。

10)检查变频器在读入设置后是否发出报警代码 A01028。如果存在报警代码 A01028,则表示读入的设置与变频器不兼容。此时需要设置 p0971=1,解除报警,然后重新调试变频器。如果无报警代码 A01028,则应用操作面板,将数据设置从 RAM 保存至 ROM,完成断电保存。

这样就更换了控制单元模块,并将设置从操作面板传送到了新的控制单元模块上。

对于更换已使能安全功能的控制单元模块,如果在操作面板上已备份了待更换控制单元模块的当前设置,则具体操作步骤如下:

1)断开功率模块的主电源。如果控制单元模块的数字量输出使用外部 24 V 电源,也要断开该电源。

2)拔出控制单元模块的信号电缆。

3)从功率模块上拔出失灵的控制单元模块。

4)在功率模块上装入新的控制单元模块(型号必须和旧的控制单元模块一样,固件版本需相同或更高）。

　　5）重新接通控制单元的信号电缆。

　　6）重新接通主电源。

　　7）将操作面板插到控制单元模块上，或将操作面板的手持单元与变频器连接在一起。

　　8）用操作面板的菜单命令，将设置从操作面板传送到变频器中。

　　9）等待，直至传送结束。

　　10）变频器在读入设置后是否发出报警代码 A01028。如果存在报警代码 A01028，则表示读入的设置与变频器不兼容。此时需要设置 p0971＝1，删除报警，然后重新调试变频器。如果无报警代码 A01028，则切断变频器的电源，等待片刻，直到变频器上所有的 LED 都熄灭，然后重新接通变频器的电源。此时，变频器会发出故障信息 F01641、F01650、F01680 和 F30680，忽略该信息，再继续执行下面 6 步：

　　1）设置 p0010＝95，设置 p9761 安全口令，设置 p9701＝ AC hex，设置 p0010＝0。

　　2）应用操作面板，将数据设置从 RAM 保存至 ROM，完成断电保存。

　　3）切断变频器的电源。

　　4）等待片刻，直到变频器上所有的 LED 都熄灭。

　　5）重新接通变频器的电源。

　　6）执行简化的验收测试。

这样就完成了已使能安全功能的控制单元模块的更换，并将安全功能的设置从操作面板传送到了新的控制单元模块上。

　　(6) 更换功率模块。对于更换未使能安全功能的功率模块，具体操作步骤如下：

　　1）断开功率模块的主电源。如果控制单元模块采用外部 24 V 电源，可不关闭该电源。

　　2）拔出功率模块上的连接电缆。

　　3）从功率模块上取出控制单元模块。

　　4）换入新的功率模块。

　　5）将控制单元模块插入新的功率模块。

　　6）在新的功率模块上接好连接电缆。在这一步骤中，需要按正确的顺序连接电动机电缆的三个相位。由于调换电动机电缆的两个相位会使电动机反向旋转，而电动机反向旋转可导致机器或设备损坏。因此，对于只允许一个旋转方向的生产设备，如压缩机、锯或泵，在更换功率模块后一定要检查电动机的旋转方向，避免反向。

　　7）重新接通主电源，必要时还要接通控制单元模块的 24 V 电源。

这样就成功更换了未使能安全功能的功率模块。

对于更换已使能安全功能的功率模块，具体操作步骤如下：

　　1）断开功率模块的主电源。如果控制单元模块采用外部 24 V 电源，可不关闭该电源。

　　2）拔出功率模块上的连接电缆。

　　3）从功率模块上取出控制单元模块。

　　4）更换功率模块。

　　5）将控制单元模块插入新的功率模块。

　　6）在新的功率模块上接好连接电缆。

7)重新接通主电源,必要时还要接通控制单元模块的 24 V 电源。

8)变频器报告故障信息 F01641。

9)执行简化的验收测试。

这样就成功更换了已使能安全功能的功率模块。

2. 固件升级与降级

固件升级是指使用更新的变频器固件版本;而固件降级是指降低当前变频器固件的版本。只有在需要使用新固件版本的扩展功能时,才进行固件升级;而只有在更换变频器后所有变频器都需要相同的固件时,才进行固件降级。

如果需要对变频器进行固件升级或降级,首先将待升级或降级的固件事先存在存储卡上。具体操作步骤如下:从西门子公司官网上将所需固件载入 PC;在 PC 上将所包含的文件解压至所选目录;将已解压文件传输至存储卡的根目录下。

这样就成功准备好用于固件升级或降级的存储卡。然后参照操作流程对变频器进行固件升级或降级。

(1)固件升级。固件升级的前提条件是要求变频器的固件版本至少为 V4.5,且变频器和存储卡的固件版本不同。固件升级的具体操作步骤如下:

1)切断变频器的电源。

2)等待片刻,直到变频器上所有的 LED 灯都熄灭。

3)将带有配套固件版本的存储卡插入变频器的插槽中,直到卡扣卡紧。

4)重新接通变频器的电源。

5)变频器将固件从存储卡中传输至其存储器中。传输过程持续 5~10 min,传输过程中,变频器上的"RDY"LED 红灯亮,"BF"LED 灯以黄色闪烁。如果在传输过程中断电,则会导致变频器固件不完整,需要再次从步骤1)开始。

6)传输完成后,"RDY"和"BF"LED 灯以红色缓慢闪烁(0.5 Hz)。

7)切断变频器的电源。

8)等待片刻,直到变频器上所有的 LED 灯都熄灭。此时需要确定是否从变频器上拔出存储卡,如果此时拔出存储卡,则变频器将保留其设置。

9)重新接通变频器的电源。此时仍插有存储卡,如果存储卡内已经有变频器设置的数据备份,则变频器接收存储卡上的设置;如果存储卡内无变频器设置的数据备份,则变频器将设置写入存储卡。

10)变频器上的"RDY"LED 灯会在几秒钟后显示为绿色,表示固件升级成功。

这样就成功升级了变频器固件。

对于含有授权的存储卡,如基本定位器,在固件升级后应保持存储卡的插入状态。

(2)固件降级。固件降级的前提条件是要求变频器的固件版本至少为 V4.6,且变频器和存储卡的固件版本不同,变频器的设置已备份到存储卡、操作面板或 PC 中。固件降级的步骤与固件升级类同,仅第9)步的结果可能不同,具体步骤如下:

1)切断变频器的电源。

2)等待片刻,直到变频器上所有的 LED 灯都熄灭。

3)将带有配套固件版本的存储卡插入变频器的插槽中,直到卡扣卡紧。

4)重新接通变频器的电源。

5)变频器从存储卡中将固件传输至其存储器中。传输过程持续 5~10 min,在传输过程中,变频器上的"RDY"LED 红灯亮,"BF"LED 灯以黄色闪烁。如果在传输过程中断电,则会导致变频器固件不完整,需要再次从步骤 1)开始。

6)传输完成后,"RDY"和"BF"LED 灯以红色缓慢闪烁(0.5 Hz)。

7)切断变频器的电源。

8)等待片刻,直到变频器上所有的 LED 灯都熄灭。此时需要确定是否从变频器上拔出存储卡,如果此时拔出存储卡,则变频器将保留其设置。

9)重新接通变频器的电源。此时仍插有存储卡,如果存储卡内已经有变频器设置的数据备份,则变频器接收存储卡上的设置;如果存储卡内无变频器设置的数据备份,则变频器恢复为出厂设置,后续需要将另一个数据备份中的设置传送到变频器中。

10)变频器上的"RDY"LED 灯会在几秒钟后显示为绿色,表示固件降级成功。

这样就成功将变频器固件降到需要的旧版本了。

在上述固件升级或降级过程中,如果变频器的"RDY"LED 灯快速闪烁并且"BF"LED 灯恒亮,则意味着固件升级或降级操作失败。此时需要检查固件升级或降级失败的原因,如插入的固件版本不满足条件,存储卡没有正确插入,或者存储卡内没有正确的固件。明确失败原因并排除后,重复相应的步骤,使变频器固件成功升级或降级。

3. 更换组件和升级固件后的简化验收

更换组件和升级固件后验收,还需要执行安全功能的简化验收。

4. 变频器不响应或电动机不启动的应对措施

在变频器进行维护过程中,可能会遇到变频器不再响应或电动机不启动的情况,需要采取正确的应对措施。

(1)变频器不再响应。如果变频器从存储卡载入了错误的数据,可能不再响应操作面板或上级控制器,这种情况下必须恢复变频器的出厂设置并重新调试。

变频器不再响应有以下两种不同的情况:

1)情况 1:既不能通过操作面板也不能通过其他接口和变频器通信;变频器 LED 灯闪烁,3 min 之后变频器仍未启动;电动机停车。

对于情况 1,可采取以下操作步骤进行解决:

①若变频器上插有存储卡,将卡拔出。

②切断变频器的电源。

③等待片刻,直到变频器上所有的 LED 灯都熄灭,然后再次给变频器上电。

④重复执行第②步和第③步,直至变频器发出故障信息 F01018。

⑤设置 p0971=1。

⑥切断变频器的电源。

⑦等待片刻,直到变频器上所有的 LED 灯都熄灭,然后再次给变频器上电,使变频器以出厂设置启动。

⑧重新调试变频器。

2)情况 2:既不能通过操作面板也不能通过其他接口和变频器通信;变频器 LED 灯闪

烁并熄灭,这个过程不断重复;电动机停车。

对于情况 2,可采取以下操作步骤进行解决:

①若变频器上插有存储卡,将卡拔出。

②切断变频器的电源。

③等待片刻,直到变频器上所有的 LED 黄灯都熄灭,然后再次给变频器上电。

④等待片刻,直到 LED 灯以黄色闪烁。

⑤重复执行第②步和第③步,直至变频器发出故障信息 F01018。

⑥设置 p0971=1。

⑦切断变频器的电源。

⑧等待片刻,直到变频器上所有的 LED 灯都熄灭,然后再次给变频器上电,使变频器以出厂设置启动。

⑨重新调试变频器。

(2)电动机无法启动。电动机无法启动时,可以从以下几个方面进行检查:

1)查看变频器是否有故障信息。如果有,排除故障原因,应答信息。

2)查看变频器调试是否已经结束(p0010=0)。

3)查看变频器是否报告"接通就绪"(r0052.0=1)。

4)查看变频器是否缺少变频器使能(r0046)。

5)查看变频器从哪个渠道(数字量输入、模拟量输入或总线)获得转速设定值和指令。

根据检查结果,确定电动机无法启动的原因并排除故障。

项目小结

变频器是交流伺服技术的一个重要的应用,它可以将电压和频率固定不变的工频交流电源变换成电压和频率可变的交流电源,提供给交流电动机实现软启动、变频调速、提高运转精度、改变功率因数、过流/过压/过载保护等功能。变频器在工业生产自动化控制中有着重要的作用。

本项目主要介绍了西门子变频器 G120 的基本操作,重点讲解了安装接线、调试、基本操作设置及维护。

项目实施

关于变频变压器终端的新兴市场,新特电气在接受机构调研时表示,变频器传统市场主要在电厂、市政、船厂、钢铁冶金等,大型电动机负载有固定的耗电量,叠加变频技术后,可以在低频率如 36 Hz、40 Hz 工作,降低消耗电能。新兴领域如风电、光伏、储能等对变频器可靠性、安全性要求高。以往主要是户内变频器,未来户外变频器的发展空间大。简单总结 G120 变频器的安装接线、调试、基本操作设置及维护。

项目评价

序号	达成评价要素	权重	个人自评	小组评价	教师评价
1	理解程度：对西门子G120变频器的基本操作和工作原理的理解程度	20%			
2	应用能力：能否将所学的知识应用到实际的西门子G120变频器安装调试中，解决实际问题	30%			
3	实践操作：在试验中的操作技能和试验结果的准确性	10%			
4	创新能力：能否提出创新的应用方案和解决方案，来探究学习西门子G120变频器的实际应用	10%			
5	团队合作：在团队合作中的表现和与他人协作的能力	10%			
6	学习态度：对学习西门子G120变频器安装调试等基本操作的态度和积极性	10%			
7	自主学习能力：能否主动学习和探索新的知识与技能	10%			
效果评估总结：对自己学习效果的评估和反思					

项目 6 电动机正反转控制

电动机控制

在日常生活及生产实际中,如电梯的升降、磨床工作台的往复运动等都是通过电动机的正、反转来实现的。三相异步电动机正、反转的切换原理是将其电源的相序中任意两相对调(称为换相)。电动机的正、反转控制应用广泛,如行车、木工用的电刨床、台钻、刻丝机、甩干机、车床等。

最初,要实现某种设备的反转需要拆换电动机导线,这种方法在实际使用中十分不便。后来,人们使用倒顺开关来改变电动机的正、反转。这种方法接线比较简单,体积也较小,切换也较方便,但由于受到触点容量的限制,只能在小型的电动机上使用。

伴随接触器的诞生,电动机的正、反转电路也有了进一步的发展,可以更加灵活方便地控制电动机的正、反转,并且在电路中增加了保护电路互锁和双重互锁,可以实现低电压和远距离的频繁控制。

电动机的正、反转控制伴随电子技术的发展,相继出现了 PLC、变频器等控制技术,控制电路也有了进一步的改善。

本项目主要介绍西门子 G120 变频器的参数控制、外端子控制、组合控制和 PLC 与变频器联机控制四种控制方式,实现电动机的正、反转。

1. 了解 G120 变频器的参数含义及设置方法。
2. 掌握 G120 变频器的参数、外端子等控制方式。
3. 掌握 G120 变频器和 PLC 与变频器联机控制方式。
4. 能够运用 G120 变频器实现电动机的正、反转控制。
5. 培养解决电动机正、反转控制相关问题的能力,包括分析问题原因、提出解决方案和实施调整等。
6. 强化对电动机正、反转控制安全的意识,遵守相关操作规范,确保自己和他人的安全。

在生产实践应用中,三相异步电动机的正、反转控制是比较常见的,如利用继电器—接触器实现电动机的正、反转控制电路。这里主要介绍利用变频器实现电动机正、反转控制的相关操作。

6.1 参数控制方式

变频器参数控制方式是用基本操作面板(BOP)上的按钮设置 G120 变频器的相关参数,使电动机能够在预设频率下正、反向运行。

6.1.1 G120 变频器常用参数

G120 变频器参数的类型:
读写参数:可以修改和显示的参数,以 p 开头。
只读参数:不可以修改的参数,用于显示内部的变量,以 r 开头。
G120 变频器常用参数见表 6-1。

参数控制方式

表 6-1 G120 变频器常用参数

参数	说明	
p0003	存取权限级别	3:专家 4:维修
p0010	驱动调试参数筛选	0:就绪 1:快速调试 2:功率单元调试 3:电动机调试
p0015	驱动设备宏指令 通过宏指令设置输入/输出端子排	
r0018	控制单元固件版本	
p0100	电动机标准 IEC/NEMA	0:欧洲 50[Hz] 1:NEMA 电动机(60 Hz, US 单位) 2:NEMA 电动机(60 Hz, SI 单位)
p0304	电动机额定电压[V]	
p0305	电动机额定电流[A]	
p0307	电动机额定功率[kW]或[hp]	
p0310	电动机额定频率[Hz]	
p0311	电动机额定转速[r/min]	
p0722	数字量输入的状态	

续表

参数	说明			
	.0	端子 5	DI0	选择允许的设置：
	.1	端子 6、64	DI1	p0840 ON/OFF（OFF1）
	.2	端子 7	DI2	p0844 无惯性停车（OFF2）
	.3	端子 8、65	DI3	p0848 无快速停机（OFF3）
	.4	端子 16	DI4	p0855 强制打开抱闸
	.5	端子 17、66	DI5	p1020 转速固定设定值选择，位 0
	.6	端子 67	DI6	p1021 转速固定设定值选择，位 1
	.11	端子 3、4	AI0	p1022 转速固定设定值选择，位 2
	.12	端子 10、11	AI1	p1023 转速固定设定值选择，位 3
	.16	端子 41	AI16	p1035 电动电位器设定值升高
	.17	端子 42	AI17	p1036 电动电位器设定值降低
	.18	端子 43	AI18	p2103 应答故障
	.19	端子 44	AI19	p1055 JOG，位 0
	.24	端子 51	AI24	p1056 JOG，位 1
	.25	端子 52	AI25	p1110 禁止负向
	.26	端子 53	AI26	p1111 禁止正向
	.27	端子 54	AI27	p1113 设定值取反
				p1122 跨接斜坡函数发生器
				p1140 使能禁用斜坡函数发生器
				p1141 激活/冻结斜坡函数发生器
				p1142 使能禁用设定值
				p1230 激活直流制动
				p2103 应答故障
				p2106 外部故障 1
				p2112 外部报警 1
				p2200 使能工艺控制器
p0730	端子 DO0 的信号源 端子 19、20（常开触点）和端子 18、20（常闭触点）			选择允许的设置： 52.0 接通就绪 52.1 运行就绪
p0731	端子 DO1 的信号源 端子 21、22（常开触点）			
p0732	端子 DO2 的信号源 端子 24、25（常开触点）和端子 23、25（常闭触点）			
p0755	模拟量输入，当前值[%]			
	[0]		AI0	
	[1]		AI1	

续表

参数				说明
p0756		模拟量输入类型		0：单极电压输入（0～+10V）
	[0]	端子 3、4	AI0	1：单极电压输入，受监控（+2～+10V）
				2：单极电流输入（0～+20 mA）
	[1]	端子 10、11	AI1	3：单极电流输入，受监控（+4～+20 mA）
				4：双极电压输入（-10～+10V）
p0771		模拟量输出信号源		选择允许的设置：
	[0]	端子 12、13	AO0	0：模拟量输出被封锁
				21：转速实际值
				24：经过滤波的输出频率
	[1]	端子 26、27	AO1	25：经过滤波的输出电压
				26：经过滤波的直流母线电压
				27：经过滤波的电流实际值绝对值
p0776		模拟量输出类型		0：电流输出（0～+20 mA）
	[0]	端子 12、13	AO0	1：电压输出（0～+10 V）
	[1]	端子 26、27	AO1	2：电流输出（+4～+20 mA）
p1001		转速固定设定值 1		
p1002		转速固定设定值 2		
p1003		转速固定设定值 3		
p1004		转速固定设定值 4		
p1058		JOG1 转速设定值		
p1059		JOG2 转速设定值		
p1070		主设定值		选择允许的设置： 0：主设定值=0 755[0]：AI0 的值 1024：固定设定值 1050：电动电位器 2050[1]：现场总线的 PZD2
p1080		最小转速 [r/min]		
p1082		最大转速 [r/min]		
p1120		斜坡函数发生器的斜坡上升时间 [s]		
p1121		斜坡函数发生器的斜坡上升时间 [s]		
p1300		开环/闭环运行方式		选择允许的设置： 0：采用线性特性曲线的 U/f 控制 1：采用线性特性曲线和 FCC 的 U/f 控制 2：采用抛物线特性曲线的 U/f 控制 20：无编码器转速控制 21：带编码器的转速控制 22：无编码器转矩控制 23：带编码器的转矩控制

续表

参数	说明
p1310	恒定启动电流(针对 U/f 控制需升高电压)
p1800	脉冲频率设定值
p2030	现场总线接口的协议选择　　选择允许的设置： 0：无协议 3：PROFIBUS 7：PROFINET

6.1.2 用 BOP-2 修改参数

修改参数值是在菜单"PARAMS"和"SETUP"中进行的。下面以修改 p700[0]参数为例讲解一个参数的设置方法。参数的设定方法见表 6-2。

表 6-2　参数的设定方法

序号	操作步骤	BOP-2 显示
1	按 ▲ 或 ▼ 键将光标移动到"PARAMS"	PARAMS
2	按 OK 键进入"PARAMS"菜单	STANDARD FILTEr
3	按 ▲ 或 ▼ 键选择"EXPERT FILTER"功能	EXPERT FILTEr
4	按 OK 键进入"EXPERT FILTER",面板显示 r 或 p 参数,并且参数号不断闪烁,按 ▲ 或 ▼ 键选择所需的参数 p700	P700　[00]　6
5	按 OK 键将焦点移动到参数下标[00],[00]不断闪烁,按 ▲ 或 ▼ 键可以选择不同的下标。本例选择下标[00]	P700　[00]　6
6	按 OK 键将焦点移动到参数值,参数值不断闪烁,按 ▲ 或 ▼ 键调整参数值	P700　[00]　6
7	按 OK 键保存参数值,画面返回到步骤 4 的状态	

6.1.3 恢复参数到工厂设置

西门子 G120 的复位步骤见表 6-3。

表 6-3 参数复位到工厂设置

序号	操作步骤	BOP-2 显示
1	按▲或▼键将光标移动到"EXTRAS"	EXTRAS
2	按OK键进入"EXTRAS"菜单，按▲或▼键找到"DRVRESET"功能	DRVRESET
3	按OK键激活复位出厂设置，按ESC取消复位出厂设置	ESC / OK
4	按OK键开始恢复参数，BOP-2 上会显示"BUSY"	- BUSY -
5	复位完成后 BOP-2 显示完成"DONE"，按OK或ESC返回到"EXTRAS"菜单	- DONE -

6.1.4 G120 变频器 BOP-2 方式控制运行

BOP-2 面板上的手动/自动切换键 HAND/AUTO 可以切换变频器的手动/自动模式，在手动模式下，面板上会显示手动符号 。手动模式有两种操作方式，即启停操作方式和点动操作方式。

(1) 启停操作：按下 键启动变频器，并以"SETPOINT"（设置值）功能中设定的速度运行，按下 键停止变频器。

(2) 点动操作：长按 键，变频器以参数 p1058 中设置的点动速度运行，释放 键，变频器停止运行。

(3) SETPOINT 功能：该功能用来设置变频器启停操作的运行速度。在"CONTROL"菜单下，按▲键和▼键，选择"SETPOINT"功能，按▲键和▼键可以修改"SP 0.0"设定值,修改值立即生效,如图 6-1 所示。

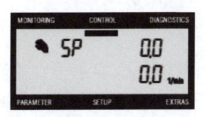

图 6-1 SETPOINT 功能图

(4)激活点动(JOG)功能,步骤见表 6-4。

表 6-4 激活点动(JOG)功能步骤

序号	操作步骤	BOP-2 显示
1	"CONTROL"菜单下按▲或▼键选择"JOG"功能	
2	按 OK 键进入"JOG"功能	
3	按▲或▼键选择 ON	
4	按 OK 键使能点动操作,面板上会显示 JOG 符号	

(5)激活反转(REVERSE)功能,步骤见表 6-5。

表 6-5 激活反转(REVERSE)功能步骤

序号	操作步骤	BOP-2 显示
1	"CONTROL"菜单下按▲或▼键选择"REVERSE"功能	
2	按 OK 键进入"REVERSE"功能	

续表

序号	操作步骤	BOP-2 显示
3	按 ▲ 或 ▼ 键选择 ON	REVERSE On
4	按 OK 键使能设定值反向。激活设定值反向后变频器会把启停操作方式或点动操作方式的速度设定值反向	REVERSE

注意：当变频器的功率与电动机功率相差较大时，电动机可能不运行，将 p1900（电动机识别）设置为 0，即禁用电动机识别。

6.2 外端子控制方式

6.2.1 数字量输入功能

用 MM440 数字输入端口开关操作

CU240B-2 提供 4 路数字量输入，CU240E-2 提供 6 路数字量输入。在必要时，也可以将模拟量输入 AI 作为数字量输入使用。表 6-6 中列出了 DI 所对应的状态位。

表 6-6　数字输入状态位

数字输入编号	端子号	数字输入状态位
数字输入 0，DI0	5	r0722.0
数字输入 1，DI1	6	r0722.1
数字输入 2，DI2	7	r0722.2
数字输入 3，DI3	8	r0722.3
数字输入 4，DI4	16	r0722.4
数字输入 5，DI5	17	r0722.5
数字输入 11，DI11	3、4	r0722.11
数字输入 12，DI12	10、11	r0722.12

下面以数字输入 0 为例，介绍 BOP-2 查看数字输入状态的操作步骤，见表 6-7。

表 6-7　查看数字输入状态

序号	操作步骤	BOP-2 显示
1	进入"PARAMETER"菜单，选择专家列表，按 OK 键确认	EXPERT FILtEr

序号	操作步骤	BOP-2 显示
2	选择 r722 参数，显示 r722 参数十六进制状态	r722 00000003
3	按 ▲ 或 ▼ 键选择位号，图中显示为 r722.0＝1	r722 bit 0 1 （位号 状态）

6.2.2 数字量输出功能

CU240B-2 提供 1 路继电器输出，G120C 提供了 1 路继电器数字量输出和 1 路晶体管数字量输出，CU240E-2 提供 2 路继电器输出和 1 路晶体管输出。G120 数字输出的功能在表 6-8 相应参数中设置。

表 6-8　G120 变频器数字量输出功能的参数设置

数字输出编号	端子号	对应参数号
数字输出 0，DO0	18、19、20	p0730
数字输出 1，DO1	21、22	p0731
数字输出 2，DO2	23、24、25	p0732

下面以数字输出 DO0 为例，常用的输出功能设置见表 6-9。

表 6-9　数字输出常用功能设置

参数号	参数值	说明
p0730	0	禁用数字量输出
	52.0	变频器准备就绪
	52.1	变频器运行
	52.2	变频器运行使能
	52.3	变频器故障
	52.7	变频器报警
	52.11	已达到电动机电流极限
	52.14	变频器正向运行

6.2.3 模拟量输入功能

CU240B-2 和 G120C 提供 1 路模拟量输入（AI0），CU240E-2 提供 2 路模拟量输入

（AI0 和 AI1）。AI0 和 AI1 相关参数分别在下标[0]和[1]中设置。变频器提供了多种模拟量输入模式，可以使用参数 p0756 进行选择，见表 6-10。

表 6-10　参数 p0756 功能表

参数号	设定值	参数功能	说明
p0756	0	单极性电压输入（0～10V）	"带监控"是指模拟量输入通道具有监控功能，能够检测断线
	1	单极性电压输入，带监控（2～10V）	
	2	单极性电流输入（0～20mA）	
	3	单极性电流输入，带监控（4～20mA）	
	4	双极性电压输入（出厂设置）（-10～10V）	
	8	未连接传感器	

当模拟量输入信号是电压信号时，需要把 DIP 拨码开关拨到电压挡一侧（出厂时，DIP 开关在电压挡一侧），当模拟量输入是电流信号时，需要把 DIP 拨码开关拨到电流挡一侧。如图 6-2 所示，两个模拟量输入通道的信号在电压挡侧，即接电压信号。p0756 修改了模拟量输入的类型后，变频器会自动调整模拟量输入的标定。线性标定曲线由两个点（p0757，p0758）和（p0759，p0760）确定，也可以根据实际需要调整标定，标定举例见表 6-11。

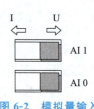

图 6-2　模拟量输入信号设定

表 6-11　模拟量输入标定

参数号	设定值	说明
p0757[0]	-10	输入电压-10 V 对应
p0758[0]	-100	-100%的标度及-50 Hz
p0759[0]	10	输入电压+10 V 对应
p0760[0]	100	100%的标度及 50 Hz
p0761[0]	0	死区宽度

6.2.4　模拟量输出功能

CU240B-2 和 G120C 提供 1 路模拟量输出（AO0），CU240E-2 提供 2 路模拟量输出（AO0 和 AO1）。AO0 和 AO1 的相关参数分别在下标[0]和[1]中设置。变频器提供了多种模拟量输出模式，可以使用参数 p0776 进行选择，见表 6-12。

表 6-12　参数 p0776 功能表

参数号	设定值	参数功能	说明
p0776	0	电流输出（出厂设置）（0～20 mA）	模拟量输出信号与所设置的物理量成线性关系
	1	电压输出（0～10 V）	
	2	电流输出（4～20 mA）	

用 p0776 修改了模拟量输出的类型后,变频器会自动调整模拟量输出的标定。线性的标定曲线由两个点(p0777,p0778)和(p0779,p0780)确定。也可以根据实际需要调整标定,标定举例见表 6-13。

表 6-13 模拟量输出标定

参数号	设定值	说明
p0777[0]	0	0%对应输出电流 4 mA
p0778[0]	4	
p0779[0]	100	100%对应输出电流 20 mA
p0780[0]	20	

变频器模拟量的输出大小对应电动机的转速、变频器的频率、变频器的电压或变频器的电流等,可以通过改变参数 p0771 来实现。下面以模拟量输出 AO0 为例,常用的输出功能设置见表 6-14。

表 6-14 参数 p0771 功能表

参数号	参数值	说明
p0771[0]	21	电动机转速
	24	变频器输出频率
	25	变频器输出电压
	27	变频器输出电流

6.3 组合控制方式

在工厂车间内,各个工段之间运送物料时使用的平板车,就是正、反转变频调速的应用实例。经常要求用外部按钮控制电动机的启停,用变频器面板调节电动机的运行频率。这种用参数单元控制电动机的运行频率,用外部按钮控制电动机启停的运行模式,是变频器组合运行模式的一种。组合控制方式就是应用参数单元和外部接线共同控制变频器运行的一种方法。一般有以下两种方式:

组合控制方式

(1)参数单元控制电动机的启停,外部接线控制电动机的运行频率。
(2)参数单元控制电动机的运行频率,外部接线控制电动机的启停。

当需用外部信号启停电动机,用变频器面板调节频率时,将"选择命令源"设定为 2(p0700=2);将"频率设定值的选择"设定为 1(p1000=1)。

当需用变频器面板启停电动机,用外部信号调节频率时,将"选择命令源"设定为 1(p0700=1);将"频率设定值的选择"设定为 2(p1000=2)。

6.3.1 变频器的外端子开关量控制电动机正、反转和变频器面板调节频率

(1)外端子开关量控制电动机正、反转接线。变频器的外端子开关量控制电动机正、

反转接线如图 6-3 所示。

(2) 外端子设置说明。在图 6-3 中 S1~S4 为带自锁按钮，分别控制数字输入 DIN1~DIN4 端口。端口 DIN1 设置为正转控制，其功能由 p0701 的参数值设置；端口 DIN2 设置为反转控制，其功能由 p0702 的参数值设置；端口 DIN3 设置为正向点动控制，其功能由 p0703 的参数值设置；端口 DIN4 设置为反向点动控制，其功能由 p0704 的参数值设置。

(3) 系统操作步骤。

1) 按图 6-4 进行正确的电路接线。

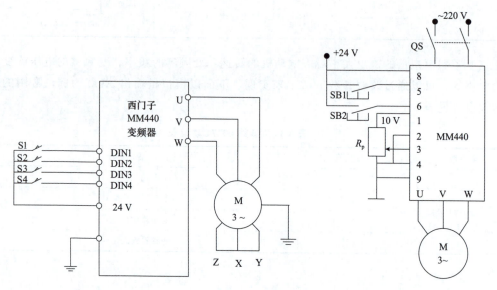

图 6-3　变频器的外端子开关量控制电动机正、反转接线　　　图 6-4　电路接线图

2) 恢复变频器工厂默认值。按下 P 键，变频器开始复位到工厂默认值。
3) 设置电动机参数，然后设 p0010=0，变频器当前处于准备状态，可正常运行。
4) 设置变频器运行参数。开关量控制运行参数设定见表 6-15。

表 6-15　开关量控制运行参数设定

序号	参数	设置值	功能描述	备注
1	p0096	2		
2	p0304	380 V	电动机额定电压[V]，请注意输入的铭牌数据必须与电动机接线(星形/三角形)一致	
3	p0305	根据电动机名牌设置	电动机额定电流[A]，请注意输入的铭牌数据必须与电动机接线(星形/三角形)一致	
4	p0307	根据电动机名牌设置	电动机额定功率[kW/hp] 如 p0100=0 或 2，电动机功率单位为 kW 如 p0100=1，电动机功率单位为 hp	
5	p0311	根据电动机名牌设置	电动机额定转速[r/min]	

续表

序号	参数	设置值	功能描述	备注
6	p1900	2	选择电动机数据识别 =0：禁止 =2：静止时识别所有参数	参数设置完成后用于整定，最后设置
7	p1215	3	此参数使能/禁止停机抱闸功能。电动机停机抱闸(MHB)通过 r0052 位 12 状态字 1 进行控制。 =0：禁止电动机停机抱闸(工厂默认值) =1：使能电动机停机抱闸	
9	p1216	100	此参数定义变频器在斜坡上升之前以 p1080 最小频率运行的时间。 范围：0.0~20.0.(工厂默认值)	

5)变频器运行控制。

①电动机正向运行。按下按钮 S1 时，电动机按 p1120 设置的 5 s 斜坡上升时间正向启动，经 5 s 后运行达到与 p1040 所设置的 20 Hz 频率所对应的转速。按下变频器面板的增加键，频率上升，电动机转速增加。按下变频器面板的减少键，频率下降，电动机转速降低。松开按钮 S1，电动机按 p1121 所设置的 5 s 斜坡下降时间停车，经 5 s 后电动机停止运行。

②电动机反向运行。操作运行情况与正向运行类似。

③电动机正向点动运行。当按下正向点动按钮 S3 时，电动机按 p1060 所设置的 5 s 斜坡上升时间正向点动运行，经 5 s 后正向稳定运行达到与 p1058 所设置的 10 Hz 频率所对应的转速。当松开按钮 S3 时，电动机按 p1061 所设置的 5 s 点动斜坡下降时间停车。

④电动机反向点动运行。操作运行情况与正向点动运行类似。

6.3.2 变频器的面板控制电动机正、反转和外端子调节频率

(1)外端子调节频率接线。变频器的外端子模拟量输入调节频率接线如图 6-5 所示，电动机额定电压为 220 V，采用三角形联结。

(2)外端子设置说明。MM440 变频器为用户提供了两对模拟输入端口，即端口 3、4 和端口 10、11，如图 6-5 所示。模拟输入 3、4 端口外接电位器，通过 3 端口输入大小可调的模拟电压信号，控制电动机转速的大小；电动机正、反转的控制，在变频器的前操作面板上直接设置。

(3)系统操作步骤。

1)进行正确的电路接线后，合上变频器电源开关 QF。

2)恢复变频器工厂默认值。按下 P 键，变频器开始复位到工厂默认值。

3)设置电动机参数。设 p0010=0，变频器当前处于准备状态，可正常运行。

(4)设置变频器参数。

1)额定电压。

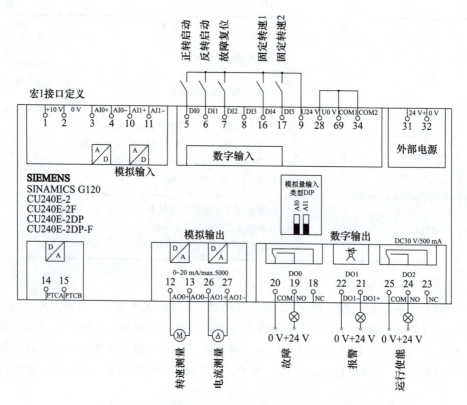

图 6-5 变频器的外端子模拟量输入调节频率接线

虽然基本上国内使用变频器控制的电动机电压都是三相 380 V，也不排除有些进口设备特别，更换变频器时要留意，比如从日本进口的就可能是三相 220 V。

2）额定电流。电动机铭牌上有这个参数，对应输入就好。

3）过载保护。控制瞬间最大功率，常见有 110%，可以调大到 150%，根据实际情况确定。

4）过流保护。控制瞬间输出的最大电流，如有 150%，如果担心电动机出现问题，可以设定成 100%。

5）上限频率。国内一般用 50 Hz，但是有些场合需要超频使用，如一些机床主轴，可能为 75 Hz，要根据工况来选择，但是也不能太高，否则电动机轴承承受不了。

6）启动频率。变频器往往无法输出非常低的频率来带动电动机，一般启动时往往高于 0.5 Hz。

(5)变频器运行控制。

1）电动机正转。按下变频器的运行键，电动机正转运行，转速由外接电位器 R_p 控制，模拟电压信号为 0～+10 V，对应变频器的频率为 0～50 Hz，通过调节电位器 R_p 改变 MM440 变频器 3 端口模拟输入电压信号的大小，可平滑无级地调节电动机转速的大小。当按下停止键时，电动机停止。通过 p1120 和 p1121 参数，可设置斜坡上升时间和斜坡下降时间。

2)电动机反转。当按下变频器的换向键时,电动机反转运行。反转转速的调节与电动机正转相同,这里不再重复。

6.3.3 G120 变频器外端子控制电动机正、反转

1. G120 变频器的宏

SINAMICS G120 为满足不同的接口定义提供了多种预定义接口宏,每种宏对应着一种接线方式。选择其中一种宏后变频器会自动设置与其接线方式相对应的一些参数,这样极大方便了用户的快速调试。可以通过参数 p0015 修改宏,但是需要注意的是,只有在设置 p0010＝1 时才能更改 p0015 参数。

不同类型的控制单元有不同数量的宏,如 CU240B-2 有 8 种宏,CU240E-2 有 18 种宏。下面以 CU240E-2 为例,介绍常用的几种预定义接口宏,见表 6-16。

表 6-16 常用预定义接口宏

宏编号	宏功能描述	主要端子定义	主要参数设置
1	二线控制,两个固定转速	DI0:ON/OFF1 正转 DI1:ON/OFF1 反转 DI2:应答 DI4:固定转速 3 DI5:固定转速 4	p1003:固定转速 3 p1004:固定转速 4
2	单方向两个固定转速,带安全功能	DI0:ON/OFF1＋固定转速 1 DI1:固定转速 2 DI2:应答 DI4:预留安全功能 DI5:预留安全功能	p1001:固定转速 1 p1002:固定转速 2
3	单方向 4 个固定转速	DI0:ON/OFF1＋固定转速 1 DI1:固定转速 2 DI2:应答 DI4:固定转速 3 DI5:固定转速 4	p1001:固定转速 1 p1002:固定转速 2 p1003:固定转速 3 p1004:固定转速 4
9	电动电位器	DI0:ON/OFF1 DI1:MOP 升高 DI2:MOP 降低 DI3:应答	—
12	两线控制 1,模拟量调速	DI0:ON/OFF1 正转 DI1:反转 DI2:应答 AI0＋和 AI0－,转速设定	—

续表

宏编号	宏功能描述	主要端子定义	主要参数设置
13	端子启动，模拟量给定，带安全功能	DI0：ON/OFF1 正转 DI1：反转 DI2：应答 AI0＋和 AI0－，转速设定 DI4：预留安全功能 DI5：预留安全功能	—
17	两线控制 2，模拟量调速	DI0：ON/OFF1 正转 DI1：ON/OFF1 反转 DI2：应答 AI0＋和 AI0－，转速设定	—
19	三线控制 1，模拟量调速	DI0：Enable/OFF1 DI1：脉冲正转启动 DI2：脉冲反转启动 DI4：应答 AI0＋和 AI0－，转速设定	—

2. G120 变频器的正、反转控制

现有一电动机功率为 0.75 kW，额定转速为 1 440 r/min，额定电压为 380 V，额定频率为 50 Hz，利用 G120C 变频器来控制电动机的正、反转，当接通开关 SA1 和 SA3 时，电动机以 150 r/min 正转，当接通开关 SA2 和 SA3 时，电动机以 150 r/min 反转，接线如图 6-6 所示。

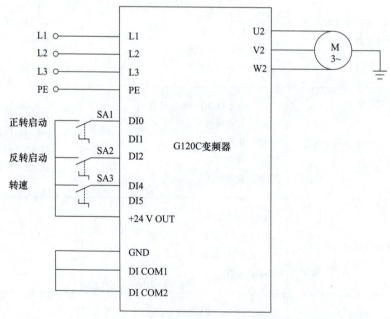

图 6-6 G120C 变频器正、反转控制接线图

本例中使用了预定义的接口宏 1，宏 1 规定了变频器的 DI0 为正转启停控制，DI1 为

反转启停控制。这里需要将 DI0 定义为启停控制，DI2 定义为反转启停控制，所以可以在宏 1 的基础上进行修改。变频器参数见表 6-17。

表 6-17 变频器参数

序号	变频器参数	设定值	单位	功能说明
1	p0003	3	—	权限级别
2	p0010	1/0	—	驱动调试参数筛选。先设置为 1，当把 p15 和电动机相关参数修改完成后，再设置为 0
3	p0015	1	—	驱动设备宏指令
4	p0304	380	V	电动机的额定电压
5	p0305	2.05	A	电动机的额定电流
6	p0307	0.75	kW	电动机的额定功率
7	p0310	50.00	Hz	电动机的额定频率
8	p0311	1 440	r/min	电动机的额定转速
9	p1003	180	r/min	固定转速 3
10	p1004	180	r/min	固定转速 4
11	p1070	1024	—	固定设定值作为主设定值
12	P3331	722.2	—	将 DI2 作为反转选择信号

【例】有一台 G120 变频器，宏要求及端子定义见表 6-18，接线如图 6-6 所示，当接通按钮 SA1 和 SA3 时，三相异步电动机以 180 r/min 正转；当接通按钮 SA2 和 SA3 时，三相异步电动机以 180 r/min 反转，设计方案。

表 6-18 宏要求及端子定义

宏编号	宏功能描述	主要端子定义
1	双线制控制，两个固定转速	DI0：ON/OFF1 正转 DI1：ON/OFF1 反转 DI2：应答 DI4：固定转速 3 DI5：固定转速 4

实质采用多段速给定，用模拟量给定也可以实现。

6.4 PLC 与变频器联机控制方式

在生产实践应用中，三相异步电动机的正、反转是比较常见的，为了提高自动控制水平，需要进一步掌握用 PLC 控制变频器端口开关的操作实现电动机的正、反转运行。

6.4.1 PLC 与变频器的连接

PLC 与变频器一般有以下三种连接方法：

PLC 与变频器
联机控制方式

(1)利用 PLC 的模拟量输出模块控制变频器。PLC 的模拟量输出模块输出 0～5 V 电压信号或 4～20 mA 电流信号,作为变频器的模拟量输入信号。这种控制方式接线简单,但需要选择与变频器输入阻抗匹配的 PLC 输出模块,而且 PLC 的模拟量输出模块价格较高,另外,还需要采取分压措施使变频器适应 PLC 的电压信号范围,在连接时注意将布线分开,保证主电路一侧的噪声不传至控制电路。

(2)利用 PLC 的开关量输出控制变频器。PLC 的开关量输出一般可以与变频器的开关量输入端直接相连。这种控制方式的接线简单,抗干扰能力强。利用 PLC 的开关量输出可以控制变频器的启动/停止、正反转、点动、转速和加减速时间等,能实现较为复杂的控制要求,但只能有级调速。

使用继电器触点进行连接时,有时存在因接触不良而误操作的现象;使用晶体管进行连接时,则需要考虑晶体管自身的电压、电流容量等因素,以保证系统的可靠性。另外,在设计变频器的输入信号电路时还应该注意到,输入信号电路连接不当,有时也会造成变频器的误动作。例如,当输入信号电路采用继电器等感性负载,继电器开闭时,产生的浪涌电流带来的噪声有可能引起变频器的误动作,应尽量避免。

(3)PLC 与 RS-485 通信接口的连接。所有的标准西门子变频器都有一个 RS-485 串行接口(有的也提供 RS-232 接口),采用双线连接,其设计标准适用于工业环境的应用对象。单一的 RS-485 链路最多可以连接 30 台变频器,而且根据各变频器的地址或采用广播信息,都可以找到需要通信的变频器链路中有一个主控制器(主站),而各个变频器是从属的控制对象(从站)。

6.4.2 变频器正、反转的 PLC 控制

1. 硬件接线

将 CPU 1212C、变频器、模拟量输出模块 SM1234 和电动机按照如图 6-7 所示的原理图进行接线。

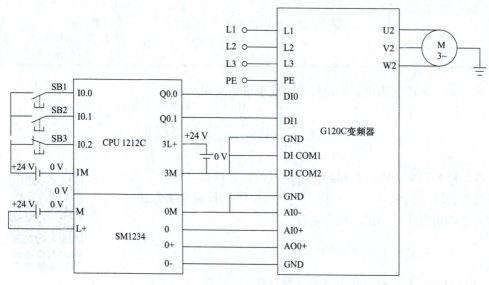

图 6-7 接线图

2. 设定变频器的参数

参阅 G120C 说明书,在变频器中设定表 6-19 中的参数。

表 6-19 变频器参数

序号	变频器参数	设定值	单位	功能说明
1	p0003	3	—	权限级别
2	p0010	1/0	—	驱动调试参数筛选。先设置为 1,当把 p15 和电动机相关参数修改完成后,再设置为 0
3	p0015	17	—	驱动设备宏指令
4	p0304	380	V	电动机的额定电压
5	p0305	2.05	A	电动机的额定电流
6	p0307	0.75	kW	电动机的额定功率
7	p0310	50.00	Hz	电动机的额定频率
8	p0311	1440	r/min	电动机的额定转速
9	P756	0	—	模拟量输入类型,0 表示电压范围为 0~10 V
10	P771	21	r/min	输出的实际转速
11	P776	1	—	输出电压信号

3. 编写程序,并将程序下载到 PLC 中(图 6-8)

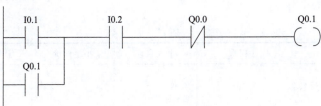

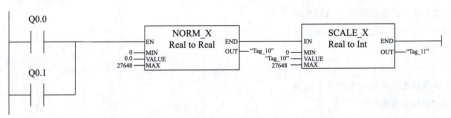

图 6-8 PLC 程序

网络4：实时速度

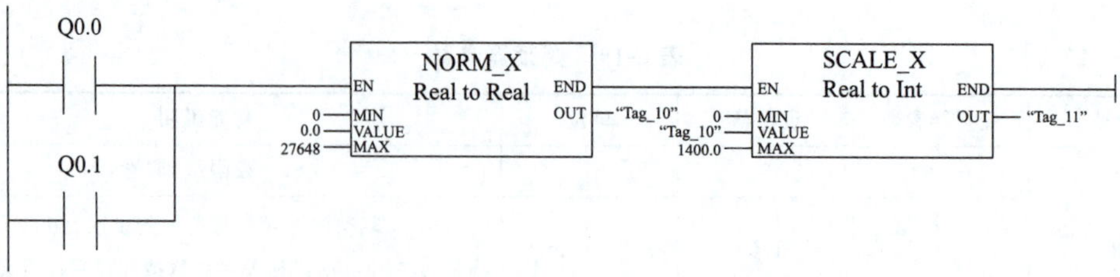
Q0.0
Q0.1
NORM_X
Real to Real
EN
END
OUT
"Tag_10"
0
MIN
0.0
VALUE
27648
MAX
SCALE_X
Real to Int
EN
END
OUT
"Tag_11"
0
MIN
"Tag_10"
VALUE
1400.0
MAX

图 6-8　PLC 程序(续)

项目小结

本项目主要介绍了通过西门子 G120 变频器实现电动机的正、反转控制，基本操作方式包括参数控制方式、外端子控制方式、组合控制方式、PLC 与变频器联机控制方式四种。

通过本项目的学习，应掌握对变频器的功能参数进行合理正确的设置，并能够自行设计通过变频器实现电动机的正、反转。

项目实施

有一台 G120 变频器，画出接线，当接通按钮 SA1 和 SA3 时，三相异步电动机以 1 200 r/min 正转，当接通按钮 SA2 和 SA3 时，三相异步电动机以 1 200 r/min 反转，设计方案。

项目评价

序号	达成评价要素	权重	个人自评	小组评价	教师评价
1	理解程度：对电动机正、反转控制的工作原理的理解程度	20%			
2	应用能力：能否将所学的知识应用到实际的正、反转控制电路设计中，解决实际问题	30%			
3	实践操作：在试验中的操作技能和试验结果的准确性	10%			

续表

序号	达成评价要素	权重	个人自评	小组评价	教师评价
4	创新能力：能否提出创新的应用方案和解决方案	10％			
5	团队合作：在团队合作中的表现和与他人协作的能力	10％			
6	学习态度：对学习西门子G120变频器实现电动机的正、反转控制的态度和积极性	10％			
7	自主学习能力：能否主动学习和探索新的知识与技能	10％			
效果评估总结：对自己学习效果的评估和反思					

项目 7　电动机速度控制

 项目引入 ○○○

电动机速度控制

　　实际的生产过程离不开电力传动，生产机械一般是通过电动机的拖动来实现预定的生产方式的。通过前面的学习，了解了直流电动机可方便地进行调速，但直流电动机体积大、造价高，并且无节能效果；而交流电动机体积小、价格低、运行性能优良、质量轻，因此，对交流电动机的调速具有重大的实用性。

　　使用调速技术后，生产机械的控制精度可大为提高，并能够较大幅度地提高劳动生产率和产品质量，而且可对诸多生产过程实施自动控制。通过大量的理论研究和试验，人们逐渐认识到：对交流电动机进行调速控制，不仅能使电力拖动系统具有非常优秀的控制性能，而且在许多场合，还具有非常显著的节能效果。对于交流电动机而言，常用的调速方式有变极距、变转差和变频三种。其中，交流变频调速具有系统体积小、质量轻、控制精度高、保护功能完善、工作安全可靠、操作过程简单、通用性强的特点，使传动控制系统具有优良的性能，同时节能效果明显，经济效益显著。尤其当与计算机通信配合时，变频控制更加安全可靠，易于操作（由于计算机控制程序具有良好的人机交互功能），变频技术必将在工业生产中发挥巨大的作用，使工业自动化程度得到更大的提高。

　　随着电力电子技术的飞速发展，变频调速三相交流异步电动机的应用越来越广泛，它已在逐步替代其他各种调速电动机，而变频调速三相异步电动机因其结构简单、制造方便、易于维护、性能良好、运行可靠等优点在工业领域得到广泛应用。

　　本项目主要介绍西门子 G120 变频器常用的几种速度调节方式，重点介绍加、减速控制和多段速控制。

 学习目标 ○○○

　　1. 掌握 G120 变频器与 PLC 联机控制方式。
　　2. 了解 G120 变频器 PID 控制及参数设置。
　　3. 能够运用 G120 变频器实现电动机的速度控制。
　　4. 培养解决变频器与电动机速度控制相关问题的能力，包括分析问题原因、提出解决方案和实施调整等。
　　5. 强化对变频器与电动机速度控制安全和节能意识，遵守相关操作规范，确保自身和他人的安全。

7.1 三相异步电动机的加、减速控制

在工艺允许的条件下，从保护设备的目的出发，合理设置变频器加、减速过程参数，使设备可以平滑地启停，实现高效节能运行。

7.1.1 变频器的加速模式及参数设置

1. 基础定义

(1) 启动方式。电动机从较低转速升至较高转速的过程称为加速过程。加速过程的极限状态便是电动机的启动。常见电动机的启动方式有工频启动和变频启动。

三相异步电动机的加、减速控制

1) 工频启动。电动机工频启动是指电动机直接接工频电源时的启动，也称直接启动或全压启动。电动机工频启动电路如图 7-1(a) 所示。在电动机接通电源的瞬间，电源频率为额定频率(50 Hz)，电源电压为额定电压(380 V)，如图 7-1(b) 所示。由于电动机转子绕组与旋转磁场的相对速度很高，电动机转子电动势和电流很大，从而使定子电流也很大，一般可达电动机额定电流的 4～7 倍，如图 7-1(c) 所示。

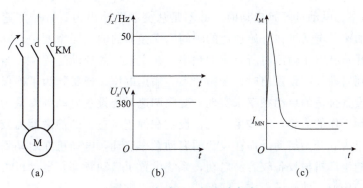

图 7-1 电动机工频启动电路
(a) 启动电路；(b) 频率与电压；(c) 启动电流

电动机工频启动存在的主要问题如下：

① 启动电流大。当电动机的容量较大时，其启动电流将对电网产生干扰，引起电网电压波动。

② 对生产机械设备的冲击很大，影响机械的使用寿命。

2) 变频启动。采用变频调速的电路如图 7-2(a) 所示，其启动过程的特点：频率从最低频率(通常是 0 Hz)按预置的加速时间逐渐上升，如图 7-2(b) 的上部所示。以 4 极电动机为例，假设在接通电源的瞬间，将启动频率降至 0.5 Hz，则同步转速只有 15 r/min，转子绕组与旋转磁场的相对速度只有工频启动时的1%。

电动机的输入电压也从最低电压开始逐渐上升,如图7-2(b)的下部所示。

电动机转子绕组与旋转磁场的相对速度很小,故启动瞬间的冲击电流很小。因电动机电源的频率逐渐增大,电压开始逐渐上升,如在整个启动过程中,将同步转速 n_0 与转子转速 n_M 间的转差 Δn 限制在一定范围内,则启动电流也将限制在一定范围内,如图7-2(c)所示。变频启动减小了在启动过程中的动态转矩,加速过程中能保持平稳,减小了对生产机械的冲击。

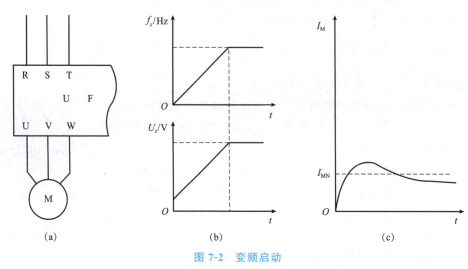

图 7-2 变频启动

(a)启动电路;(b)频率与电压;(c)启动电流

(2)启动频率。电动机开始启动时,并不是从变频器输出为0开始加速,而是直接从某一频率开始加速。电动机在开始加速的瞬间,变频器的输出频率便是启动频率。启动频率是指变频器开始有电压输出时所对应的频率。在变频器的启动过程中,当变频器的输出频率还没有达到启动频率设置值时,变频器不会输出电压。通常,为了确保电动机的启动转矩,可通过设置合适的启动频率来实现。变频调速系统设置启动频率是为了满足部分生产机械设备实际工作的需要,有些生产机械设备在静止状态下的静摩擦力较大,电动机难以从变频器输出为0开始启动,而在设置的启动频率启动,电动机在启动瞬间有一定的冲力,使其拖动的生产机械设备较容易启动,系统设置了启动频率,电动机可以在启动时很快建立起足够的磁通,使转子与定子间保持一定的空隙等。

启动频率的设置是为确保由变频器驱动的电动机在启动时有足够的启动转矩,避免电动机无法启动或在启动过程中过电流跳闸。一般情况下,启动频率要根据变频器所驱动负载的特性及大小进行设置,在变频器过载能力允许的范围内既要避开低频欠激磁区域,保证足够的启动转矩,又不能将启动频率设置太高,启动频率设置太高会在电动机启动时造成较大的电流冲击甚至过电流跳闸。

变频调速系统设置启动频率的方式如下:

1)给定的信号略大于零($t=0+$),此时变频器的输出频率即为启动频率 f_s,如图7-3(a)所示。

2)设置一个死区区间 t_1,在给定信号 t 小于设置的死区区间 t_1 时,变频器的输出频率为零；当给定信号 t 等于设置的死区区间 t_1 时，变频器输出与死区区间 t_1 对应的频率，如图 7-3(b)所示。

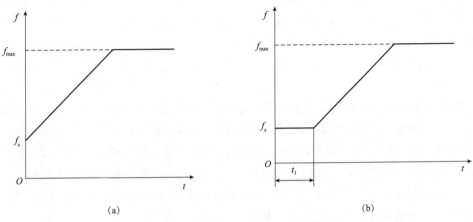

图 7-3　变频调速系统设置启动频率曲线

(3)加速过程中的主要矛盾。

1)加速过程中电动机的状态。假设变频器的输出频率从 f_{x1} 上升至 f_{x2}，如图 7-4(b)所示。图 7-4(a)所示是电动机在频率为 f_{x1} 时稳定运行的状态，图 7-4(c)所示是加速过程中电动机的状态。比较图 7-4(a)和图 7-4(c)可以看出：当频率 f_x 上升时，同步转速 n_0 随即也上升，但电动机转子的转速 n_M 因为有惯性而不能立即跟上。结果是转差 Δn 增大了，导致体内的感应电动势和感应电流也增大。

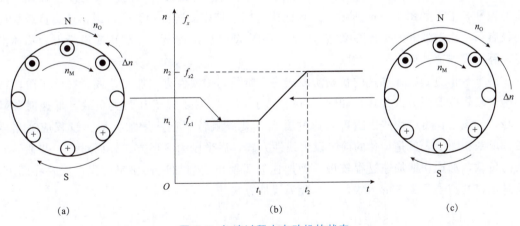

图 7-4　加速过程中电动机的状态

2)加速过程的主要矛盾。在加速过程中，必须处理好加速的快慢与拖动系统惯性之间的矛盾。一方面，在生产实践中，拖动系统的加速过程属于不进行生产的过渡过程，从提高生产率的角度出发，加速过程应该越短越好；另一方面，由于拖动系统存在惯性，频率上升得太快，电动机转子的转速 n_M 将跟不上同步转速的上升，转差 Δn 增大，引起加速电流的增大，甚至可能超过一定限值而导致变频器跳闸。因此，加速过程必须解决好的主要问题：在防止加速电流过大的前提下，尽可能地缩短加速过程。

2. 加速的功能设置

（1）加速时间。变频启动时，启动频率可以很低，加速时间可以自行给定，这样就能有效地解决启动电流大和机械冲击的问题。不同变频器对加速时间的定义不完全一致，主要有以下两种。定义1：变频器的输出频率从 0 Hz 上升到基本频率所需要的时间。定义2：变频器的输出频率从 0 Hz 上升到最高频率所需要的时间。在大多数情况下，最高频率和基本频率是一致的。

各种变频器都提供了在一定范围内可任意给定加速时间的功能，用户可以根据拖动系统的情况自行给定一个加速时间。加速时间越长，启动电流就越小，启动也越平缓，但延长了拖动系统的过渡过程。对于某些频繁启动的机械来说，将会降低生产效率。因此，给定加速时间的基本原则是在电动机的启动电流不超过允许值的前提下，尽量地缩短加速时间。由于影响加速过程的因素是拖动系统的惯性，因此系统的惯性越大，加速难度就越大，加速时间也相应长一些。但在具体的操作过程中，由于计算非常复杂，可以将加速时间先设置得长一些，观察启动电流的大小，然后慢慢缩短加速时间。

（2）加速方式。在加速过程中，变频器的输出频率随时间上升的关系曲线称为加速方式。不同的生产机械对加速过程的要求是不同的，根据各种负载的不同要求，变频器给出了各种不同的加速曲线（模式）供用户选择，常见的曲线形式有线性方式、S形方式和半S形方式等，如图7-5所示。

1）线性方式。在加速过程中，变频器的输出频率随时间成正比地上升，如图7-5(a)所示。大多数负载都可以选用线性方式。

2）S形方式。在加速的起始和终了阶段，频率的上升较缓，中间阶段为线性加速，加速过程呈S形，如图7-5(b)所示。这种曲线适用于带式输送机一类的负载，这类负载往往满载启动，输送带上的物体静摩擦力较小，刚启动时加速较慢，以防止输送带上的物体滑落，到尾段加速减慢也是这个原因。

3）半S形方式。在加速的初始阶段或终了阶段，按线性方式加速，或者在终了阶段或初始阶段，按S形方式加速，如图7-5(c)、(d)所示。对于风机和泵类负载，低速时负载较轻，加速过程可以快些。随着转速的升高，其静阻转矩迅速增加，加速过程应适当减慢，反映在图上，就是加速的前半段为线性方式，后半段为S形方式。而对于一些惯性较大的负载，加速初期加速过程较慢，到加速的后期可适当加快其加速过程，反映在图上，就是加速的前半段为S形方式，后半段为线性方式。

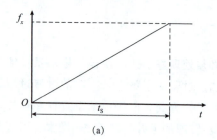
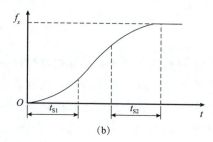

图 7-5 加速方式曲线

(a)线性方式；(b)S形方式

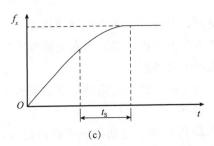
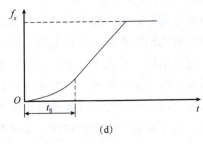

(c)　　　　　　　　　　　　　　(d)

图 7-5　加速方式曲线图(续)

(c)半 S 形方式之一；(d)半 S 形方式之二

7.1.2　变频器的减速模式及参数设置

1. 基础定义

(1)变频调速系统的减速。

1)减速过程中的电动机状态。电动机从较高转速降至较低转速的过程称为减速过程。在变频调速系统中，是通过降低变频器的输出频率来实现减速的，如图 7-6(b)所示。在图 7-6(a)中，电动机的转速从 n_1 下降至 n_2(变频器的输出频率从 f_{x1} 下降至 f_{x2})的过程即减速过程。

MM440 变频器的减速模式及参数设置

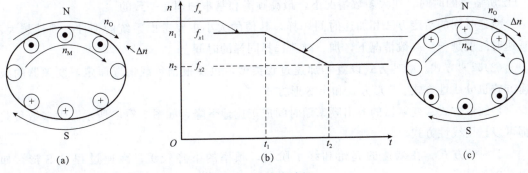

图 7-6　减速过程

在频率刚下降的瞬间，旋转磁场的转速(同步转速)立即下降，但由于拖动系统具有惯性，电动机转子的转速不可能立即下降，于是，转子的转速超过了同步转速，转子绕组切割磁场的方向和原来相反，因此，转子绕组中感应电动势和感应电流的方向，以及所产生的电磁转矩的方向都与原来相反，电动机处于发电机状态。由于所产生的转矩和转子旋转的方向相反，能够促使电动机的转速迅速降低，因为也称为再生制动状态。

2)泵升电压。电动机在再生制动状态发出的电能，将通过和逆变管反并联的二极管全波整流后反馈到直流电路，使直流电路的电压 U 升高，称为泵升电压。

3)多余能量的消耗。如果直流电压 U 升得太高，将导致整流和逆变器件的损坏。所以，当 U 上升到一定限值时，必须通过能耗电路(制动电阻和制动单元)放电，将直流回路内多余的电能消耗掉。

(2) 减速过程中的主要矛盾。

1) 减速快慢的影响。如上所述,当频率下降时,电动机处于再生制动状态。所以与频率下降速度有关的因素:①制动电流,即电动机处于发电机状态时向直流回路输送电流的大小;②泵升电压,其大小将影响直流回路电压的上升幅度。

2) 减速过程的主要矛盾。与加速过程相同,在生产实践中,拖动系统的减速过程也属于不进行生产的过渡过程,故减速过程应该越短越好。

同样,由于拖动系统存在惯性,如果频率下降得太快,电动机转子的转速 n_M 将跟不上同步转速的下降,转差 Δn 增大,引起再生电流的增大和直流回路内泵升电压的升高,甚至可能超过一定限值而导致变频器因过电流或过电压而跳闸。

因此,减速过程必须解决好的主要问题是在防止减速电流过大和直流电压过高的前提下,尽可能地缩短减速过程。一般情况下,直流电压的升高是更为主要的因素。

2. 减速的功能设置

(1) 减速时间。变频调速时,减速是通过逐步降低给定频率来实现的。在频率下降的过程中,电动机将处于再生制动状态。如果拖动系统的惯性较大,频率下降又很快,电动机将处于强烈的再生制动状态,从而产生过电流和过电压,使变频器跳闸。为避免上述情况的发生,可以在减速时间和减速方式上进行合理的选择。

不同变频器对减速时间的定义不完全一致,主要有以下两种。定义1:变频器的输出频率从基本频率下降到 0 Hz 所需要的时间。定义2:变频器的输出频率从最高频率下降到 0 Hz 所需要的时间。在大多数情况下,最高频率和基本频率是一致的。

减速时间的给定方法和加速时间一样,其值的大小主要考虑系统的惯性。惯性越大,减速时间就越长。一般情况下,加、减速选择同样的时间。

(2) 减速方式。减速方式设置和加速过程类似,也要根据负载情况而定,变频器的减速方式也分线性方式、S形方式和半S形方式。

1) 线性方式。变频器的输出频率随时间成正比地下降,如图7-7(a)所示。大多数负载都可以选用线性方式

2) S形方式。在减速的起始和终了阶段,频率的下降较缓,减速过程呈S形,如图7-7(b)所示。

3) 半S形方式。在减速的初始阶段或终了阶段,按线性方式减速;或者在终了阶段或初始阶段,按S形方式减速,如图7-7(c)、(d)所示。减速时,S形曲线和半S形曲线的应用场合与加速时相同。

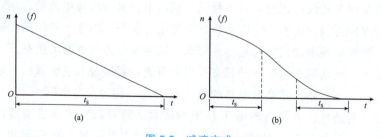

图 7-7 减速方式

(a) 线性方式;(b) S形方式;

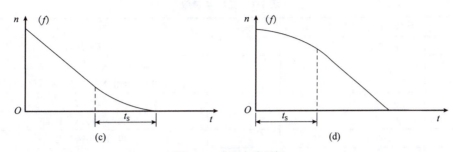

图 7-7 减速方式(续)

(c)半 S 形方式之一；(d)半 S 形方式之二

7.1.3 变频器的电动电位器(MOP)给定

变频器的 MOP 功能是指通过变频器数字量端口的通、断来控制变频器频率的升、降的，又称为 UP/DOWN(远程遥控设定)功能。大部分变频器是通过多功能输入端口进行数字量 MOP 给定的。

实质上，MOP 功能就是通过数字量端口来实现面板操作上的键盘给定(▼/▲键)。

下面举例介绍 G120C 变频器 MOP 给定的应用。现有一台 G120C 变频器，接线如图 7-8 所示，当接通按钮 SA1 时，使能变频器。当接通按钮 SB1 时，三相异步电动机升速运行，断开按钮 SB1 时，保持当前转速运行；当接通按钮 SB2 时，三相异步电动机降速运行，断开按钮 SB2 时，保持当前转速运行。已知电动机的功率为 0.75 kW，额定转速为 1 440 r/min，额定电压为 380 V，额定电流为 2.05 A，额定频率为 50 Hz。

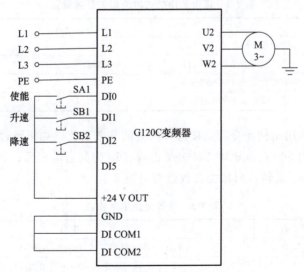

图 7-8 变频器的电动电位器(MOP)给定接线图

当接通按钮 SA1 时，DI0 端子与变频器的 +24 V OUT(端子 9)连接，使能电动机；当接通按钮 SB1 时，DI1 端子与变频器的 +24 V OUT(端子 9)连接，升速运行；当接通按钮 SB2 时，三相异步电动机降速运行。变频器参数见表 7-1。

表 7-1 变频器参数

序号	变频器参数	设定值	单位	功能说明
1	p0003	3	—	权限级别
2	p0010	1/0	—	驱动调试参数筛选。先设置为1，当把p15和电动机相关参数修改完成后，再设置为0
3	p0015	9	—	驱动设备宏指令
4	p0304	380	V	电动机的额定电压
5	p0305	2.05	A	电动机的额定电流
6	p0307	0.75	kW	电动机的额定功率
7	p0310	50.00	Hz	电动机的额定频率
8	p0311	1 440	r/min	电动机的额定转速
9	p1070	1 050	—	电动电位器作为主设定值

7.2 变频器实现电动机多段速控制

7.2.1 直接选择模式

一个数字量输入选择一个固定设定值。多个数字输入量同时激活时，选定的设定值是对应固定设定值的叠加，G120变频器最多可以设置4个数字输入信号，采用直接选择模式需要设置p1016=1。直接选择模式下的相关参数设置见表7-2。

三相异步电动机的多段速控制

表 7-2 直接选择模式时的相关参数设置

参数号	含义	参数号	含义
p1020	固定设定值1的选择信号	p1001	固定设定值1
p1021	固定设定值2的选择信号	p1002	固定设定值2
p1022	固定设定值3的选择信号	p1003	固定设定值3
p1023	固定设定值4的选择信号	p1004	固定设定值4

下面通过一个应用示例来介绍直接选择模式的参数设置，如果通过DI2和DI3选择两个固定转速，分别为300 r/min和2 000 r/min，DI0为起启动信号；如果DI2和DI3同选择电动机2 300 r/min旋转，则相关参数设置见表7-3。

表 7-3 直接选择示例参数

参数号	参数值	说明
p0840	722.0	将DI0作为启动信号，r0722.0为DI0状态的参数
p1016	1	固定转速模式采用直接选择模式
p1020	722.2	将DI2作为固定设定值1的选择信号，r0722.2为DI2状态的参数
p1021	722.3	将DI3作为固定设定值3的选择信号，r0722.3为DI3状态的参数
p1001	300	定义固定设定值1，单位 r/min
p1002	200	定义固定设定值2，单位 r/min
p1070	1024	固定设定值作为主设定值

7.2.2 二进制选择模式

G120 变频器的 4 个数字量输入可以通过二进制编码方式选择固定设定值,使用这种方法最多可以选择 15 个固定频率,如果通过 DI1、DI2、DI3 和 DI4 选择固定转速,DI0 为启动信号,则示例的参数设置见表 7-4。

表 7-4 二进制选择示例参数

参数号	参数值	说明
p0840	722.0	将 DI0 作为启动信号,r0722.0 为 DI0 状态的参数
p1016	2	固定转速模式采用二进制选择模式
p1020	722.1	将 DI1 作为固定设定值 1 的选择信号,r0722.1 为 DI1 状态的参数
p1021	722.2	将 DI2 作为固定设定值 2 的选择信号,r0722.2 为 DI2 状态的参数
p1022	722.3	将 DI3 作为固定设定值 3 的选择信号,r0722.3 为 DI3 状态的参数
p1023	722.4	将 DI4 作为固定设定值 4 的选择信号,r0722.4 为 DI4 状态的参数
p1001~p1015		定义固定设定值 1~15,单位 r/min
p1070	1 024	固定设定值作为主设定值

7.2.3 多段速给定的应用示例

现有一台 G120C 变频器控制三相异步电动机运行,接线原理图如图 7-9 所示,当接通按钮 SA1,电动机以 150 r/min 正转,当接通按钮 SA1 和 SA2 时,电动机以 300 r/min 正转,已知电动机的功率为 0.75 kW,额定转速为 1 440 r/min,额定电压为 380 V,额定电流为 2.05 A,额定频率为 50 Hz。变频器参数见表 7-5。

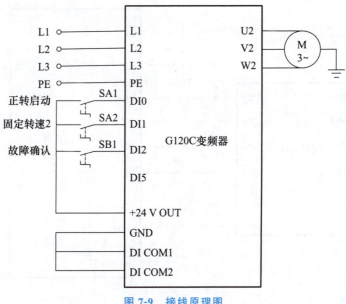

图 7-9 接线原理图

表 7-5 变频器参数

序号	变频器参数	设定值	单位	功能说明
1	p0003	3	—	权限级别
2	p0010	1/0	—	驱动调试参数筛选。先设置为1，当把 p15 和电动机相关参数修改完成后，再设置为 0
3	p0015	2	—	驱动设备宏指令
4	p0304	380	V	电动机的额定电压
5	p0305	2.05	A	电动机的额定电流
6	p0307	0.75	kW	电动机的额定功率
7	p0310	50.00	Hz	电动机的额定频率
8	p0311	1 440	r/min	电动机的额定转速
9	p1001	180	r/min	固定转速 1
10	p1002	180	r/min	固定转速 2
11	p1070	1 024	—	固定设定值作为主设定值

7.3 变频器与 PLC 联机多段速控制

7.3.1 硬件接线

西门子的 S7-1200 PLC 为 PNP 型输出，G120C 变频器默认为 PNP 型输入，因此电平是可以兼容的，硬件接线如图 7-10 所示。

三相异步电动机恒速控制

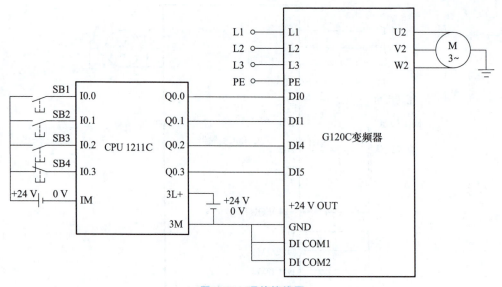

图 7-10 硬件接线图

7.3.2 G120 变频器参数设置

当 Q0.0 和 Q0.2 同时为 1 时，电动机以 180 r/min（固定转速 3）的转速运行，对应频率由参数 p1003 设定。当 Q0.0 和 Q0.3 同时为 1 时，电动机以 360 r/min（固定转速 4）的转速正转运行，对应频率由参数 p1004 设定。当 Q0.1、Q0.2 和 Q0.3 同时为 1 时，电动机以 540 r/min（固定转速 3+固定转速 4）的转速反转运行。变频器的参数设置见表 7-6。

表 7-6 变频器参数设置

序号	变频器参数	设定值	单位	功能说明
1	p0003	3	—	权限级别
2	p0010	1/0	—	驱动调试参数筛选。先设置为 1，当把 p15 和电动机相关参数修改完成后，再设置为 0
3	p0015	1	—	驱动设备宏指令
4	p0304	380	V	电动机的额定电压
5	p0305	2.05	A	电动机的额定电流
6	p0307	0.75	kW	电动机的额定功率
7	p0310	50.00	Hz	电动机的额定频率
8	p0311	1440	r/min	电动机的额定转速
9	p1003	180	r/min	固定转速 1
10	p1004	360	r/min	固定转速 2
11	p1070	1024	—	固定设定值作为主设定值

7.3.3 PLC 程序编写

PLC 程序梯形图如图 7-11 所示。

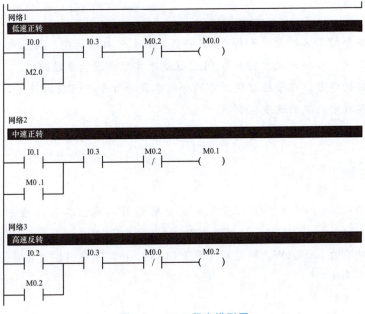

图 7-11 PLC 程序梯形图

```
网络4
正转
M0.0                                Q0.0
─┤├──┬─────────────────────────────( )
M0.1 │
─┤├──┘

网络5
反转
M0.2                                Q0.1
─┤├──────────────────────────────( )

网络6
固定转速1
M0.0                                Q0.2
─┤├──┬─────────────────────────────( )
M0.2 │
─┤├──┘

网络7
固定转速2
M0.1                                Q0.3
─┤├──┬─────────────────────────────( )
M0.2 │
─┤├──┘
```

图 7-11　PLC 程序梯形图(续)

项目小结

本项目主要介绍了通过西门子 G120 变频器实现电动机的速度。其基本操作包括加速、减速模式参数设置、多段速度控制及与 PLC 联机来实现多段速度控制。

通过本项目的学习，应掌握对变频器的功能参数进行合理正确的设置，并能够自行设计通过变频器实现电动机的速度控制。

项目实施

现有一台 G120C 变频器控制三相异步电动机运行，画出接线原理图，当接通按钮 SA1，电动机以 100 r/min 正转；当接通按钮 SA1 和 SA2 时，电动机以 200 r/min 正转，已知电动机的功率为 0.75 kW，额定转速为 1 440 r/min，额定电压为 380 V，额定电流为 2.05 A，额定频率为 50 Hz。

项目评价

序号	达成评价要素	权重	个人自评	小组评价	教师评价
1	理解程度：对电动机速度控制的基本原理的理解程度	20%			
2	应用能力：能否将所学的知识应用到实际的电动机速度控制系统中，解决实际问题	30%			
3	实践操作：在试验中的操作技能和试验结果的准确性	10%			
4	创新能力：能否提出创新的应用方案和解决方案	10%			
5	团队合作：在团队合作中的表现和与他人协作的能力	10%			
6	学习态度：对学习对电动机速度控制和程序编写的态度积极性	10%			
7	自主学习能力：能否主动学习和探索新的知识与技能	10%			

效果评估总结：对自己学习效果的评估和反思

项目8 变频器的选用与维护

变频器

变频器的品牌较多，主要分为进口品牌和国产品牌两大类。进口品牌主要有西门子、ABB、A-B、丹弗斯、施耐德、艾默生、富士电机、东芝三菱、博世力士乐、伟肯、安川等；国产品牌主要有汇川、安邦信、英威腾、三晶、海利普、森兰、台达、惠丰等。

变频器的正确选择对于控制系统的正常运行是非常关键的，选择变频器时要充分了解变频器所驱动的负载特性。负载可分为恒转矩负载、恒功率负载和流体类负载三种类型，用户可以根据自己的实际工艺要求和运用场合选择不同类型的变频器。

本项目主要介绍变频器及其外围设备的选用方法、变频器的安装与调试、变频器的日常维护和故障检修等知识。

1. 了解变频器的常见类型及应用场合。
2. 掌握变频器的选择原则和方法。
3. 掌握变频器常用外围设备的选择方法。
4. 了解变频器的安装和接线要求。
5. 理解变频器的调试意义和基本步骤。
6. 掌握变频器的维护项目和内容。
7. 了解变频器的常见故障检修方法。
8. 通过实践项目，训练变频器工程应用的设计与实施过程，包括工程应用方案设计、设备选型、电气连接、调试和运行调整等环节，总结分析解决问题的能力。

8.1 变频器的选用

通用变频器的选择包括变频器的形式选择和容量选择两个方面。其总体原则是首先保证满足工艺要求，然后尽可能节省资金。根据工艺环节、负载的具体要求选择性价比相对较高的品牌和类型及容量。

8.1.1 变频器类型的选择

变频器有许多类型，主要根据负载的要求进行选择。

1. 流体类负载

变频器的选用

在各种风机、水泵、油泵中，随叶轮的转动，空气或液体在一定的速度范围内所产生的阻力与速度 n 的二次方成正比。随着转速的减小，转矩按转速的二次方减小。这种负载所需的功率与速度的三次方成正比。各种风机、水泵和油泵都属于典型的流体类负载，由于流体类负载在高速时的需求功率增长过快，与负载转速的三次方成正比，因此不应使这类负载超工频运行。

流体类负载在过载能力方面要求较低，由于负载转矩与速度的二次方成反比，因此低速运行时负载较轻（罗茨风机除外），又因这类负载对转速精度没有什么要求，故选型时通常以价格为主，应选择普通功能型变频器，只要变频器容量等于电动机容量即可（空气压缩机、深水泵、泥沙泵、快速变化的音乐喷泉需加大容量），目前已有与此类负载配套的专用变频器可供选用。

2. 恒转矩负载

如挤压机、搅拌机、输送带、厂内运输电车、起重机的平移机构和启动机构等都属于恒转矩负载，其负载转矩 T 与转速 n 无关，在任何转速下 T 保持恒定或基本恒定，负载功率随着负载速度的增高而线性增加。为了实现恒转矩调速，常采用具有转矩控制功能的高功能型变频器。这种变频器低速转矩大，静态机械特性硬度大，不怕冲击负载。从目前市场情况来看，这种变频器的性能价格比还是相当令人满意的。

变频器拖动具有恒转矩特性的负载时，低速时的输出转矩要足够大，并且要有足够的过载能力。如果需要在低速下稳速运行，应考虑标准电动机的散热能力，避免电动机的温升过高；而对不均性负载（其特性是负载有时轻，有时重），应按照重负载的情况来选择变频器容量，如轧钢机械、粉碎机械、搅拌机等。

对于大惯性负载，如离心机、冲床、水泥厂的旋转窑，此类负载惯性很大，因此启动时可能会振荡，电动机减速时有能量回馈。应该选容量稍大的变频器来加快启动，避免振荡，并需配有制动单元消除回馈电能。

3. 恒功率负载

恒功率负载的特点是需求转矩 T 与转速 n 成反比，但其乘积（即功率）却近似不变。

金属切削机床的主轴和轧机、造纸机、薄膜生产线中的卷取机、开卷机等，都属于恒功率负载。负载的恒功率性质是针对一定的速度变化范围而言的，当速度很低时，受机械强度的限制，负载转矩 T_1 不可能无限增大，在低速下转变为恒转矩性质。负载的恒功率区和恒转矩区对传动方案的选择有很大影响。

如果电动机的恒转矩和恒功率调速的范围与负载的恒转矩和恒功率范围相一致，即所谓匹配的情况下，电动机容量和变频器的容量均最小。但是，如果负载要求的恒功率范围很宽，则要维持低速下的恒功率关系，对变频调速而言，电动机和变频器的容量不得不增大，控制装置的成本就会加大。所以，在可能的情况下，尽量采用折中的方案，适当地缩小恒功率范围（以满足生产工艺为前提），以减小电动机和变频器的容量，降低成本。

对于恒功率负载，电动机的容量选择与传动比的大小有很大关系，应在电动机的最高频率不超过两倍额定频率及不影响电动机正常工作的前提下，适当增加电动机和负载的传动比，以减小电动机的容量，变频器的容量与电动机的容量相当或稍大。

8.1.2　变频器品牌型号的选择

变频器是变频调速系统的核心设备，它的品质对于系统的可靠性影响很大。选择品牌时，与可靠性相关的品质，显然是选择时的重要考虑方面。作为电力电子设备，变频器的故障发生率存在两头高、中间低的现象，即调试期及使用初期故障率比较高，之后有一个时间比较长的低故障稳定期，到其寿命末期故障率又会再提高。

变频器品牌型号的选择

对于品牌选择，本企业及本行业的使用经验，加上生产厂家的市场口碑，通常是最重要的选择依据。另外，根据产品的平均无故障时间来挑选品牌，经验和口碑仍然是主要因素。根据使用经验，品质较好的变频器平均使用寿命都在 10 年以上，而各种应用的平均日运行时间大约在 8 h。因此，一台品质良好的变频器平均预期寿命应该达到 30 000 h 以上。

在同一品牌中选择具体型号时，则主要依据已经确定的变频调速方案、负载类型及应需要的一些附加功能等决定。调速方案若确定了采用成组驱动方式，则应选择有单独逆变器供货的型号；若确定采用矢量控制式或直接转矩控制式，则需要选择相应的变频器；若确定外部控制系统采用 PC 系统并且用通信方式连接，变频器的通信能力及采用的通信协议应该纳入考虑范围。

负载类型对于变频器的过载能力选择是重要的依据。二次方转矩负载可以选择 125%左右过载能力的变频器，恒转矩负载则应选择过载能力不低于 150%的变频器。专门为二次方转矩负载设计的变频器价格较低，对于风机、泵类应用应该作为首选型号。

8.1.3　变频器规格的选择

1. 按照标称功率选择

一般来说，按照标称功率选择只适合在不清楚电动机额定电流时使用（如电动机型号还没有最后确定的情况）。作为估算依据，在一般恒转矩负载应用时，可以放大一级估算。例如，90 kW 电动机可以选择 110 kW 变频器。在按照过载能力选择时，可以放大一倍来估算。例如，90 kW 电动机可选择 185 kW 变频器。

对于二次方转矩负载(如风机负载),一般可以直接按照标称功率作为最终选择依据,并且不必放大。例如,75 kW 风机电动机可以选择 75 kW 的变频器。

2. 按照电动机额定电流选择

对于多数的恒转矩负载新设计的项目,可以按照以下公式选择变频器规格。

根据应用情况,电流裕量系数可取 1.05~1.15,一般情况可取最小值。另外,如果电动机启动、停止频繁;则应该考虑取最大值,这是因为启动过程及有制动电路的停止过程,其电流会短时超过额定电流,频繁启动、停止则相当于增加了负载率。

例如,某 10 kW 电动机的额定电流为 212 A,取裕量系数为 1.05,得变频器额定电流大于或等于 222.6 A,可选择某型号 110 kW 变频器,其额定电流为 224 A。

这里的裕量系数主要是为防止电动机的功率选择偏低,实际运行时经常超过负载而设置的。

3. 按照电动机实际运行电流选择

这种方式适用于改造工程,对于原来电动机已经处于"大马拉小车"的情况,可以选择功率比较合适的变频器以节省投资。

例如,某风机电动机额定功率为 160 kW,额定电流为 289 A,实测稳定运行电流范围为 112~148 A,启动时间没有特殊要求。取 I_d=148 A,K_2=1.1,变频器额定电流应不小于 162.8 A。可选择某型号 90 kW 变频器,额定电流为 180 A,但 90/160=56.25%。因此,实际选择某型号 110 kW 变频器,110/160=68.75% 符合要求。

当变频器功率小于电动机功率时,不能按照电动机额定电流进行保护,这时可不更改变频器内的电动机额定电流,直接使用默认值,变频器将会将电动机当作标称功率电动机进行保护。如上面例子中,变频器会将那台电动机当作 110 kW 电动机保护。

4. 按照转矩过载能力选择

变频器的电流过载能力通常比电动机的转矩过载能力低,因此,按照常规配备变频器时电动机转矩过载能力不能充分发挥作用。由于变频器能够控制在稳定过载转矩下持续加速到全速运行,因此,平均加速度并不低于直接启动的情况,一般应用中没有什么问题。在大转动惯量情况下,同样电磁转矩的加速度较低,如果要求较快加速,则需要加大电磁转矩;正常的转动惯量情况下,电动机从零加速到全速的时间通常需要 2~5 s,如果应用要求加速时间更短,也需要加大电磁转矩;对于转矩波动型或者冲击转矩负载,瞬间转矩可能达到额定转矩的 2 倍以上,为防止保护动作,也需要加大电磁转矩。

8.1.4 变频器容量的选择

变频器的容量可从额定输出电流(A)、输出容量(kV·A)、适用电动机功率(kW)3 个方面表示。

1. 变频器容量选择规则

采用变频器对异步电动机进行调速时,在异步电动机确定后,通常根据异步电动机的额定电流来选择变频器,或者根据异步电动机在实际运行中的电流值(最大值)来选择变频器。

(1)连续运行的场合。
(2)短时间加、减速的场合。
(3)频繁加、减速运转场合。
(4)电流变化不规则的场合。
(5)电动机直接启动场合。

2. 容量选择注意事项

(1)并联追加投入启动。
(2)大过载容量。
(3)轻载电动机。
(4)输出电压。
(5)输出频率。

8.2　变频器外围设备的选择

变频器的运行离不开外围设备，选用外围设备通常是为了提高变频器的某些性能、对变频器和电动机进行保护以及减小变频器对其他设备的影响等。变频器的外围设备如图 8-1 所示。在实际应用中，图 8-1 所示的电器并不一定全部都要连接，有的电器通常都是选购件。

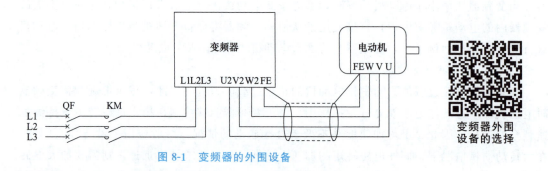

图 8-1　变频器的外围设备

8.2.1　断路器的功能及选择

1. 断路器的主要功能

断路器俗称空气开关，主要功能如下：

(1)隔离作用。变频器进行维修时，或长时间不用时，将其切断，使变频器与电源隔离，确保安全。

(2)保护作用。低压断路器具有过电流及欠电压等保护功能，当变频器的输入侧发生短路或电源电压过低等故障时，可迅速进行保护。

由于变频器具有比较完善的过电流和过载保护功能，且断路器也具有过电流保护功能，因此进线侧可不接熔断器。

2. 断路器的选择

因为低压断路器具有过电流保护功能，为了避免不必要的误动作，选用时应充分考虑电路是否有正常过电流。在变频器单独控制电路中，属于正常过电流的情况如下：

(1) 变频器刚接通瞬间，对电容器的充电电流可达到额定电流的 2～3 倍。

(2) 变频器的进线电流是脉冲电流，其峰值经常可能超过额定电流。

一般变频器允许的过载能力为额定电流的 150%，运行 1 min。所以，为了避免误动作，低压断路器的额定电流应选

$$I_{QN} \geqslant (1.3 \sim 1.4) I_N$$

式中　I_N——变频器的额定电流。

在电动机要求实现工频和变频的切换控制电路中，断路器应按电动机在工频下的启动电流来进行选择

$$I_{QN} \geqslant 2.5 I_{MN}$$

式中　I_{MN}——电动机的额定电流。

8.2.2 接触器的功能及选择

1. 接触器的功能

接触器的功能是在变频器出现故障时切断主电源，并防止掉电及故障后的再启动。

2. 接触器的选择

接触器根据连接的位置不同，其型号的选择也不尽相同，下面以图 8-1 所示的电路为例，介绍接触器的选择方法。

(1) 输入侧接触器的选择。输入侧接触器的选择原则：主触点的额定电流 I_{KN} 只需大于或等于变频器的额定电流 I_N 即可：

$$I_{KN} \geqslant I_N$$

(2) 输出侧接触器的选择。输出侧接触器仅用于与工频电源切换等特殊情况。因输出电流中含有较强的谐波成分，其有效值略大于工频运行时的有效值，故主触点的额定电流 I_{KN} 应满足

$$I_{KN} \geqslant 1.1 I_{MN}$$

式中　I_{MN}——电动机的额定电流。

(3) 工频接触器的选择。工频接触器的选择应考虑到电动机在工频下的启动情况，其触点电流通常可按电动机的额定电流再加大一个档次来选择。

8.2.3 电抗器的功能及选择

1. 输入交流电抗器

输入交流电抗器可抑制变频器输入电流的高次谐波，明显改善功率因数。输入交流电抗器为选购件，在以下情况应考虑接入输入交流电抗器。

(1) 变频器所用之处的电源容量与变频器容量之比为 10∶1 以上。

(2) 电源上接有晶闸管变流器负载或在电源端带有控制调整功率因数的电容器。

(3) 三相电源的电压不平衡度较大 (≥3%)。

(4) 变频器的输入电流中含有许多高次谐波成分,这些高次谐波电流都是无功电流,使变频调速系统的功率因数降低到 0.75 以下。

(5) 变频器的功率大于 30 kW。

接入的输入交流电抗器应满足:电抗器自身分布电容小;自身的谐振点要避开抑制率范围;保证工频压降在 2% 以下,工耗要小。

常用的输入交流电抗器的规格见表 8-1。

表 8-1 输入交流电抗器的选型

变频器			输入交流电抗器
外形尺寸 AA、A	0.55 kW	6SL3210-1KE11-8	6SL3203-0CE13-2AA0
	0.75~1.1 kW	6SL3210-1KE12-3	
	1.5 kW	6SL3210-1KE14-3	6SL3203-0CE21-0AA0
	2.2 kW	6SL3210-1KE15-8	
外形尺寸 A	3.0~4.0 kW	6SL3210-1KE17-1~5 6SL3210-1KE18-1~8	
外形尺寸 B	5.5~7.5 kW	6SL3210-1KE21-1~3 6SL3210-1KE21-1~7	6SL3203-0CE21-8AA0
外形尺寸 C	11.0~18.5 kW	6SL3210-1KE22-1~6 6SL3210-1KE23-1~2 6SL3210-1KE23-1~8	6SL3203-0CE23-8AA0

2. 直流电抗器

直流电抗器可将功率因数提高至 0.9 以上。由于其体积较小,因此许多变频器已将直流电抗器直接安装在变频器内。

直流电抗器除提高功率因数外,还可削弱在电源刚接通瞬间的冲击电流。如果同时配用交流电抗器和直流电抗器,则可将变频调速系统的功率因数提高至 0.95 以上。

3. 输出交流电抗器

输出交流电抗器用于抑制变频器的辐射干扰和感应干扰,还可以抑制电动机的振动。输出交流电抗器是选购件,当变频器干扰严重或电动机振动时,可考虑接入。输出交流电抗器的选择与输入交流电抗器相同。输出交流电抗器见表 8-2。

表 8-2 输出交流电抗器的选型

变频器			输出交流电抗器
外形尺寸 AA、A	0.55~1.1 kW	6SL3210-1KE11-8 6SL3210-1KE12-3 6SL3210-1KE13-2	6SL3202-0AE16-1CA0
	1.5 kW	6SL3210-1KE14-3	
	2.2 kW	6SL3210-1KE15-8	

续表

变频器		输出交流电抗器
外形尺寸 A	3.0～4.0 kW	6SL3210－1KE17－1～5 6SL3210－1KE18－1～8	6SL3202－0AE18－8CA0
外形尺寸 B	5.5～7.5 kW	6SL3210－1KE21－1～3 6SL3210－1KE21－1～7	6SL3202－0AE21－8CA0
外形尺寸 C	11.0～18.5 kW	6SL3210－1KE22－1～6 6SL3210－1KE23－1～2 6SL3210－1KE23－1～8	6SL3202－0AE23－8CA0

8.2.4 无线电噪声滤波器的功能及选择

变频器的输入和输出电流中都含有很多高次谐波成分。这些高次谐波电流除增加输入侧的无功功率、降低功率因数（主要是频率较低的谐波电流）外，频率较高的谐波电流还将以各种方式将其能量传播，形成对其他设备的干扰，严重的甚至还可能使某些设备无法正常工作。

滤波器用来削弱这些较高频率的谐波电流，以防止变频器对其他设备的干扰。滤波器主要由滤波电抗器和电容器组成。应注意的是变频器输出侧的滤波器中，其电容器能接在电动机侧，且应串入电阻，以防止逆变器因电容器的充、放电而受冲击。

在对防止无线电干扰要求较高及要求符合 CE、UL、CSA 标准的使用场合，或在变频器周围有抗干扰能力不足的设备等情况下，均应使用这种滤波器。安装时，应注意接线尽量缩短，滤波器应尽量靠近变频器。

8.2.5 制动电阻及制动单元的选择

制动电阻及制动单元的功能是当电动机因频率下降或重物下降（如起重机械）而处于再生制动状态时，可避免在直流回路中产生超高的泵生电压。

1. 制动电阻 R_B 的选择。

(1) 制动电阻 R_B 的大小。

(2) 电阻的功率 P_B。

常用制动电阻的阻值与容量的参考值见表 8-3。

表 8-3 制动电阻的选型

变频器		制动电阻
外形尺寸 AA、A	0.55～1.1 kW	6SL3210－1KE11－8 6SL3210－1KE12－3 6SL3210－1KE13－2	6SL3201－0BE14－3AA0
	1.5 kW	6SL3210－1KE14－3	
	2.2 kW	6SL3210－1KE15－8	

续表

变频器			制动电阻
外形尺寸A	3.0～4.0 kW	6SL3210－1KE17－1～5 6SL3210－1KE18－1～8	6SL3201－0BE21－0AA0

由于制动电阻的容量不易准确掌握，如果容量偏小，则极易烧坏。因此，制动电阻箱内应附加散热器。

2. 制动单元的选择

一般情况下，只需要根据变频器的容量进行配置即可。

8.3 变频器的安装与调试

变频器属于精密设备，安装和操作必须遵守操作规范，才能保证变频器长期、安全、可靠地运行。

8.3.1 变频器的安装

1. 变频器的安装环境

(1)环境温度。变频器运行环境－10～40 ℃，避免阳光直射。

(2)环境湿度。变频器的安装环境相对湿度不应超过90%（无结露），要注意防止水或水蒸气直接进入变频器内部，必要时，在变频柜(箱)中增加干燥剂和加热器。

变频器的安装与调试

(3)振动和冲击。装有变频器的控制柜受到机械振动和冲击时，会引起电气接触不良。

(4)电气环境。为防止电磁干扰，控制线应有屏蔽措施，母线与动力线要保持不小于100 m的距离，对变频器产生电磁干扰的装置，要与变频器隔离。

(5)其他条件。变频器在使用过程中需要保持清洁，并且需要避免尘土和腐蚀性物质对其造成损害。因此，变频器的安装位置应该远离粉尘、腐蚀性气体和化学药品等有害气体。

2. 变频器的安装方式及要求

(1)墙挂式安装。用螺栓垂直安装在坚固的物体上，如图8-2所示。

(2)柜式安装。柜式安装是目前最好的安装方式，因为可以起到很好的屏蔽作用，同时，也能防尘、防潮、防光照等。单台变频器应尽量采用柜外冷却方式(环境比较洁净、尘埃少时)，如图8-3所示。无论采用哪种方式，变频器都应垂直安装。

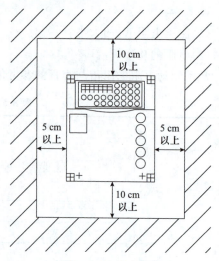

图8-2 墙挂式安装

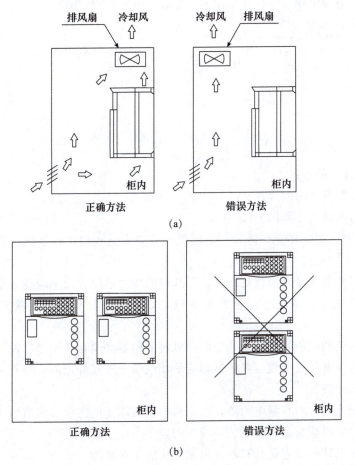

图 8-3 柜式安装

(a)单台变频器安装；(b)多台变频器安装

8.3.2 变频器的接线

变频器的接线可分为主电路的接线和控制电路的接线两部分。

1. 主电路的接线

(1)基本接线。变频器主电路的三相基本接线如图 8-4 所示。图中 QS 是低压断路器，FU 是熔断器，KM 是接触器主触点。L1、L2、L3 是变频器的输入端，接电源进线。U、V、W 是变频器的输出端，与电动机相连。

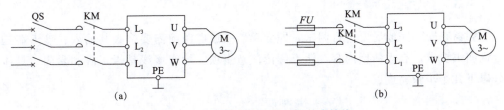

图 8-4 变频器主电路的三相基本接线

变频器主电路的单相基本接线如图 8-5 所示,图中 L1 为相线,

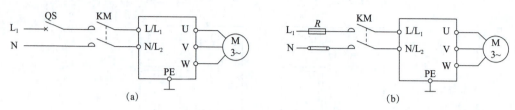

图 8-5　变频器主电路的单相基本接线

(2)主电路线径的选择。
1)电源与变频器之间的导线。
2)变频器与电动机之间的导线。
(3)注意事项。在安装变频器时一定要严格遵守安全规程,在接线过程中须注意以下事项:
1)在变频器与电源线连接或更换变频器的电源线之前应完成电源线的绝缘测试。
2)确信电动机与电源电压的匹配是正确的,不允许将变频器连接到电压更高的电源上。
3)连接同步电动机或并联连接几台电动机时变频器必须在其控制特性下运行。
4)电源电缆和电动机电缆与变频器相应的接线端子连接好以后,在接通电源前必须确信变频器的盖已盖好。
5)为了保证绝缘气隙和漏电距离,电源和电动机端子的连接导线有较大横断面,而且在变频器一侧的电缆端头应有带热装接线头的扁平一段。
6)变频器的设计允许它在具有较强电磁干扰的工业环境下运行,通常,如果安装的质量良好就可以确保安全和无故障的运行。

2. 控制电路的接线

(1)模拟量控制线。模拟量控制线主要包括输入侧的给定信号线和反馈信号线、输出侧的频率信号线和电流信号线两类。
(2)开关量控制线。控制中如启动、点动、多挡转速控制等的控制线,都是开关量控制线。

3. 安装布线

合理选择安装位置及布线是变频器安装的重要环节。电磁元件的安装位置、各连接导线是否屏蔽、接地点是否正确等,都直接影响到变频器对外干扰的大小及自身工作情况。

8.3.3　变频器的调试

变频器在安装完成后要进行调试,即变频器接通电源前需要检查其输入、输出端是否符合说明书要求,有无新增内容,认真阅读注意事项,检查接线是否正确和紧固。具体调试分以下几个步骤完成。

1. 变频器接通电源试运行(不接电动机)

接通电源后,按"运行"(RUN)键运行变频器到 50 Hz,用万用表测量变频器的输出

(U、V、W)相电压应平衡(370～400 V)。按"停止"(STOP)键后,再接上电动机线。

2. 变频器带电动机空载运行

(1)设置电动机的功率、极数,要综合考虑变频器的工作电流。

(2)设定变频器的最大输出频率、基频,设置转矩特性。

(3)将变频器设置为自带的键盘操作模式,按点动键、运行键、停止键,观察电动机是否反转,是否能正常地启动、停止。

(4)熟悉变频器运行发生故障时的保护代码,观察热保护继电器的出厂值,观察过载保护的设定值,需要时可以修改。

3. 带负载试运行

(1)手动操作变频器面板的"运行""停止"键,观察电动机运行、停止过程及变频器的显示窗,观察是否有异常现象。如果有异常现象,相应地改变预定参数后再运行。

(2)如果启动或停止电动机过程中变频器出现过流保护动作,应重新设定加速、减速时间。

(3)如果变频器在限定的时间内仍然保护,应改变启动/停止的运行曲线,从直线改为S形、U形线或反S形、反U形线。电动机负载惯性较大时,应该采用更长的启动、停止时间,并且根据其负载特性设置运行曲线类型。

(4)如果变频器仍然存在运行故障,应尝试增加最大电流的保护值,但是不能取消保护,应留有至少10%～20%的保护裕量。

(5)如果变频器运行故障,应更换更大一级功率的变频器。

(6)如果变频器驱动的电动机在启动过程中达不到预设速度,可能有以下两种情况:

1)系统发生机电共振,可以从电动机运转的声音进行判断。

2)电动机的转矩输出能力不够,不同品牌的变频器出厂参数设置不同,在相同的条件下,带载能力不同,也可能因变频器控制方法不同,造成电动机的带负载能力不同;或因系统的输出效率不同,造成带负载能力会有所差异。

4. 变频器与上位机相连进行系统调试

在手动的基本设定完成后,如果系统中有上位机,将变频器的控制线直接与上位机控制线相连。

8.4 变频器的维护与检修

8.4.1 变频器的维护

尽管新一代通用变频器的可靠性已经很高,但是如果使用不当,仍有可能发生故障或出现状况不佳的情况,缩短设备的使用寿命。即使是最新一代的变频器,由于长期使用及温度、湿度、振动、尘土等环境的影响,其性能也会有一些变化;如果使用合理、维护得当,则能延长变频器的使用寿命,并减少因突发故障造成的损失。因此,在存储、使用过程中必须对变频器进行日常检查,并进行定期保养维护。

变频器的维护与检修

日常检查和定期维护的主要目的是尽早发现异常现象，清除尘埃，紧固检查，排除事故隐患等。在通用变频器运行过程中，可以从设备外部目视检查运行状况有无异常，通过键盘面板转换键查阅变频器的运行参数，如输出电压、输出电流、输出转矩、电动机转速等，掌握变频器日常运行值的范围，以便及时发现变频器及电动机问题。

1. 日常检查

日常检查包括不停止通用变频器运行或不拆卸其盖板进行通电和启动试验，通过目测通用变频器的运行状况，确认有无异常情况。日常检查的主要内容如下：

(1) 键盘面板显示是否正常，有无缺少字符。仪表指示是否正确，是否有振动、振荡等。

(2) 冷却风扇部分是否运转正常，是否有异常声音等。

(3) 变频器及引出电缆是否有过热、变色、变形、异味、噪声、振动等异常情况。

(4) 变频器周围环境是否符合标准规范，温度与湿度是否正常。

(5) 变频器的散热器温度是否正常，电动机是否有过热、异味、噪声、振动等异常情况。

(6) 变频器控制系统是否有集聚尘埃的情况。

(7) 变频器控制系统的各连接线及外围电器元件是否有松动等异常现象。

(8) 检查变频器的进线电源是否正常，电源开关是否有电火花、缺相，引线压接螺栓是否松动，电压是否正常等。

2. 定期维护

变频器定期保养检查时，一定要切断电源，待监视器无显示及主电路电源指示灯熄灭后，才能进行检查。检查内容见表 8-4。

表 8-4 定期维护检查内容

检查项目	检查内容	异常对策
主回路端子、控制回路端子螺钉	螺钉是否松动	用螺钉旋具拧紧
散热片	是否有灰尘	用 4～6 kg/cm^2 压力的干燥压缩空气吹掉
PCB(印制电路板)	是否有灰尘	用 4～6 kg/cm^2 压力的干燥压缩空气吹掉
冷却风扇	是否有异常声音、异常振动	更换冷却风扇
功率元件	是否有灰尘	用 4～6 kg/cm^2 压力的干燥压缩空气吹掉
铝电解电容	是否变色、异味、鼓泡	更换铝电解电容

运行期间应定期(如每 3 个月或 1 年)停机检查以下项目：

(1) 功率元件、印制电路板、散热片等表面有无粉尘、油雾吸附，有无腐蚀及锈蚀现象。粉尘吸附时可用压缩空气吹扫，散热片油雾吸附可用清洗剂清洗。出现腐蚀和锈蚀现象时要采取防潮、防腐蚀措施，严重时要更换受腐蚀部件。

(2) 检查滤波电容器和印制电路板上的电解电容器有无鼓肚变形现象，有条件时可测定实际电容值。出现鼓肚变形现象或实际电容量低于标称值的 85% 时，要更换电容器。更换的电容器要求电容量、耐压等级及外形和连接尺寸与原部件一致。

(3) 散热风机和滤波电容器属于变频器的损耗件，有定期强制更换的要求。散热风机的更换标准通常是正常运行 3 年，或者风机累计运行 15 000 h。若能够保证每班检查风机运行状况，也可以在检查时发现异常再更换。当变频器使用的是标准规格的散热风机时，只要风机功率、尺寸和额定电压与原部件一致就可以使用。当变频器使用的是专用散热风机时，应向变频器厂家订购备件。滤波电容器的更换标准通常是正常运行 5 年，或者变频器累计通电时间 30 000 h。有条件时，也可以在检测到实际电容量低于标称值的 85% 时更换。

一般变频器的定期检查应 1 年进行一次，绝缘电阻检查可以 3 年进行一次。由于变频器是由多种部件组装而成的，某些部件经长期使用后，性能降低、劣化，这是故障发生的主要原因。为了长期安全生产，这些部件必须及时更换。变频器定期检查的目的，主要是根据键盘面板上显示的维护信息估算零部件的使用寿命，及时更换元器件。

8.4.2 变频器的故障检修

1. 常见故障

变频器的自诊断功能、报警及保护功能非常齐全，熟悉这些功能对于正确使用变频器非常重要。变频器故障时会有相应的指示，在理解其常见故障及分析其原因后，才可以进行正确的故障处理。变频器的常见故障有过电流、过电压、欠电压、过热、输出不平衡、过载、开关电源损坏。

(1) 过电流。过电流故障是变频器报警最为频繁的原因，可能出现在升速或降速过程中。出现这种现象的主要原因有模块损坏、驱动电路损坏、电流检测电路损坏、设定值不当等。

(2) 过电压。引起过电压跳闸的主要原因是电源电压过高；降速时间设定太短；降速过程中再生制动的放电单元工作不理想，包括来不及放电和放电支路发生故障，实际并不放电；在 SPWM 方式中，电路是以一系列脉冲的方式进行工作的，由于电路中存在着绕组和线路分布电容，所以在每个脉冲的上升和下降过程中，可能产生峰值很大的脉冲电压，这个脉冲电压叠加到直流电压上，形成具有破坏作用的脉冲高压。

(3) 欠电压。引起欠电压跳闸的原因是电源电压过低，电源缺相；整流桥故障，如果整流桥的部分整流器件损坏，则整流后的电压下降；在滤波电容器充电完毕后，由于 KM 或 SCR 损坏，预充电电阻 R 未"切出"电路。由于 R_1 长时间接入电路，负载电流将得不到及时的补充，导致直流电压下降。

(4) 过热。过热也是一种比较常见的故障，因此要设置过热保护。过热产生的主要原因有周围温度过高、风机堵转、温度传感器性能不良、电动机过热等。

(5) 输出不平衡。输出不平衡一般表现为电动机抖动，转速不稳。输出不平衡产生的主要原因有电动机的绕组或变频器到电动机之间的传输线发生单相接地、模块损坏、驱动电路损坏、电抗器损坏等。

(6) 过载。过载也是变频器比较频繁的故障之一。在常规的电动机控制电路中，是用具有反时限的过载热继电器来进行过载保护的。

(7) 开关电源损坏。开关电源损坏是变频器最常见的故障，通常是由于开关电源的负载发生短路造成的。

2. 变频器故障检修实例

MM440 变频器非正常运行时，会发生故障或报警。当发生故障时，变频器停止运行，面板显示以 F 字母开头相应的故障代码,需要故障复位才能重新运行。当发生报警时,变频器若继续运行,则面板显示以 A 字母开头相应的报警代码,报警消除后代码自然消除。下面介绍几个西门子 6SE48 系列变频器的故障检修实例。

故障实例1:电源类故障。

故障现象:操作面板显示屏显示"power supply failure"故障信息。

故障分析与处理:显示"power supply failure"故障信息一般是变频器的直流控制电压的供电电源出现故障,可能由以下几种原因形成:

(1)电源板故障。即电源和信号探测板有问题,其又分为两种情况:一种情况是直流电压超过限制值;另一种情况是开关电源的故障,这都需要对线路板进行维修。

(2)电容器容量发生变化。变频器经过一段时间的运行后,3 300 μF 的电容有一定程度的老化,电容里的液体泄漏,导致变频器的储能下降。一般运行5~8年后才开始有此类问题,这时需要对电容进行检测,发现一定数量的电容容量降低后,必须进行更换。

故障实例2:过热故障。

故障现象:操作面板显示屏显示"over temperature"故障信息。

故障分析与处理:显示该故障的原因是变频器的温度太高。变频器的发热主要是由逆变器件引起的,逆变器件也是变频器中最重要而又最脆弱的部件,所以用来测温的温度传感器(TNC)也装在逆变器件的上半部分。当温度超过 60 ℃时,变频器通过一个信号继电器来报警;当达到70℃时,变频器自动停机,进行自我保护。过热一般是由以下五种情况引起的:

(1)环境温度高。

(2)风扇故障。

(3)散热片太脏。

(4)负载过载。

(5)温度传感器故障。

故障实例3:接地故障。

故障现象:操作面板显示屏显示"ground fault&apos"故障信息。

故障分析与处理:显示该故障的主要原因是该变频器的输出端接地,或者因为电缆太长,对地产生一个太大的电容而引起的。接地故障有以下几种情况:

(1)电动机接地。

(2)所接电缆接地。

(3)变频器内部故障。

项目小结

本项目主要介绍了变频器及其外围设备的选用方法,变频器的安装、调试以及变频器日常维护和故障检修等知识。

变频器类型的选择主要根据负载的要求来进行。变频器规格的选择主要考虑标称功率、电动机额定电流、电动机实际运行电流、转矩过载能力等。

变频器的外围设备主要有断路器、接触器、输入交流电抗器、无线电噪声滤波器、制动电阻及制动单元、直流电抗器、输出交流电抗器等。

变频器属于精密设备，安装和操作必须遵守操作规范，储存和安装必须考虑场所的温度、湿度、灰尘和振动等情况。变频器的安装有墙挂式、柜式安装两种方式，可根据使用要求进行选择。变频器的接线可分为主电路的接线和控制电路的接线两部分，接线时应采取适当的变频器，在安装完成投入使用前要进行调试，在通电前要进行检查，调试时应注意仪器仪表的正确使用。变频器在存储、使用过程中必须进行日常检查，并进行定期保养维护。日常检查和定期维护的主要目的是尽早发现异常现象，清除尘埃，紧固机件，排除事故隐患等。

项目实施

水泵变频器是整个泵组变频恒压供水系统的核心部分，一旦其出现故障，会对整个泵组造成影响，常见的几种变频器故障为水泵的变频器显示正常，但是水泵不转动、用水噪声大、水压不稳定、水泵在长时间的运行后供水温度升高、变频器上电之后跳闸等情况，试分析以上故障的处理方法。

项目评价

序号	达成评价要素	权重	个人自评	小组评价	教师评价
1	理解程度：对变频器及外围设备选项的理解程度	20%			
2	应用能力：能否将所学的知识应用到实际工程应用中，解决实际问题	30%			
3	实践操作：在试验中的操作技能和试验结果的准确性	10%			
4	创新能力：能否提出创新的应用方案和解决方案	10%			
5	团队合作：在团队合作中的表现和与他人协作的能力	10%			
6	学习态度：对学习变频器的选用和维护保养的态度和积极性	10%			
7	自主学习能力：能否主动学习和探索新的知识与技能	10%			
效果评估总结：对自己学习效果的评估和反思					

项目 9　变频器的工程应用

变频器的应用

(1) 变频器在节能方面的应用。风机、泵类负载采用变频调速后,节电率可达到 20%~60%,这是因为风机、泵类负载的实际消耗功率基本与转速的 3 次方成比例。以节能为目的的变频器的应用,发展非常迅速。据有关方面统计,我国已经进行变频改造的风机、泵类负载的容量占总容量的 5%以上,还有很大的改造空间。由于风机、泵类负载在采用变频调速后可以节省大量的电能,所需的投资在较短的时间内就可以收回,因此在这一领域的应用最广泛。目前,应用较成功的有恒压供水、各类风机、中央空调和液压泵的变频调速。

(2) 变频器在精密自控系统中的应用。由于控制技术的发展,变频器除具有基本的调速控制功能外,更具有多种算术运算和智能控制功能,输出精度高达 0.01%。它还设置完善的检测、保护环节,因此,在自动化系统中得到了广泛的应用。例如,在印刷、电梯、纺织、机床、生产流水线等行业进行速度控制。

(3) 变频器在提高工艺水平和产品质量方面的应用。变频器还广泛地应用于传送、起重、挤压和机床等各种机械设备的控制领域,它可以提高工艺水平和产品质量,减少设备冲击和噪声,延长设备使用寿命。采用变频控制后,可以使机械设备简化,操作和控制更人性化,有的甚至可以改变原有的工艺规范,从而提高整个设备的功能。

1. 了解变频器主要的应用方向。
2. 掌握变频器在恒压供水系统中的应用。
3. 掌握变频器在拉丝机构中的应用。
4. 掌握变频器在卷扬机系统中的应用。
5. 基于 PROFIBUS-DP 现场总线的变频技术在切割机中的应用。
6. 通过实践和探索,总结分析变频器在不同工程应用中的异同,寻找创新点和解决问题的方法的共性。

知识链接

9.1 变频器在恒压供水系统中的应用

随着人们对供水质量和供水系统可靠性的要求不断提高,再加上目前能源紧缺,利用先进的自动化技术、控制技术及通信技术,设计高性能、高节能、能适应不同领域的恒压供水系统已成为必然的趋势。恒压供水系统如图 9-1 所示。

变频器在恒压供水系统中的应用

图 9-1 恒压供水系统

9.1.1 系统的构成

整个系统由三台水泵、一台变频调速器、一台 PLC 和一个压力传感器及若干辅助部件构成。三台水泵中每台水泵的出水管均装有手动阀,以供维修和调节水量之用,三台水泵协调工作以满足供水需要。变频供水系统中检测管路压力的压力传感器,一般采用电阻式传感器(反馈 0~5 V 电压信号)或压力变送器(反馈 4~20 mA 电流);变频器是供水系统的核心,通过改变电动机的频率实现电动机的无级调速、无波动稳压的效果等功能。恒压供水系统原理框图如图 9-2 所示。

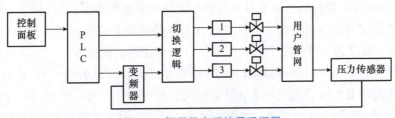

图 9-2 恒压供水系统原理框图

从图 9-2 可以知道，变频恒压供水系统主要由变频控制柜、压力传感器、水泵等组成。变频控制柜由断路器、变频器、接触器、中间继电器、PLC 等组成。

9.1.2 工作原理

接通电源，供水系统投入运行。将手动/自动开关拨到"自动"挡，系统进入全自动运行状态，PLC 程序首先接通交流接触器，并启动变频器。根据压力设定值（根据管网压力要求设定）与压力实际值（来自压力传感器）的偏差进行 PID 调节，并输出频率给定信号给变频器。变频器根据频率给定信号及预先设定好的加速时间控制水泵的转速以保证水压保持在压力设定值的上、下限范围之内，实现恒压控制。同时，变频器在运行频率到达上限时，会将频率到达信号发送给 PLC，PLC 则根据管网压力的上、下限信号和变频器的运行频率是否到达上限的信号，由程序判断是否要启动第 2 台泵（或第 3 台泵）。若变频器运行频率达到频率上限值，并保持一段时间，则 PLC 会将当前变频运行泵切换为工频运行，并迅速启动下一台泵变频运行。此时 PID 会继续通过由远传压力表送来的检测信号进行分析、计算、判断，进一步控制变频器的运行频率，使管压保持在压力设定值的上、下限偏差范围之内。

(1) 增泵工作过程：假定增泵顺序为 1、2、3 泵。开始时，1 泵电动机在 PLC 控制下先投入调速运行，其运行速度由变频器调节。当供水压力小于压力预置值时，变频器输出频率升高，水泵转速上升；反之下降。当变频器的输出频率达到上限，并稳定运行后，如果供水压力仍没有达到预置值，则需要进入增泵过程。在 PLC 的逻辑控制下将 1 泵电动机与变频器连接的电磁开关断开，1 泵电动机切换到工频运行，同时，变频器与 2 泵电动机连接，控制 2 泵投入调速运行。如果还没有达到预置值，则继续按照以上步骤将 2 泵切换到工频运行，控制 3 泵投入变频运行。

(2) 减泵工作过程：假定减泵顺序依次为 3、2、1 泵。当供水压力大于预置值时，变频器输出频率降低，水泵速度下降，当变频器的输出频率达到下限，并稳定运行一段时间后，将变频器控制的水泵停机，如果供水压力仍大于预置值，则将下一台水泵由工频运行切换到变频器调速运行，并继续减泵工作过程。在晚间用水不多，当最后一台正在运行的主泵处于低速运行时，如果供水压力仍大于预置值，则停机并启动辅泵投入调速运行，从而达到节能效果。

9.1.3 PID 调节器

仅用 P 动作控制，不能完全消除偏差。为了消除残留偏差，一般采用增加 I 动作的 PI 控制。用 PI 控制时，能消除由改变目标值和经常的外来扰动等引起的偏差。但是，I 动作过强时，对快速变化偏差响应迟缓。对有积分元件的负载系统可以单独使用 P 动作控制。对于 PD 控制，发生偏差时，很快产生比单独 D 动作还要大的操作量，以此来抑制偏差的增加。偏差小时，P 动作的作用减小。控制对象含有积分元件的负载场合，仅 P 动作控制，有时由于此积分元件的作用，系统发生振荡。在该场合，为使 P 动作的振荡衰减和系统稳定，可用 PD 控制。换而言之，该种控制方式适用于过程本身没有制动作用的负载。

利用 I 动作消除偏差作用和用 D 动作抑制振荡作用，如再结合 P 动作就构成了 PID 控制,如图 9-3 所示。采用 PID 控制较其他组合控制效果要好,基本上能获得无偏差、精度高和系统稳定的控制过程。这种控制方式用于从产生偏差到出现响应需要一定时间的负载系统,即实时性要求不高,工业上的过程控制系统一般是此类系统,本系统也比较适合 PID 调节,效果比较好。

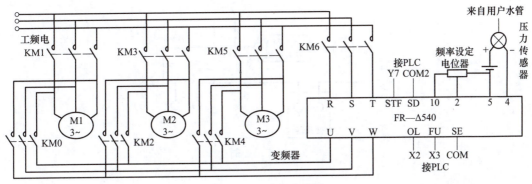

图 9-3 系统主电路图

通过对被控制对象的传感器等检测控制量(反馈量),将其与目标值(温度、流量、压力等设定值)进行比较。若有偏差,则通过此功能的控制动作使偏差为零,也就是使反馈量与目标值相一致的一种通用控制方式。它比较适用于流量控制、压力控制、温度控制等过程量的控制。在恒压供水中,常见的 PD 控制器的控制形式主要有以下两种:

(1)硬件型:通用 PID 控制器,在使用时只需要进行线路的连接和 P、I、D 参数及目标值的设定。

(2)软件型:使用离散形式的 PID 控制算法在可编程逻辑控制器(或单片机)上进行 PID 控制。

本例使用硬件型控制形式。

根据设计的要求,本系统的 PID 调节控制器内置于变频器中,接线图如图 9-4 所示。

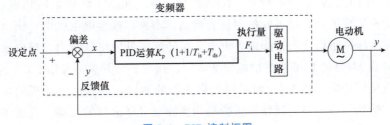

图 9-4 PID 控制框图

9.1.4 压力传感器的接线图

压力传感器使用 CY-0YZ-1001 型绝对压力传感器,接线图如图 9-5 所示。传感器由敏感芯体和信号调整电路组成,当压力作用于传感器时,敏感芯体内硅片上的惠斯登电桥的输出电压发生变化,信号调整电路将输出的电压信号作放大处理,同时进行温度补偿、非线性补偿,使传感器的电性能满足技术指标的要求。该传感器的量程为 0～2.5 MPa,工作温度为 5～60 ℃,供电电源为 DC(210±3)V。

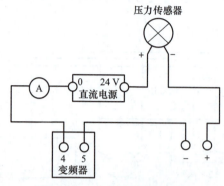

图 9-5　压力传感器的接线图

9.1.5　应用实例

1. 恒压供水系统组成

　　MM440 是通用变频器,它内部没有逻辑控制能力,必须增加具有逻辑切换功能的控制器,才能实现多泵的切换,切换控制一般由 PLC 控制实现。而增加(投入)或减少(撤出)水泵的信号由变频器数字(继电器)输出提供,MM440 有三个数字(继电器)输出。

　　图 9-5 所示的系统为一拖四的异步切换主电路。变频器 MM440 通过接触器 K11、K21、K31、K41 分别控制四台电动机。同时,接触器 K12、K22、K32、K42 又分别将四台电动机连接至主电网。变频器可以对四台电动机中的任一台实行软启动,在启动到额定转速后将其切换到主电源。接触器全部由 PLC 程序控制。以电动机 M 为例,首先将 K11 闭合,M1 由变频器控制调速,若水压低于设定的目标值,则电动机转速提升以提升压力;当电动机到达 50 Hz 同步转速时,变频器 MM440 内部输出继电器 1 动作,送出一个开关信号给 PLC,由 PLC 控制 K11 断开、K12 吸合,电动机 M1 转由电网供电,以此类推。如果某台电动机需要调速,则可安排到最后启动,不再切换至电网供电,而由变频器驱动调速。若此时水压高于设定的目标值,则电动机转速降低以降低压力;当电动机到达下限转速时,变频器 MM440 内部输出继电器 2 动作,送出一个开关信号给 PLC,由 PLC 控制 K12 断开,直接停止电动机 M1。可采用先启先停的做法,使每台电动机的运行时间大致相等。在系统的切换中,对变频器的保护是切换控制可靠运行的关键。系统中可采用硬件和软件的双重联锁保护。启动过程中,必须保证每台电动机由零功率开始升速。为减少电流冲击,必须在达到 50 Hz 时才可切换至电网。K11 断开前,必须首先保证变频器没有输出,K11 断开后,才能闭合 K12,K11 和 K12 不可同时闭合,PLC 控制程序必须有软件联锁。

2. MM440 PID 内部给定 AI1 反馈单台控制参数设置

　　系统要求 4～20 mA 对应 0～0.5 MPa(0～5 kgf/cm²)作为压力反馈,给定为内部给定:5×0.75=3.75(kgf/cm²)(约 0.375 MPa),MOP-PID 内部设定,参数设定见表 9-1。

表 9-1 参数设定表

参数号	出厂值	设置值	参数说明
p0003	1	1	设用户访问级为标准级
p0004	0	7	命令和数字 I/O
p0700	2	2	命令源选择"由端子排输入"
p1000	2	2	频率设定值选择为"模拟输入"
p1080	0	30	电动机运行的最低频率(Hz)
p1082	50	50	电动机运行的最高频率(Hz)
p1120	10	5	斜坡上升时间(s)
p1121	10	3	斜坡下降时间(s)

9.1.6 恒压供水系统的调试与保养

变频恒压供水设备是根据工业生产、生活、农业节水灌溉工程等用水的规律研制开发的高新技术产品。它集变频调速技术、PC 技术、PD 控制技术、压力传感技术等为一体，可组成完整的闭环自动控制系统。该设备通过安装在供水管网上的高灵敏度压力传感器来检测供水管网在用水量变化时的压力变化，不断地向 PLC 传输变化的信号，经智能判断运算并与设定的压力值比较后，向控制器发出改变频率的指令，控制器通过改变频率来改变水泵电动机的转速和启用台数，自动调节峰谷用水量，保证供水变频无塔供水管网压力恒定，以满足用户用水的需要。

1. 变频恒压供水设备安装与调试

(1) 设备就位后用水平仪找平，其纵横水平度应小于 0.1‰。
(2) 设备安装找平后，用膨胀水泥对基础进行二次灌浆，保养 24 h 后再进行配管。
(3) 电动机接线后应确认旋转方向，保证与标准箭头一致。

2. 变频恒压供水设备使用与操作

(1) 设备使用前应盘动水泵转子，且应无摩擦卡滞现象。
(2) 用 500 V 低压摇表检测电动机绝缘应为 0.5 MΩ 以上。
(3) 控制仪表及线路无损坏。
(4) 全开水泵进口阀，关闭出水口阀，逐一打开泵的排气阀，待液体充满泵腔后关闭气阀。
(5) 将转换开关置于手动位置，空载点动水泵，其运转方向应与标准箭头一致。
(6) 手动逐台启停水泵，检查水泵运转无异常现象。

3. 变频恒压供水设备维护与保养

(1) 设备在投入运行前应对系统进行清理、吹扫，以免杂物进入泵体造成设备损坏。
(2) 水泵不应在出口阀门全闭的情况下长期运转，也不应在性能曲线的驼峰处运行，更不能空运转，当轴封采用盘根密封时允许有 10~20 滴/min 的泄漏。
(3) 运行时轴承温度不得高于 75 ℃。
(4) 水泵每运行 500 h，应对轴承进行一次加油。
(5) 设备长期停运应采取必要措施，防止设备沾污和锈蚀，冬季停运应采用防冻、保暖措施。

(6)运行设备应视水质情况实行前期排污。

9.2 变频器在拉丝机中的应用

拉丝机行业涉及的设备种类非常多,常见的拉丝机有水箱式拉丝机、直进式拉丝机、滑轮式拉丝机、倒立式拉丝机等,拉丝机主要应用于对铜丝、不锈钢丝等金属线缆材料的加工,属线缆制造行业极为重要的加工设备。

变频器在拉丝机中的应用

随着变频调速技术的不断发展,变频调速器已经被广泛应用在拉丝机行业,承担着拉丝调速、张力卷取、多级同步控制等环节。变频器的应用大大提高了拉丝机的自动化水平与加工能力,有效降低了设备的单位能耗与维护成本,得到了行业的广泛认同。目前,SD产品(SD00变频器)在国内拉丝机行业已经有成功的应用实例,一些采用转矩限幅的方式实现张力卷曲,这种控制方式需要编码器,而且在拉丝比较细的情况下,容易导致拉丝断线。另外,MM440变频器包含了PID-trim等功能,从功能上完全满足张力控制的需要。本节以某拉丝机为例,对拉丝机的结构及功能实现方式进行介绍。拉丝机如图9-6所示。

图9-6 拉丝机

9.2.1 拉丝机控制部分的构成

一般拉丝机主要由放线电动机、收线电动机及排线电动机构成驱动部分。随着收线卷径的不断扩大,收线电动机的转速应相应地减小,以保证线速恒定,在控制中常采用张力反馈装置来调节收线电动机的速度。随着变频器功能不断增强、性能不断稳定,变频器也被使用于拉丝机,其中利用变频器控制收线电动机与放线电动机,而排线电动机由于功率较小直接由电网电压来控制。变频控制示意如图9-7所示。

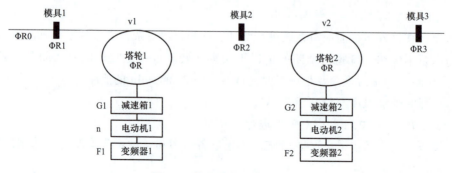

图9-7 拉丝机变频控制示意

速度同步要保证跳动辊的位置稳定，同时保证主从装置线速度保持一致，速度同步可以通过 PLC 通信实现，或者采用模拟量的方式实现，模拟量有以下两种接线方式。

1. 模拟量并联输入

并联输入是指将一电位计电压信号，同时给两台变频器输入模拟量，接线如图 9-8 所示。这种接线方式可以确保速度给定信号同时发送到主从变频器，可以通过观察变频器斜坡函数发生器之后出来的速度值来判断两台装置速度给定是否同步。

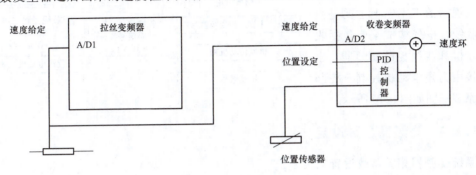

图 9-8　并联的连接方式

2. 模拟量串联输入

拉丝机将实际速度通过模拟量输出口以 0~20 mA 的信号传给收卷机，收卷机收到信号后将此作为主速度，并以 PID 控制器做位置运算，PID 输出作为微调与主速度叠加以实现对拉丝机的速度跟随。通过对跳动辊位置的控制来实现对拉丝的张力控制。连接方式如图 9-9 所示。这种连接方式收卷的速度要慢于拉丝变频器速度，但 PD 的输出可以补偿两者的速度静差。

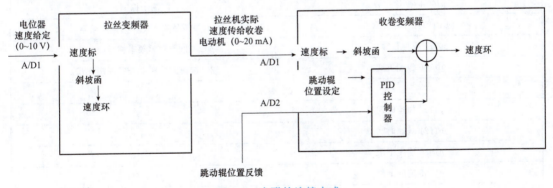

图 9-9　串联的连接方式

9.2.2　拉丝机控制部分的工作原理

放线设备主要可分为主动式放线和自由式放线两种方式。主动式放线由变频器控制放线电动机的转速来控制放线的速度；自由式放线主要是由前道卷筒拉拔力带动放线设备上的金属丝自由地从放线设备进入拉拔设备。拉丝模具的主要工艺参数是孔径，经过每道拉丝模具的压缩拉伸，较粗金属丝就变成等值于拉丝模具孔径的金属丝。金属丝缠绕在卷筒上，由电动机带动卷筒出力将穿过拉丝模具的金属丝拉出。张力臂压在两个卷筒之间的金属丝上，保证金属丝张力的稳定，张力臂的上下摆动通过安装的位置传感器的位置信号来反映，控制的目的就是让张力臂在中间位置上下波动且波动幅度越小越好。拉丝设备负责将拉拔好的金属丝等间距地排列在收线工字轮上，电气构成规格的工字轮上主要是恒转矩收线，电气构成主要包括收线电动机和收线控制变频器，也可直接用力矩电动机控制。控制部分原理框图如图9-10所示。

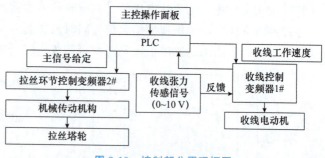

图 9-10 控制部分原理框图

9.2.3 变频器参数设定

系统变频器相关参数设置见表9-2。

表 9-2 变频器参数设定

拉丝机参数	
p1120 加速时间	150 s
p1121 减速时间	150 s
p1080 速度下限	0 Hz
p1082 速度上限	100 Hz
p2000 参考频率	90
p700 命令给定源	2（端子控制）
p1000 频率给定源	2（模拟量输入1作为速度给定）
p0771 模拟量输出	21（与实际频率相对应）
p1300 控制方式	20（选择无传感器矢量控制方式）
收卷参数	
p1120 加速时间	0 s
p1121 减速时间	0.1 s
p1080 速度下限	0 Hz
p1082 速度上限	110 Hz
p2000 参考频率	85
p0700 命令给定源	2（端子控制）
p1000 速度给定源	2（模拟量输入1作为速度给定）
p0756.0 模拟输入2	2（0~20 mA 输入）
p1300 控制方式	0（U/f）
p2200 使能 PID	1
p2251 PID 作为微调	1

续表

拉丝机参数	
p2253 PID 的给定源	2 890
p2890 固定设定值	57%
p2257 PID 设定值的加速时间	0 s
p2258 PID 设定值的减速时间	0 s
p2284 PID 的反馈通道	755.1
p2291 PID 输出上限	50 Hz
p2292 PID 输出下限	−50 Hz
p2293 PID 输出的上升时间	4 s
p2280 PID 的比例增益	0.2
p2285 PID 的积分时间	3 s
p2274 PID 的微分	0.1

9.2.4 拉丝机控制系统的调试

为了保证拉丝机驱动器能够可靠、稳定、正确地运行，在拉丝机系统的安装、调试及使用过程中，应注意以下事项：

(1) 拉丝机的接线要正确。接线时一定要正确连接伺服驱动器与控制器之间的信号线，否则伺服机构不会正常运行。

(2) 要正确设置拉丝机的伺服控制模式。由于每种机器的应用都有所不同，因此正确设置伺服控制模式是保证伺服机构正确运行的前提。

(3) 拉丝机要确保电动机良好接地。驱动器与设备机壳连接，一方面避免干扰；另一方面避免漏电。

(4) 拉丝机信号线尽量选择屏蔽双绞线，屏蔽层一般接到端子外壳。

(5) 应注意干扰问题，避免编码器信号和控制信号受到干扰，编码器线、信号线不要与电动机的电源线绑扎在一起或放置于同一个线槽，应保持一定的距离。

1. 启动阶段

变频器运行前将张力杆置于中间稍偏上位置，启动变频器缓慢升速，如启动时出现断线现象，说明收线电动机启动过快，可相应地调整收线电动机的启动频率、启动频率持续时间及放线、收线变频器的加减速时间几个相关参数。

2. 停车阶段

停机时放线、收线电动机由当前运行频率按减速时间减速，减速到设定频率时收线变频器的 OC(电流整定值)输出信号启动电磁制动装置，使放线、收线电动机准确停车，这样便不会因为放线电动机过快停车造成铜线拉断。如果在停机过程中出现断线，可相应地调放线、收线变频器减速时间，若在接近停机时出现断线，则可调整收线变频器的 OC(电流整定值)输出信号。

9.3 变频器在料车卷扬调速系统中的应用

在高炉炼铁生产线上，一般将把准备好的炉料从地面的储矿槽运送到炉顶的生产机械称为高炉上料设备。它主要包括料车坑、料车、斜桥、上料机。在工作过程中，两个料车交替上料，当装满炉料的料车上升时，空料车下行，空车质量相当于一个平衡锤，平衡了重料车（装满炉料的料车）的车厢自重。这样，上行或下行时，两个料车由一个卷扬机拖动，不但节省了拖动电动机的功耗，而且当电动机运转时

变频器在料车卷扬调速系统中的应用

总有一个重料车上行，没有空行程。这样使拖动电动机总是处于电动状态运行，避免了电动机处于发电运行状态所带来的一些问题。

9.3.1 变频器在料车卷扬调速系统中的构成

1. 交流电动机的选用

炼铁高炉主卷扬机变频调速拖动系统在选择交流异步电动机时，应注意：低频时有效转矩必须满足要求；电动机必须有足够大的启动转矩来确保重载启动。针对本系统 100 m³ 的高炉，选用 Y2805-8 的三相交流感应电动机，其额定功率为 37 kW，额定电流为 78.2 A，额定电压为 380 V，额定转速为 740 r/min，效率为 91%，功率因数为 0.79。

2. 变频器的选择

(1) 变频器的容量。变频器的容量应按运行过程中可能出现的最大工作电流来选择。所选择的变频器容量应比变频器说明书中的"配用电动机容量"大一挡至二挡；应具有无反馈矢量控制功能。本系统选用西门子 MM440 变频器，额定功率为 55 kW，额定电流为 110 A。

(2) 制动单元。从上料卷扬运行速度曲线可以看出，料车在减速或定位停车时，应选择相应的制动单元及制动电阻。

(3) 控制与保护。料车卷扬系统是钢铁生产中的重要环节，拖动控制系统应保证绝对安全可靠。同时，高炉炼铁生产现场环境较为恶劣，因此，系统还应具有必要的故障检测和诊断功能。

9.3.2 调速系统基本工作原理

系统为 100 m³ 的炼铁高炉，由一台卷扬机拖动两台料车，料车位于轨道斜面上，互为上行、下行，即其中一台料车载料上行，另一台为空车下行，运行过程中电动机始终处于负载状态。

料车运行过程：料车在料桥上运行分为启动、加速、稳定运行、减速、倾翻和制动 6 个阶段。在整个过程中包括一次加速、两次减速。根据料车运行速度要求，电动机在高速、中速、低速段的速度曲线采用变频器设定的固定频率，按速度切换主令控制器发出的信号，由 PLC 控制转速的切换。例如，启动、加速阶段，时间为 3 s；高速运行阶段，f_1=50 Hz 为高速运行对应的变频器频率，电动机转速为 740 r/min，钢绳速度为 1.5 m/s；第一次减速阶段，由主令控制器发出第一次减速信号给 PLC，由 PLC 控制 MM440 变频器，使频率从 50 Hz 下降到 20 Hz，电动机转速从 740 r/min 下降到 296 r/min，钢绳速度从 1.5 m/s 下降到

0.6 m/s，减速时间为 1.8 s；中速运行阶段 $f_2=20$ Hz；第二次减速阶段，由主令控制器发出第二次减速信号给 PLC，由 PLC 控制 MM440 变频器，使频率从 20 Hz 下降到 6 Hz，电动机转速从 296 r/min 下降到 88.8 r/min，钢绳速度从 0.6 m/s 下降到 0.18 m/s；低速运行阶段频率为 6 Hz；制动停车阶段，当料车运行至高炉顶时，限位开关发出停车指令，由 PLC 控制 MM440 变频器完成停车。若在运行过程中出现故障，报警的同时抱闸停车。

9.3.3 变频调速系统主要设备选择及变频参数设置

在确保接线无误的情况下，合上电源并设置 MM440 变频器的参数，设置 p0010=30，p0970=1，然后按下 P 键，使变频器恢复到出厂默认值。变频器参数设置见表 9-3。

表 9-3 变频器参数设定

参数号	设置值	说明
p0100	0	功率以 kW 表示，频率为 50 Hz
p0300	1	电动机类型选择（异步电动机）
p0304	380	电动机额定电压（V）
p0305	78.2	电动机额定电流（A）
p0307	37	电动机额定功率（kW）
p0309	91	电动机额定效率（%）
p0310	50	电动机额定频率（Hz）
p0311	740	电动机额定转速（r/min）
p0700	2	命令源选择"由端子排输入"
p0701	1	ON 接通正转，OFF 停止
p0702	2	ON 接通反转，OFF 停止
p0703	17	选择固定频率（Hz）
p0704	17	选择固定频率（Hz）
p0705	17	选择固定频率（Hz）
p0731	52.3	变频器故障
p1000	3	选择固定频率设定值
p1001	50	设置固定频率 $f_1=50$ Hz
p1002	20	设置固定频率 $f_2=20$ Hz
p1004	6	设置固定频率 $f_3=6$ Hz
p1080	0	电动机运行的最低频率（Hz）
p1082	50	电动机运行的最高频率（Hz）
p1120	3	斜坡上升时间（s）
p1121	3	斜坡下降时间（s）
p1300	20	变频器为无速度反馈的矢量控制

9.3.4 料车卷扬调速系统的调试及注意事项

料车卷扬调速系统的调试是非常重要的，下面以高炉卷扬上料系统为例介绍卷扬机的调试系统的调试及注意事项。

(1)料车电动机安装好后，电动机和减速箱的联轴器先不要连接。在料车变频柜一、二次检查确认无误后，料车上电，先把料车电动机的电流、功率、频率等额定铭牌参数输入变频器。根据变频器的使用手册先对电动机进行辨识(此时有的电动机会旋转)。要求现场有人进行监护,确保安全。辨识主要是指变频器对电动机和线路的电抗器和电阻进行自动检测。辨识完成后,自动输入变频器,辨识后能使变频器处于最佳的运行状态。其他的备用变频器用同样的方法进行操作。

(2)整个运行过程中,加速和减速时间的设置比较重要,因为这个时间决定料车行走的加速度,如果这个时间太短,在料车处于料坑段,料车钢丝绳容易产生松弛;在曲轨卸料段,钢丝绳容易产生抖动,所以加、减速斜坡一般设置为 S 形的方式。

(3)在第(2)步骤完成后,空载运行 2 h 没问题后,可以把电动机和减速箱的联轴器连接好。可以带起绳筒两个空方向运行 2 h,没有问题后为机械穿钢绳和安装小车。穿钢绳时可以把高、中速取消,使其低速运行,以保证安全。此时没有主令控制器限位,炉顶和槽下及卷扬室都要有人,用对讲机随时联系,确保安全。

(4)在钢绳和两个小车都安装完成后,开动料车。把两个小车平行放到料车轨道中央后再安装两台主令控制器。可以先调试和料车二次回路相关的主令控制器。再将调试信号送 PLC 的主令控制器。其间需要反复手动让左右料车上、下,并根据主令控制的动作情况作调整。最终让料坑接得到料和炉顶料车能卸完料。此时没有主令控制器限位,炉顶和槽下及卷扬室都要有人,用对讲机随时联系,确保安全。

(5)主令控制器调试完成后,可以就地手动让料车运行几次,没有问题后,可以在上位机上手动让料车运行几次。然后进行程序的全空车调试,让料车自动运行。这期间要确保现场没有人,并要随时有机械技术人员监控料车运行情况。一旦有问题,需要马上停止和处理。

(6)在机械人员处理轨道和穿钢绳、挂料车等施工时(不需要料车运行时),变频器一定要分闸断电并挂牌,确保安全。

9.4 基于 PROFIBUS-DP 现场总线的变频技术在切割机中的应用

9.4.1 PROFIBUS 现场总线介绍

现场总线是应用于工业现场、连接智能现场设备和自动化系统的数字式、双向传输、多分支结构的通信网络。其中 PROFIBUS 现场总线标准是开放的、不依赖生产厂家的通信系统标准。所以,在各种工业控制中得到了广泛的应用。

PROFIBUS-DP 现场总线的变频技术在切割机中的应用

PROFIBUS 是德国国家标准 DIN19245 和欧洲标准 EN50170 的现场总线标准。由分散和外围设备 PROFIBUS-DP (Decentralized Periphery)、报文规范 PROFIBUS-FMS(Fieldbus Message Specification)、过程自动化 PROFIBUS-PA(Process Automation)组成了 PROFIBUS 系列。

其中,PROFIBUS-DP 用于设备级的高速数据传送,中央控制器(如 PLC、PC)通过高速串行线同分散的现场设备(如 I/O、驱动器、阀门等)进行通信。PROFIBUS-DP 具有快速、即插即用、高效、低成本等优点。在用于现场层的高速数据传送时,主站周期地读取从设备的输入信息并周期地向从站设备发送输出信息。除周期性数据传输外,PROFIBUS-DP

还提供了智能化设备所需要的非周期性通信,以进行组态、诊断和报警处理。

根据国际标准化组织 ISO7498 标准,PROFIBUS 的协议结构以开放系统互联网络 OSI 为参考模型,采用了该模型的物理层、数据链路层,隐去了第 3~7 层,而增加了直接数据链接拟合,作为用户接口。用户接口规定了用户及系统以及不同设备可调用的应用功能。

9.4.2 变频切割机系统的组成

1. 切割机设备组成

此切割机是由德国 GEGA 公司生产的整套设备,是火焰切割机,其主要作用是将铸坯切割成定尺或倍尺长度,并可进行坯头、坯尾及试样切割。与引锭杆分离后的铸坯按拉坯速度进入切割区,火焰切割机切掉 300 mm 左右长度的切头,掉入下部的切头收集箱内,切头切割以后的铸坯按要求的 3 倍尺长度切割。切割期间,依靠夹持装置,火焰切割机与铸坯同步行走,铸坯长度通过测量辊测量,切割自动进行,并考虑了二级自动化系统的长度优化。切割机系统包括机械、能源介质供应和控制、电气仪表控制等自成系统配套的机电一体化装置。切割机由切割机支撑结构、切割机械设备、能源介质供给控制、铸坯长度测量装置、电气控制系统和热防护装置等设备组成。

2. 切割机工艺过程

切割机工艺过程一般由坯头切割、定尺切割、坯尾切割三个过程组成。最主要的定尺切割工艺过程如下:当测量轮计数接近定尺前 500 mm,小车预下降,到位后双枪同时往里移动,当边探碰到铸坯外壳时,预热氧、预热煤气打开进行预热,在这段时间内切割枪是不动作的,当完全到达定尺后,小车下降到位(压住铸坯),同时打开切割氧进行切割,先以初始割速切割(正常割速的 30%),切割 50 mm 后以全速进行切割,双枪在相距 120 mm 相遇后,其中一个枪关闭切割氧,停止切割并返回原始位,关闭所有介质,由另一个枪继续切割,多切过 10 mm 后该枪也停止切割,同时,小车上升,大车后退返回原始位,等待下一个定尺。

3. 切割机控制系统

切割机自动控制系统由一台西门子 S7-300 PLC 和一台 PCS smart 1200 触摸屏构成,通过工业以太网模块和 TCP/IP 协议将 PLC 和 L1 级控制系统连接起来,通过 PROFIBUS-DP 接口与 MM440 变频器和 PCS smart 1200 触摸屏通信。

9.4.3 PLC 通信编程及 MM440 变频器参数定义

1. PLC 数据 PROFIBUS 传输编程

STEP7V5.1 有两个 SFC 块"DPRD_DAT"和"DPWR_DAT",用于 PROFIBUS 主站和从站之间的数据传输。在切割机系统中,应用 DP 通信传输命令"DPRD_DAT"和"DPWR_DAT"将数据传输到 MM440 变频器的通信区 PZD 数据区 PIW 内,同时把 MM440 变频器的 PZD 数据区 PQW 数值读到 PROFIBUS-DP 传输的 DB 块中。切割车 MM440 变频器(5#站)的 PROFIBUS 控制命令的传输应用程序如下:

PROFIBUS 控制命令的传输应用程序如下:

CALL "DPRD_DAT" ;调用 DP 读命令

```
LADDR：=W♯16♯120；起始地址
RET_VAL：="5♯comdata". RECIEVE_RET
RECORD：=P♯DB31. DBX20. 0 BYTE 20；目标数据地址
CALL"DPWR_DAT"；调用 DP 写命令
LADDR：=W♯16♯120；起始地址
RECORD：=P♯DB31. DBX0. 0 BYTE 20；目标数据地址
RET_VAL：="5♯comdata". SEND_RET
```

2. 切割车 MM440 变频器参数定义

(1)基本通信参数定义：为了保证 PROFIBUS 的通信板正常应用，MM440 变频器参数设置见表 9-4。

(2)通信参数传输格式定义：MM440 变频器控制器通信参数应用分为以下两个部分：

1)过程数据输出区：MM440 变频器接受 PLC 的控制字和设定值，过程数据输出区 PZD1、PZD2 对应 MM440 变频器内为控制字(r2090)和设定值(r2050)。

2)过程数据输入区：MM440 变频器给 PLC 的状态字和实际值，过程数据输入区 PZD1 (状态字 r0052)、PZD2(实际值 r0021)和 MM440 变频器的参数 p2050.1、p2050.2 对应。

(3)过程数据输出、输入区在变频器中的通信参数应用见表 9-4。

表 9-4 切割车 MM440 变频器参数定义

变频器参数	意义	设置
p0840	变频器使能	2090；0
p0844	OFF2·惯性停车	2090；1
p0848	OFF3 快速停车	2090；2
p0852	脉冲使能	2090；3
p1140	RFG 使能	2090；4
p1142	RFG 启动	2090；5
p1143	RFG 设定值使能	2090；6
p2104	故障确认	2090.7
p1055	正向点动	2090；8
p1056	反向点动	2090；9
p1070	主给定值	2050；1
p2050.0	PZD 第一个字	0052
p2050.1	PZD 第二个字	0021

本系统通过使用 PROFIBUS-DP 现场总线，减少了大量布线，使现场安装、调试的工作量大为降低，缩短了开发周期，提高了效率。由于 PROFIBUS-DP 数据传输速度快，系统实现简单，可靠性高，在工业控制网络中得到了广泛的应用。

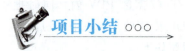
项目小结

本项目主要介绍了变频器在恒压供水系统、拉丝机、卷扬机系统中的应用及 PROFI-BUS-DP 现场总线在变频切割机中的应用。在工业生产和产品加工制造业中，风机、泵类设备应用范围广泛,其电能消耗和阀门、挡板相关设备的节流损失及维护、维修费用高。变频器控制电动机的技术一改普通电动机只能以定速方式运行的模式,使电动机及其拖动负载在无须任何改动的情况下即可按照生产工艺要求调整转速输出,从而降低电动机功耗,达到系统高效运行的目的。从设备管理方面实现了电动机的软启动,减小启动电流冲击,设备使用寿命得以延长,维护量减少。目前,变频器控制技术已在电力、冶金、石油、化工、造纸、食品、纺织等多种行业的电动机传动设备中得到实际应用。变频调速技术已经成为现代电力传动技术的一个主要发展方向。

项目实施

电梯变频器是一种专门用于电梯控制的仪器。电梯专用变频器是中小功率变频器中的高端产品,它使电梯效率提高、运行平稳、设备寿命延长,结合 PLC 或微机控制,更显示无触点控制的优越性:线路简化、控制灵活、运行可靠、维护和故障监测方便。电梯变频器是电梯电气控制系统中最核心的器件之一。

变频器在电梯配件中属于价值高且易损坏的配件,所以在使用时一定要注意。而针对设备管理人员在电梯变频器损坏后,并不知道是怎么损坏的配件,试简要分析电梯变频器损坏的原因,并总结防范变频器损坏的措施。

项目评价

序号	达成评价要素	权重	个人自评	小组评价	教师评价
1	理解程度:对变频器工程应用特点及工作原理的理解程度	20%			
2	应用能力:能否将所学的知识应用到实际的工程应用中,解决实际问题	30%			
3	实践操作:在试验中的操作技能和试验结果的准确性	10%			
4	创新能力:能否提出创新的应用方案和解决方案	10%			
5	团队合作:在团队合作中的表现和与他人协作的能力	10%			
6	学习态度:对学习不同工程应用场景下变频器应用的态度和积极性	10%			
7	自主学习能力:能否主动学习和探索新的知识与技能	10%			
效果评估总结:对自己学习效果的评估和反思					

参 考 文 献

[1] 杨博. 伺服控制系统与 PLC、变频器、触摸屏应用技术[M]. 北京：化学工业出版社，2022.

[2] 左健民. 液压与气压传动[M]. 5 版. 北京：机械工业出版社，2016.

[3] 汪应洛. 系统工程[M]. 5 版. 北京：机械工业出版社，2016.

[4] 雷春俊，袁川，张岩龙. 基于变频器 PID 控制的水泵闭环节能改造技术[J/OL]. 石油石化节能，2018，8(12)：60-61.

[5] 曾昊. PLC 在变频器输出频率控制中的应用[J/OL]. 集成电路应用，2019，36(1)：49-50.

[6] 罗有庆，罗欣. 基于 PLC 和变频器的龙舌兰纤维针纺机控制[J]. 电世界，2018，59(12)：40-42.

[7] 韩峰，余程. 低电压穿越对给煤机变频器影响的试验与研究[J]. 华电技术，2018，40(11)：48-51.

[8] 赵春雷. SM150 变频器在红庆河煤矿主井提升机的应用[J]. 煤矿机电，2018(6)：70-74＋78.

[9] 姜锋，马彦兵，陈建行，等. 高压提升机变频器在冀中能源峰峰集团中的应用[J]. 变频器世界，2018(11)：97-100.

[10] 段薇. 基于级联型多电平电压源型变频器 PWM 调制法的建模仿真[J]. 变频器世界，2018(11)：93-96＋112.